Oldenbourgs

# Technische Handbibliothek

Band XII:

Pantzer, R. und Galke, R., Leitfaden für den Ziegeleimaschinen-Betrieb

**München** und **Berlin**
Druck und Verlag von R. Oldenbourg
**1910**

# LEITFADEN

für den

# Ziegeleimaschinen-Betrieb

Von

**Direktor Richard Pantzer**

und

**Oberingenieur Richard Galke**

---

Mit 115 in den Text gedruckten Abbildungen.

**München** und **Berlin**
Druck und Verlag von R. Oldenbourg
**1910**

# Vorwort.

Wenn ich auf Wunsch meines Herrn Mitarbeiters dem vorliegenden Werke hiermit das Geleit gebe, so geschieht dieses, um die freundlichen Leser von vornherein über die Tendenz unserer gemeinsamen Arbeit aufzuklären.

Wohl bewußt, daß die bisherige Fachliteratur das Wesen der Ziegelindustrie sowohl vom wissenschaftlichen als auch praktischen Standpunkte erschöpfend behandelt und Werke von bleibendem Werte gefördert hat, keimte unsere Entschließung lediglich in dem rein praktischen Bedürfnis, einen Leitfaden für den Ziegeleimaschinenbetrieb zu schaffen. Vermöge klarer Ausdrucksweise und übersichtlicher Anordnung dürfte dieser Leitfaden geeignet erscheinen, allen Lesern als Lehrbuch zu dienen, welche früher oder später berufen sind, den maschinellen Betrieb einer Dampfziegelei zu leiten.

In gedrängter Kürze das Geschichtliche des Ziegels und der Ziegelmaschine mit den Haupterfordernissen und dem Wissenswerten einer geordneten Betriebsleitung zu verbinden, dünkte uns eine lohnende Aufgabe. Die Eigentümlichkeit unseres Nachschlageregisters wird ferner dazu beitragen, das in jedem Einzelfalle Gesuchte bald aufzufinden. Sorgsam gehütete Erfahrungsschätze erleichterten die Bewältigung des Pensums, dessen Bearbeitung eine freiwillige und zielbewußte gewesen ist. Der Einzelbetrieb wird die der Praxis entlehnten

Erfahrungen nicht minder zu würdigen wissen wie die Ziegelindustrie in ihrer Allgemeinheit.

Die fortschreitende Entwickelung des Maschinenbaues erheischt größere Fürsorge im Interesse eines ordnungsmäßigen und geregelten Betriebes, im Hinblick auf die persönliche Sicherheit des Bedienungspersonals als auch in Berücksichtigung der größeren Dauerhaftigkeit und Leistungsfähigkeit der Maschinen.

Möge das, was die Praxis des Ziegeleimaschinenbetriebes förderte und unserseits zu nutzbringender Ausbeute preisgegeben wird, als neue fruchtbringende Saat gedeihlich fortwirken.

Berlin-Rixdorf, im Februar 1910.

**Richard Pantzer.**

# Inhaltsverzeichnis.

Als eine vorbildliche Überlieferung aus dem grauen Altertum darf die Pflege des Backsteinbaues betrachtet werden. Schon das alte Testament gibt Kunde davon, daß der Ziegelstein in Ägypten als Baumaterial Verwendung gefunden hat. Funde im Nilschlamm bestätigen dieses und die Pyramiden von Daschur, Illahoun und Howarah erinnern an die Baukunst längst vergangener Zeiten. Sagen und Schriften suchen den Beweis zu erbringen, daß schon in ältester Zeit Tempel, Festungen und Schlösser aus gebrannten Tonziegeln erbaut wurden. Ausgrabungen in Tello in Chaldäa lassen darauf schließen, daß der Ziegelbau schon im 40. Jahrhundert vor Christi Geburt gepflegt wurde. Die Wissenschaft weiht uns ferner darin ein, was einst in der Glanzperiode der Babylonier auf keramischem Gebiete geleistet wurde. Durch die Römer nahmen die Bauziegel ihren Siegeszug von England bis Afrika und von Spanien bis Persien. Araber und Mauren wußten sich gleichfalls die Ziegeltechnik anzueignen und viele kostbare Bauten dieser Völker, welche in fachwissenschaftlichen Werken reproduziert wurden, lassen eine hohe Intelligenz bei den Baumeistern des Altertums erkennen. Die mittelalterliche Baukunst läßt in ihrer idealen Schönheit nichts zu wünschen übrig. Die an der Ostseeküste belegenen Städte Lübeck, Rostock, Danzig und Doberan zeigen uns Rohbauten von architektonischer Formenschönheit. Die Zeit der Renaissance bediente sich ebenfalls des Ziegelmaterials, wie dieses bei bemerkenswerten Bauten Italiens festgestellt werden kann. Unbestritten ging in Deutschland das Interesse für die Tonwarenindustrie im 17. und 18. Jahrhundert verloren und erst nach den Befreiungskriegen begann eine Wiederbelebung desselben. Es folgte die Erfindung des Ringofens durch Hoffmann und Licht und in weiterer Förderung des Ziegeleibetriebes die Erfindung der Ziegelmaschine, auf welche wir an anderer Stelle zurückkommen.

---

## Der Ton, seine Gewinnung, Eigenschaft und Verwertung.

Die Bestandteile des Tones sind hauptsächlich Kieselsäure, Tonerde und Wasser enthaltende Zersetzungserzeugnisse von kieselsäure- und tonerdehaltigen Felsmassen, mithin keine Ursprungsgebilde der Erde, sondern sogenannte Erdkrumen, welchen die Ähnlichkeit mit dem Muttergesteine fehlt. So verschiedenartig die feldspathaltigen Gesteine, so deren chemische Zersetzung und die daraus hervorgegangenen Tone. Das Hinzutreten fremdartiger Stoffe, ein Wechsel der Ablagerung und andere auf die chemische Zusammensetzung einflußreiche Vorkommnisse erklären die Verschiedenheit der Tonarten. Ein und dieselbe Tongrube birgt oft Tone von absoluter Ungleichheit. Schluff, Schlick und Schlamm sind auf eine Zerstörung von Hornblende, Augit und anderer Bestandteile feldspatreicher Gesteine zurückzuführen. Der Grundstoff aller Tone, die chemisch reine Tonsubstanz besteht aus 47 % Kieselsäure, 39 % Tonerde und 14 % Wasser. Granit, Syenit, Glimmer und Tonschiefer sind bekanntlich die ältesten Gesteine. Eine Zertrümmerung derselben durch den Einfluß des Wassers, der Luft und wechselnde Temperaturen förderten die Bildung neuer Gesteinsablagerungen, welche sukzessive in bezug auf ihre Veränderung den physikalischen und chemischen Eigenschaften unterworfen sind. Die Gesteine verwandeln sich in Steinschutt und werden in die Masse des Erdbodens durch den Verwitterungsprozeß umgesetzt. Das Wissenschaftliche über die Entstehung der Tone bespricht Dr. Hecht in seinen Ausführungen über die Entstehung und Bildungsweise der Tone. Wir sehen davon ab, uns mehr über die chemische Zusammensetzung der Tone zu verbreiten, da dieses in den Rahmen unseres Leitfadens für den Ziegeleimaschinenbetrieb nicht hineinpassen dürfte.

Für die technische Bearbeitung des Tones kommen folgende Eigenschaften in Betracht:

Die Plastizität. Der Ton besitzt nur geringen Zusammenhang, er ist leicht zerreibbar, färbt ab und saugt das Wasser merklich ein. Durch Wasser befeuchtet, entsteht ein eigentümlicher Geruch und seine feinen Bestandteile trüben das Wasser. Erst nach einer gewissen Ruhezeit senken sich dieselben wieder zu Boden. Die meisten Tone erhalten erst bei der Formung mehr oder weniger Glanz. Das Wasser spielt in seiner der Tonart entsprechenden Menge für die Plastizität eine sehr gewichtige Rolle. Der Ton wird durch das Wasser knetbar gemacht, schmiegt sich der Formgestaltung an und behält nach der Wiederabgabe des Wassers an die Luft seine bildsame Eigenschaft. Im hohen Grade plastische Tone bezeichnet man als fett, dagegen die kurzen, sandig und rauh erscheinenden Tone als mager. Die Wasseraufnahmefähigkeit des Tones steigert sich bis 70%.

Das Schwinden. Kommt der mit Wasser durchknetete Ton an der Luft oder durch entsprechende Erwärmung zum Trocknen, so tritt eine Verkleinerung seines Volumens ein. Diese nach der Verschiedenheit der Tone wahrzunehmende Erscheinung nennt man das Schwinden.

Die Feststellung der Schwindungsverhältnisse ist von besonderer Wichtigkeit für die auf maschinellem Wege herzustellenden Preßlinge. Sollen die der Formgebung dienenden Mundstücke Ziegelfabrikate von richtiger Größe geben, so ist zu beachten, daß Maschinenziegel nur $^2/_3$ so viel schwinden, als Handstrichziegel. Mithin ist notwendig, daß vor der Anfertigung von Preßformen folgende Fragen ihre sorgfältige Beantwortung finden:

a) Wie lang, breit und stark sollen die gebrannten Maschinenziegel werden?
b) Wie lang, breit und hoch ist die bisherige Handstreichform?
c) Wie lang, breit und hoch ist ein darin gefertigter Ziegel in normal gebranntem Zustande?

Das Exempel würde beispielsweise folgendes sein:

Zu Frage a:

Die gebrannten Maschinenziegel sollen 250 × 120 × 65 mm groß werden.

Zu Frage b:

Größe der Handstreichform 275 × 132 × 72 mm.

Zu Frage c:

Der gebrannte Ziegel daraus 250 × 120 × 65 mm, also Schwindung beim Handstrich 25 × 12 × 7 mm = ca. 9 %.

Dies ergibt für die Preßform folgende Anhaltspunkte:

| | |
|---|---|
| Größe des herzustellenden gebrannten Maschinenziegels . . . . . . | 250 × 120 × 65 mm |
| + $^2/_3$ der Schwindung beim Handstrich = 6 % . . . . . . . . | 16.6 × 8 × 4,6 mm |
| mithin Preßformgröße . . . . | 266,6 × 128 × 69,6 mm |

Sind aber aus dem betreffenden Tone noch keine Ziegel mittels Handstrich hergestellt worden, empfiehlt es sich, der mit der Anfertigung von Mundstücken betrauten Maschinenfabrik etwa 2 l Ton probeweise behufs Feststellung des erforderlichen Schwindmaßes einzusenden.

Das Schwindmaß kann ein sehr veränderliches sein und je nach der Tonart bis 20 % betragen.

Näße und Hitze haben auf die Schwindungsverhältnisse der Tone bestimmenden Einfluß. Wird der Ton möglichst steif verarbeitet, so verringert sich die Schwindung nach dem Grade der geringeren Beimischung des Wassers. Das Verarbeiten zu steifer Tone ist der maschinellen Herstellung von Ziegeln und deren inneren Beschaffenheit nicht dienlich. Stark schwindender Ton pflegt leicht dem Verziehen und Reißen ausgesetzt zu sein. Das Reißen läßt sich bei dicken Stücken, welche die Feuchtigkeit schwer abgeben, häufiger beobachten. Das Brennen des Tones verleiht demselben eine mehr oder weniger bedeutende Härte. So verschieden die Tonarten, so deren Hitzegrade, um eine große Härte zu gewinnen. Das Ergebnis des Brandes richtet sich auch danach, ob der Ton mehr oder minder dicht ist. Durch das Brennen des Tones tritt infolge der Einwirkung chemischer Beimischungen ein Wechsel der Farben ein, welcher oft nicht unbedeutend ist. Reine Tone geben lichte resp. weiße, Magnesia im Tone gelbliche, Eisenoxydul grünliche, das Eisenoxyd aber rötliche Färbung. Eisenfreie, mit Pflanzenresten durchsetzte Tone pflegen schönen weißen Brand zu ergeben, andere Tone nehmen bräun- und bläuliche Nuancen nach dem geschehenen Brande an.

Die Wasserabgabe geschieht bei einem bis zu 300° C erhitzten Tone unter gleichzeitigem Verluste der plastischen Eigenschaft. Derartiger Ton, pulverisiert, ist nicht mehr knetbar.

Die Güte des Tones wird darnach beurteilt, wie sich derselbe im Feuer verhält. Man unterscheidet feuerfeste, also unschmelzbare, feuerbeständige, also weniger schmelzbare, und leicht schmelzbare Tone. Die letzteren dürfen keiner großen Hitze ausgesetzt werden.

Die Brauchbarkeit des Ziegeltones hängt von folgenden Bedingungen ab. In erster Linie soll der Ton wenig kohlensauren Kalk enthalten und diesen möglichst sehr verteilt. Geringe, aber gut verteilte Kalkbeimengungen können sogar eine Verbesserung desselben herbeiführen und seine Festigkeit steigern.

Schädliche Beimischungen, wie Gerölle, Muscheln, Versteinerungen und dergleichen mehr darf der Ton ebensowenig wie Knoten von Schwefelkies enthalten. Die Ofenhitze vermag Schwefeleisen nicht zu zersetzen und tritt daher nach der Vermauerung des Steines erst die Verwitterung des Schwefelkieses ein.

Kleine Beimischungen von Eisenoxyd fördern die Verbindung von Ton und Kieselerde und einen hohen Grad der Erhärtung im Feuer. Das Eisenoxyd muß jedoch vollkommen oxydiert sein, denn es zieht die Feuchtigkeit an, dehnt sich aus und zersprengt den Ziegel. Das Vorhandensein von Natron und Magnesia ist ebenso schädlich und führt Auswitterungen herbei.

Der Tonmergel, ein Gemisch von Ton und kohlensaurem Kalk, ist derb und hat Neigung zum Schieferigen. Er braust mit Säuren auf, zerteilt sich mit Leichtigkeit im

Wasser und gibt eine teigartige Masse von ziemlicher Bindekraft. Den Tonmergel findet man in Norddeutschland, Mecklenburg, Mark Brandenburg, Hannover, Schleswig-Holstein und Jütland, in der Harzgegend, in Schlesien, Böhmen, Mähren, in Frankreich usw.

Der Tonmergel wird nur bei der Backsteinfabrikation und zur Herstellung gemeiner Töpferwaren verwendet.

Der unreinste Ton, Lehm oder Ziegelton ist sehr weich, zerreiblich, gelb oder bräunlich und wird nach dem Brennen rot, braun oder schmutzigrot. Er enthält häufig auch Kalk und Glimmer, braust daher mit Säuren auf und ist wenig plastisch. Durch Aufnahme von Quarzsand geht der Lehm allmählich in lockeren Sand oder Sandmergel über. Er bildet den Herstellungsstoff zu den Ziegelwaren.

Die Tauglichkeit der Ziegelerde hängt davon ab, daß sie nur eine geringe Menge von kohlensaurem Kalk enthält, welcher gleichmäßig fein verteilt ist. Bei einem Kalkgehalt bis zu 25 % erfährt das Ziegelgut eine nur wünschenswerte Verbesserung, weil der fein verteilte Kalk beim Brennen als Flußmittel dient und, wie schon anderweitig erwähnt, die Festigkeit der gebrannten Masse erhöht. Enthält der Ton jedoch über 25 % gleichmäßig verteilten Kalk, so ist solcher infolge des Kalkmergels zur Ziegelbereitung ungeeignet und bietet bei maschineller Verarbeitung große Schwierigkeiten. Das Vorkommen kohlensauren Kalkes in Form von größeren und kleineren Geröllen macht das Ziegelgut untauglich, da sich derartige Gebilde in Ätzkalk verwandeln und beim Hinzutritt von Feuchtigkeit Kalkhydrat bilden. Dadurch wird eine Volumenvergrößerung herbeigeführt und die gebrannte Masse zersprengt, was bei feineren Ziegelfabrikaten besonders schädlich wirkt.

Wenn die Ziegelerde Mengen eingesprengter Steine oder Gesteinstrümmer, Muscheln etc. enthält, so wird zwar die Festigkeit der Ziegel nicht gefährdet, wohl aber das Behauen derselben beim Bauen erschwert. Die Ziegelerde darf auch keine vegetabilische oder Dammerde enthalten, denn diese verbrennt beim Brennen der Ziegel, so daß letztere porös werden und an Festigkeit verlieren. Man wird also den etwa 1 m unter der Oberfläche der Erde liegenden Ton bevorzugen.

Pflanzenreste und Wurzeln im Tone sollten auf maschinellem Wege eine intensive Zerkleinerung erfahren, weil sie das schöne Aussehen der Ziegel, deren Festigkeit und Tragfähigkeit beeinträchtigen und infolge starker Gasentwicklung ein Zersprengen derselben herbeiführen können.

Gute Ziegelerde darf nie zu fett und nie zu mager sein. Fett ist sie bei 80% Ton, mager, wenn sie bis 60% Sand enthält. Die Bearbeitung des fetten Tones ist schwieriger, als jene eines guten Durchschnittones. Die aus fettem Tone hergestellten Ziegelsteine lassen sich schwer behauen, sie erhalten schon beim Trocknen an der Luft kleine Risse, welche beim Brande das Zerspringen mit vielem Verlust herbeiführen können.

Die Härte und Festigkeit der Ziegel wird auch durch Eisenoxyd erhöht, weil dies die Ton- und Kieselerde verbindet und die Masse im Feuer wesentlich erhärtet. Magnesia ist dem Lehm nicht schädlich, sondern äußert sich nach dem Brande durch eine gelbliche Färbung der Ziegel.

Das Auswittern von Ziegeln ist auch auf schwefelsaures Natron zurückzuführen.

Die Gewinnung des Tones. Wer Ziegel, sei es mittels Handstrich oder auf maschinellem Wege herzustellen gedenkt, sollte zunächst erwägen, ob das zu verarbeitende Material nicht zu kostspielig ist, eine rentable Ziegeleianlage zu gewährleisten. Die niederen Ziegelpreise befürworten eine gewisse Sorgfalt beim Ankauf abbaufähiger Tonlager, weil der Selbstkostenpreis ein nur geringer sein darf. Nur durch praktische Untersuchungen ist eine solche denkbar. Man berechne die Zinsen und Amortisation des Kaufpreises, die Wiederherstellungskosten für das Terrain, die Förderungs- und Transportkosten des Tones. Diese Berechnung wird sich den jeweiligen Verkaufspreisen anschmiegen müssen, um Klarheit über die Rentabilität zu gewinnen.

Die Feststellung der Mächtigkeit und des Umfanges eines Tonlagers geschieht durch Bohrungen, welche in angemessenen Entfernungen an verschiedenen Stellen vorgenommen werden. Der Ziegelmeister, welcher die Tongewinnung im Tagebau zu leiten hat, wird die Vorschriften der Ziegeleiberufsgenossenschaft für den Abbau und den Ziegeleibetrieb sorgfältig beachten müssen und soweit er das Arbeitsfeld nicht selbst übersehen kann, sachkundige Aufseher zu bestellen haben.

Wegen der Unterhöhlung sind besondere Vorschriften gegeben. Wohl zu beachten ist, daß die Tongrube frei von Wasser gehalten bleibt. Das sich ansammelnde Wasser ist durch Anwendung von Pumpen zu entfernen.

Man bedient sich zu diesem Zwecke der Kastenpumpe, der Blechpumpe oder doppelt wirkenden Diaphragmapumpen, Windmotoren, Zentrifugalpumpen, Pulsometer und dergleichen mehr.

Es geschieht der Tagebau entweder von oben nieder oder man sucht, wenn seitliches Ankommen möglich ist, von dort anzugreifen. Vor allem muß die Dammerde in gehöriger Ausdehnung und die folgende untaugliche Erd- oder Steinschicht abgeräumt und fortgeschafft werden. Auf diese Weise entgeht man der Gefahr, daß der Abraum sich mit dem Ziegelton vermengt. Wenn das Lager besonders mächtig ist, nimmt man den schweren Tonboden aus demselben heraus und bewirkt dadurch eine Besserung des Grundstückes. In diesem Falle werden die Gruben und Löcher wieder auszugleichen sein.

Man beginnt gewöhnlich an der Grenze des Grundstückes und läßt, wenn man mit dem Gewinnen des Tones ein wenig vorgerückt ist, die obere Dammerde seitwärts neben den Gruben aufhäufen und den Abraum, welcher über dem Tone liegt, so auswerfen, daß der letztere unten in die vorhandenen Löcher geworfen wird. Die Dammerde kann darüber ausgebreitet werden.

Das Ausstechen des Tones erfolgt stufen- und grabenförmig.

Der Transport des Tones aus den Gruben geschieht nur noch selten in Körben oder Mulden, weil man heute einer Gleisanlage den Vorzug gibt und sich der Kipplowries bedient, wie sie hier in. Fig. 1 abgebildet sind.

Man wähle Schienen nicht zu niedrigen Profils, da die Tongruben dem Regen ausgesetzt sind, welcher den Ton leicht erweicht und die Gefahr des Entgleisens besorgen läßt.

Bei Gleisanlagen achte man darauf, sehr wenig Kleineisenzeug, Schienennägel, Schrauben, Laschen etc. in die Tongrube zu bringen, welche infolge Unachtsamkeit der Arbeiter leicht in den Ton geraten und die Haltbarkeit der Ziegelmaschine gefährden können. Die Verwendung von Schienen mit eisernen Schwellen ist demnach rätlicher als jene der Schienen mit Holzschwellen, zumal sich die Lagerung der Schienen mit eisernen Schwellen weniger verändert. Holzschwellen geraten, selbst wenn sie imprägniert sind, leicht in Fäulnis. Feldbahngleise, Weichen, Drehscheiben und sonstige

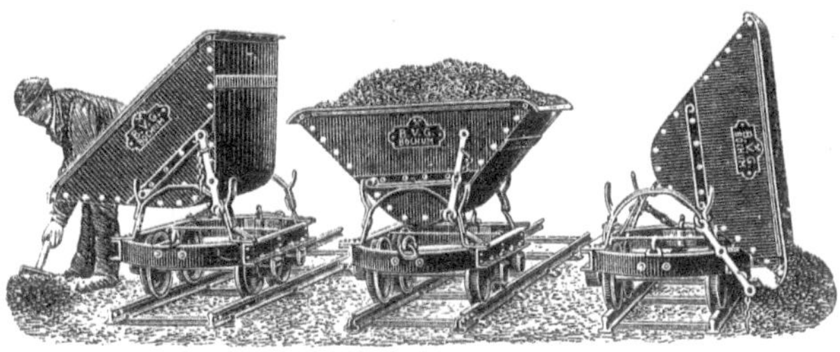

Fig. 1. Kipplowries des Bochumer Vereins für Gußstahlfabrikation.

Bestandteile von Gleisanlagen sind auf jeder größeren Ziegelei unentbehrlich. Die bedeutendsten Firmen haben dieselben nicht nur gefördert, sondern sich durch dieselben ein Verdienst erworben. Wenngleich derartige Gleisanlagen auch von Ziegeleimaschinenfabriken geliefert werden, halten wir es doch für angezeigt, auf einige bestrenommierte Firmen für Gleisanlagen und dazu benötigte Fahrzeuge aufmerksam zu machen. Wir illustrieren diesen Hinweis durch einzelne Abbildungen des Bochumer Vereins für Bergbau und Gußstahlfabrikation in Bochum in Westfalen und der Firma Orenstein & Koppel-Arthur Koppel A.-G. Berlin (Fig. 2, 3, 4 u. 5).

Die Bewegung der Transportwagen geschieht gewöhnlich durch Pferde. Die Anzahl der Pferde bestimmt sich nach der Steigung und der Anzahl Wagen, welche fortzuschaffen sind. An Stelle des Tierbetriebes tritt die Verwendung der Lokomotiven (Fig. 6) und in neuerer Zeit sogar der elektrische Betrieb (Fig. 7).

Über die Rentabilität des elektrischen Betriebes entnehmen wir den Angaben der Firma Orenstein & Koppel-Arthur Koppel, Berlin, einige beachtenswerte Ziffern.

Fig. 2. Bochumer Verein für Gußstahlfabrikation.

Fig. 3. Orenstein & Koppel-A. Koppel, A.-G. Berlin.

Auf gewöhnlichen Feldbahngleisen gilt das Hundert- und Hundertfünfzigfache der Zugkraft. Da die Zugkraft eines Pferdes 75 kg bei 4,3 km Geschwindigkeit per Stunde beträgt,

Fig. 4. Orenstein & Koppel-A. Koppel, A.-G. Berlin.

die Nutzlast der Feldbahnwagen aber durchschnittlich 70 % der Bruttolast, so berechnet sich die Leistung eines Pferdes im Mittel auf 29 t/km pro Stunde. Die Transportkosten betragen etwa 90 Pf. pro Stunde, mithin $\frac{90}{29} = 3{,}1$ Pf. pro t/km.

Eine elektrische Lokomotive befördert auf horizontalem Gleise das 150fache ihrer Zugkraft als Bruttolast.

Hat beispielsweise eine 10pferdige Lokomotive eine Zugkraft von 325 kg am Zughaken, so zieht dieselbe ca. 49 Tonnen

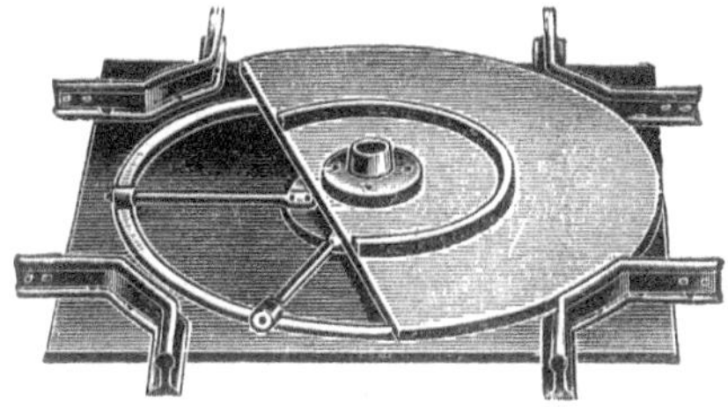

Fig. 5. Orenstein & Koppel-A. Koppel, A.-G. Berlin.

Bruttolast, oder die Nutzlast mit 70 % berechnet, 34 Tonnen Nutzlast. Die Geschwindigkeit der Lokomotive ist bei dieser Leistung rd. 8 km pro Stunde, mithin leistet dieselbe 34 × 8 = 272 t/km. Die Zugkraft einer Lokomotive wird wegen

Fig. 6. Orenstein & Koppel-A. Koppel, A.-G. Berlin.

event. Steigungen angenommen und zur Hälfte ausgenutzt und erfordert an Brennmaterial zur Erzeugung von 10 KW = 12 Pferdekräften, an Schmiermaterial, an Reparaturkosten, Bedienung, Verzinsung und Amortisation zusammen etwa 13 M. pro Tag oder pro Stunde 1,3 M. Betriebskosten, so ergeben sich etwa 0,4 Pf. pro t/km.

Der elektrische Betrieb würde demnach etwa den zehnten Teil so teuer sein, wie der Pferdebetrieb.

Fig. 7. Orenstein & Koppel-A. Koppel, A.-G. Berlin.

Das Abpflügen des Tones kommt nur dann in Frage, wenn eine abgeräumte Fläche vorhanden ist. Der mit dem Pfluge mechanisch abgeschälte Ton bleibt zum Trocknen liegen und wird dann mittels Pferdebetrieb unter Benutzung sogenannter Schrappen zur Sammelstelle gefördert.

Handelt es sich um tonhaltige Schlammasse in Gegenden mit großen Wasserbeständen, so bedient man sich vielfach der Bagger, Exkavatoren und Greifbagger. So gewonnener Ton ist bei Sandzusatz zum Handstrich geeignet. Man verwendet auch Trockenbagger zur Tongewinnung. Bezugsquelle für Bagger (Fig. 8, 9 und 10) ist die Lübecker Maschinenbaugesellschaft in Lübeck.

Fig. 8. Lübecker Maschinenbaugesellschaft, Lübeck.

Die bergmännische Gewinnung des Tones geschieht nur dort, wo teuere Tone und Kaoline gefördert werden, auf der Basis von Stollen und Schachten. Sie erfordert Luftventilation, Wasserablauf, Schienenwege, Fahrstühle und dergleichen mehr.

Fig. 9. Lübecker Maschinenbaugesellschaft, Lübeck.

Die Ergiebigkeit eines Tonlagers läßt sich wie folgt berechnen:

$$1\ a = 100\ qm,\ 1\ ha = 100\ a = 100 \times 100 = 10000\ qm.$$

Man denke sich, eine Fläche umfasse 15 ha und die durchschnittliche Mächtigkeit eines Tonlagers sei 10 m, so ergeben

$$15 \times 10000 \times 10 = 1500000\ cbm,$$

oder, wenn das Volumengewicht des Tones nur 1,5 ist,

$1500000 \times 1000 \times 1{,}5 = 2250000000\ kg = 22{,}5$ Millionen Doppelzentner.

Die Wertbemessung eines Tonlagers für die Ziegelindustrie hängt ab von der Ermittelung des Wertes der Tonmasse. Bringt man hiervon die Hälfte, also 50 % in Abzug, so ist der Geldwert findbar, welcher beispielsweise für den Zentner Ziegel am Produktionsorte gezahlt wird.

Von dem so gewonnenen Bruttowert sind dann noch in Abzug zu bringen: die Kosten der Grabe- und Fortbewegungsarbeiten, die der Ziegelformerei und die des Brennens der Fabrikate.

Die Vorbereitung des Tones ist für die maschinelle Herstellung der Ziegel von so großer Wichtigkeit, daß die Fachliteratur diesen Gegenstand bereits erschöpfend behandelte. Vorbedingung für die Tonindustrie ist die Homogenität des zu verarbeitenden Tones. Die homogene Masse bildet den Gegensatz zum natürlichen Tone. Alles, was man im natürlichen Zustande des Tones bemerken kann an Schichtung, Gefügedichtigkeit, Geäder, Färbung, Verballung, fetten oder

Fig. 10. Lübecker Maschinenbaugesellschaft, Lübeck.

mageren Bestandteilen, Schluff etc. darf in der gleich gemachten homogenen Masse nicht enthalten sein.

Die Homogenität setzt also eine intensive Verarbeitung der natürlichen und schädlichen Bestandteile der zu verarbeitenden Masse voraus.

Der Ziegelton soll nach der Homogenisierung gleichmäßig plastisch und dicht sein.

Hieraus folgt, daß es sich verbietet, die in der Natur findbaren und sehr verschiedenen Tonarten ohne weitere Vorbereitung zu verarbeiten, selbst wenn eine entsprechende Bewässerung stattgefunden hätte.

In einem homogenen Tone ist jede Struktur, jede Schichtung zerstört, und alle Bestandteile sind so innig vermischt, daß sie in demselben als gleichmäßig verteilt bezeichnet werden können.

Otto Bock hat in seinem Werke »Die Ziegelfabrikation« die Mittel und Wege der Formgebung des Rohmaterials vom praktischen Standpunkte behandelt.

Da sind zunächst erwähnt: das Fördern auf die Halde, das Wintern und Sommern und dergleichen mehr.

Das Schlämmen des Tones gilt als ein probates Mittel für Absonderung und Reinigen des Tones von allen, der Ziegelfabrikation im allgemeinen, der Herstellung feinerer Waren im besonderen, schädlichen Beimengungen. Die außerordentliche Verschiedenheit der Tone läßt den Gedanken der Verallgemeinerung des Schlämmprozesses nicht aufkommen, wenn auch wohl bewährte Schlämmaschinen existieren. Das Ausscheiden von groben Steinen und Sand bewirkt das einmalige Anrühren mit Wasser; kommen feinere Massen in Frage, so sind mehrere Schlämmungen nicht zu umgehen.

Das Schlämmverfahren ist ein an sich sehr kostspieliges und zeitraubendes, doch in vielen Fällen unentbehrliches.

Der rationelle Schlämmprozeß führt eine merkliche Belastung der Ziegelfabrikation herbei und dürfte immer nur dann vorgenommen werden, wenn andere Mittel zur Verbesserung des Tones fehlen. Lokale Verhältnisse, maschinelle Leistungsfähigkeit und Arbeitslöhne bestimmen die Kosten des Verfahrens, welche noch durch das Trocknen und Ausstechen der geschlämmten Masse erhöht werden. Sind etwa 40—50 % Steine und Sand auszuscheiden, so wird man zirka 2 M. für je 1000 Vollsteine und 1 M. für das Ausstechen und Trocknen zu veranschlagen haben.

Die Schlämmapparate sind der Konstruktion nach grundverschieden. Es gibt Schlämmen für Handbetrieb, Schlämmen für den Großbetrieb, vertikal und horizontal rotierende, sowie schaukelnde Maschinen.

Zur Anlage von Schlämmgruben ist eine größere Bodenfläche erforderlich. Im wasserdurchlässigen Erdreich genügt das einfache Ausstechen und Belegen der Sohlen und Wände mit Mauer- oder Holzwerk. Unumgänglich ist das Schlämmen für die Herstellung von Ziegeln, wenn sich ein übermäßig hoher Prozentsatz Kalk oder Mergelknollen im Tone befindet.

Wegen des Bezuges von Schlämmvorrichtungen (Fig. 11) wende man sich an die Firmen Smidth & Co. in Kopenhagen, Jul. Lüdicke Nachf. in Werder a. d. Havel und L. Schmelzer in Magdeburg.

Die Maschinentechnik ist eifrig bestrebt, den Bau solcher Maschinen zu fördern, welche geeignet erscheinen, das Schlämmen unter gewissen Voraussetzungen entbehrlich zu machen. Der Grundgedanke, daß bis zu 25 % Kalkbeimengungen, wenn eine intensive Zerkleinerung derselben geschehen ist, bei gleichmäßiger Mischung für die Ziegelbereitung nicht mehr schädlich wirken, muß den Maschinentechniker unbedingt zur Weiterarbeit ermutigen.

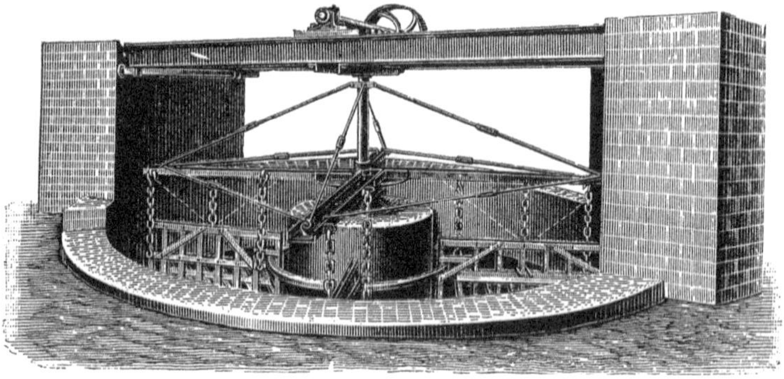

Fig. 11. Schlämmvorrichtung von Jul. Lüdicke Nachf., Werder a. H.

Die Festsetzung, wie viel Prozent Kalk im Ton enthalten ist, dürfte jedoch weniger leicht sein, als man anzunehmen glaubt. Selbst Bohrungen an den verschiedenen Stellen eines Tonlagers bieten keine Gewähr dafür. Man wird bei genauer Untersuchung in den verschiedenen Tongruben eine so ungleiche Verunreinigung des Tones gewahr, daß kleine Stichproben nun und nimmer eine zuverlässige Beurteilung der Kalkmengen ermöglichen.

Will man sicherer gehen, so bleibt nur die chemische Analyse übrig. Das chemische Laboratorium für Tonindustrie, Berlin NW., Dreysestr. 4, das Laboratorium der Deutschen Töpfer- und Ziegler-Zeitung, Berlin N., Kesselstr. 7 und das Dr. Loeser-

Laboratorium in Halle a. S. sind für derartige Tonuntersuchungen bestens zu empfehlen.

Neben solchen dürften auch die Ziegeleimaschinenfabriken mehr oder minder für die Beurteilung der Tone kompetent sein, insbesondere dann, wenn man das Schlämmverfahren unter allen Umständen umgehen will. Der immense Fortschritt des Maschinenbaues ist an der Ziegelindustrie nicht achtlos vorübergegangen, und wir glauben dies an anderer Stelle unseres vorliegenden Werkes überzeugend darzutun.

Wenn die Maschinenfabriken sich mehr wie bisher mit der Aufgabe beschäftigen werden, neben den chemischen Analysen praktische Versuche und Brennproben im größeren Umfange zu übernehmen, so wird man der maschinellen Verarbeitung kalk- und mergelhaltiger Tone ein ganzes Stück näher kommen.

Wir haben an anderer Stelle bereits auf das der Ziegelfabrikation äußerst dienliche Überwintern des Tones hingewiesen und möchten nur noch mit wenigen Worten das Sumpfen des Tones tangieren. Die zu diesem Zwecke erforderlichen Gruben dürfen nur eine begrenzte Tiefe haben, damit das Auswerfen des mit Wasser durchzogenen Tonstoffes keine Schwierigkeit bereitet. Niemals dürfen zu große Stücke eingesumpft werden. Wie man den Ton beim Sumpfen zu behandeln hat und welche Mengen Wasser zulässig sind, läßt sich durch eine generelle Anweisung niemals ordnen, da die Wasseraufnahmefähigkeit des Tones eine grundverschiedene ist. Handstrichton wird weicher verarbeitet als der für die maschinelle Verarbeitung bestimmte Ton. Aber auch für den Wassergehalt des letzteren läßt sich keine bestimmte Regel aufstellen. Wer Maschinenbetrieb einrichtet, wird jedenfalls gut tun, den Weisungen der Monteure zu folgen, welche das nötige Erkennungsvermögen für die ordnungsmäßige Behandlung des Tonmaterials zu besitzen pflegen.

Eine gute plastische Masse kann man nur erhalten, wenn die Ziegelerde gründlich vermischt und durchgearbeitet worden ist. Daß hier seit vielen Jahrzehnten auf maschinellem Wege Großes geleistet worden ist, wird allseitig anerkannt, und es dürfte daher angezeigt sein, darauf hinzuweisen, daß man schon vor Einführung der Ziegelmaschinen Versuche gemacht hat, die tierische Kraft bei der Tonpräparation zu verwenden.

In Mecklenburg und Schleswig-Holstein bediente man sich früher, möglicherweise auch heute noch, der Traden. Dies sind Apparate, mit welchen der Ton in einer abgepflasterten Vertiefung vorbereitet wird. Auch hierbei werden Zugtiere verwendet. Die älteste Vorbereitungsmaschine ist zweifellos der Tonschneider. Die ursprüngliche Form war ein vierkantiger Holzkasten mit senkrechter Welle und darauf sitzenden Schneidemessern.

Schon im 18. Jahrhundert wurden in Holland Tonschneider mit Erfolg angewendet. Der Entwicklungsgang des Tonschneiders bis zur Ziegelmaschine ruft die Erinnerung an einen Mann wach, dem die Geschichte wohl mit Recht den Titel »Altmeister« beigelegt haben dürfte. Die Fachliteratur hat den Namen Schlickeysen zu Ehren gebracht, weil sein Träger der Maschinentechnik insofern die Richtschnur gegeben, als sich gerade seine Erfindung bei dem Bau von Strangziegelpressen bis jetzt noch grundlegend behauptete.

---

## Die Erfindung der Ziegelstrangpresse

ist das unstreitige Verdienst des Maschinenfabrikanten Carl Friedrich Schlickeysen. Die ersten Mitteilungen über die Konstruktion der Schraube zur Bewegung plastischer Körper enthielten unter der Bezeichnung »Patent-Ziegelmaschine von C. Schlickeysen« Newton's London Journal 1856 (Juni-Juli) und United States Patent Office, Official business, Report 1856, Washington, woraus sie in andere Journale übergingen. Die einzigen kurzen Angaben über deren Leistungsfähigkeit brachten zwei Hefte des Erfinders über Maschinen zur Fabrikation von Drainröhren etc. Berlin 1856/57 (R. Decker's Hofbuchdruckerei).

Ein ausführlicher Bericht über die Erfindung der kontinuierlich arbeitenden Strangpresse und die ersten derartigen Maschinen, der sich auf Originalmitteilungen der betreffenden

Ziegelmaschinenfabriken stützt, ist in der Abhandlung »Die Ziegel- und Tonwarenindustrie von Berlin und Umgegend von K. Dümmler«, abgedruckt in Nr. 48, 49, 50, Jahrgang 1894, der Deutschen Töpfer- und Ziegler-Zeitung, und in K. Dümmlers »Handbuch der Ziegelfabrikation«, 1. Auflage, S. 190—192, enthalten. Es heißt dort:

»In der ersten Hälfte des sechsten Jahrzehnts des 19. Jahrhunderts wurde von Herrn C. Schlickeysen, Berlin, eine Ziegelpresse, nämlich Tonschneider mit vorgesetztem Mundstück konstruiert und in den Handel gebracht. Das Prinzip bei dieser Presse, das heute noch in der deutschen Ziegelmaschinenindustrie das fast ausschließlich benutzte ist, beruht darin, daß der plastische feuchte Ton in einem fortlaufenden Strang durch ein die Größe des späteren Steines habendes Mundstück ausgepreßt wird. Die ersten dieser Pressen hatten eine Leistungsfähigkeit von etwa 300—500 Steinen in der Stunde. Durch die Vervollkommnung der treibenden Teile, bessere Anordnung des Mundstückes etc. ist man dahin gekommen, daß die Pressen jetzt bei einem Strang bis zu 3000 bis 4000 Steine in der Stunde fertigstellen; bei Anordnung von zwei Mundstücken, wie solche von Herrn C. Schlickeysen, Berlin, vielfach gebaut werden, steigt die Leistungsfähigkeit bis zu 6000 Steinen in der Stunde . . .«

»Es ist das Verdienst des Maschinenfabrikanten Carl Schlickeysen in Berlin, diese Anordnung der Tonschneidemesser erfunden und zuerst in die Ziegelmaschinenindustrie eingeführt zu haben. Im Jahre 1854 wurde die Schraube für plastische Körper von C. Schlickeysen konstruiert und ihm in fast allen Staaten Europas patentiert. Sie bestand in der Hauptsache aus Segmenten einer archimedischen Schnecke, die $^1/_3$ Kreisfläche bedeckte und wie Messer um eine Welle in fortlaufender Schraubenlinie befestigt waren, aber so, daß jedes Segment um etwa $^1/_6$ des ganzen Kreisdurchmessers vom nächstdarüberstehenden abstand und ebensoviel darunter griff. Auf der Außenkante des obersten befand sich ein aufrechtstehender Schaber, unter dem untersten, um dessen Radius davon entfernt, eine volle Scheibe fest an der Welle, das Ganze in einem Zylinder, etwa viermal so hoch als weit, oben offen, unten mit Boden. Zwischen dem untersten Messer und der drehbaren Scheibe befand sich eine Ausflußöffnung, durch welche der Strang ausgepreßt wurde.

Diese Ziegelmaschine (Fig. 12) wurde zuerst auf der Landwirtschaftlichen Ausstellung in Cleve im Jahre 1855 öffentlich gezeigt, wo sie zur Fabrikation von Dachziegeln diente, die ihre gestellte Aufgabe einer permanent arbeitenden Ziegel-

Fig. 12. Älteste Ziegelmaschine von C. Schlickeysen.

maschine, rohen Ton jeder Steifigkeit selbsttätig nachzuziehen, zu verarbeiten, zu mischen und durch jede Schablone zu pressen, erfüllte und nunmehr das Vorbild aller nach demselben Prinzip gebauten Ziegelpressen wurde.

Die ersten Schneckenpressen von C. Schlickeysen, »Patent-Universalziegelmaschinen« genannt, wurden bis zum Jahre 1859 nach dem soeben beschriebenen Modell angefertigt, sie preßten einen Strang steifen Tones heraus, der unmittelbar vor der Öffnung durch vorgespannte Drähte in vier hochkantig nebeneinander laufende Stränge von Ziegelstärke geteilt wurde.

Diese Pressen mußten mit Pferden betrieben werden und wurden höchstens $1^1/_2$ Tausend Ziegel pro Tag durch ein Pferd gepreßt. Dies änderte sich natürlich, als man die Dampfkraft auch in die Ziegelindustrie einführte.

Die erste mit Dampf betriebene Schneckenpresse, welche ebenfalls von C. Schlickeysen in Berlin angefertigt worden ist, befand sich auf dem Dachziegel-Etablissement von C. Schneider in Roßlau a. Elbe, wohin sie im Jahre 1858 geliefert worden ist.

Die »Leipziger Illustrierte Zeitung«, welche in Nr. 803 vom 20. November 1858 eine Abbildung dieser Presse brachte, schrieb dazu: »Diese Presse, von einer Dampfmaschine betrieben, erhält die Mitteilung der Bewegung von unten durch ein mit Bohlen bedecktes Vorgelege. Das meist nicht überwinterte Material wird ohne irgendeine Vorarbeit in die Maschine geworfen und erleidet in derselben eine so vollständige Umwandlung, daß es in der Tat Vergnügen macht, diese in losen Brocken oben einfallende Erde unten in scharfkantigen glatten Strängen feiner Tonmasse ununterbrochen hervorquellen zu sehen, ohne an der Presse die dieses bewirkende Bewegung wahrnehmen zu können. Die Stränge werden durch den daneben stehenden Mann mittels einer Schneidevorrichtung in gleich große Ziegelstücke zerteilt, letztere mittels kleiner Wagen auf einer durch alle Schuppen gehenden Bahn fortgeschafft und in langen Haufen auf die Erde übereinander gestellt, von wo sie in den Ofen kommen. Die Maschine liefert täglich 8000—16 000 Ziegel bester Qualität.«

Die vorstehend wiedergegebene naive Beschreibung der Presse läßt erkennen, wie neu einerseits diese Art der Ziegelfabrikation war und wie gering anderseits noch die Ansprüche, die an die Presse in bezug auf Qualität und Quantität der hergestellten Steine gestellt wurden.

In Otto Bock's »Die Ziegelfabrikation« findet man ebenfalls einen Hinweis auf die Schlickeysenschen Erfindungen, welcher sich mit den älteren Ausführungen Dümmlers deckt.

Zwei Modellmaschinen, deren eine das Modell der ersten Dampfziegelpresse ist, welche im Jahre 1858 auf der ehemaligen Herzoglichen Dampfziegelei in Roßlau a. d. Elbe in Betrieb gesetzt wurde, haben im Deutschen Museum von Meisterwerken der Naturwissenschaft und der Technik in München zu Ehren des Altmeisters Schlickeysen Aufnahme gefunden.

Die grundlegende Erfindung der Schraubenschnecke für plastische Körper ist bei den verschiedensten Messerkonstruktionen vorbildlich geblieben und noch heute für den Ziegelmaschinenbau maßgebend. Die Messer führen die Gestalt von Schraubensegmenten und sind Teile einer sogenannten archimedischen Schraube, welche $^1/_4$—$^1/_3$ des Kreisumfanges umfassen. Die Beschaffenheit der Tone, insbesondere die der schädlichen Beimengungen derselben, hat auch bei den Maschinenkonstrukteuren grundverschiedene Auffassungen gezeitigt. Nachdem die Ziegelmaschine nach Pantzer's praktischem Handbuch im Jahre 1908 bereits 50 Jahre zu den bedeutendsten Werken der Technik zählte, hat ihr Bau im Laufe der Zeit auch große Wandlungen durchgemacht. Man wird heute mit Recht von einer konstruktiven Vielseitigkeit der Ziegeleimaschinen sprechen können. Ruhelos hat die Maschinentechnik die Vervollkommnung der Ziegelmaschine angestrebt, und sie wird nicht müde werden, auf dem einmal beschrittenen Wege auszuharren. Schon heute wird man die Verwendung von Arbeitsmaschinen im Ziegeleibetriebe als durchaus vorteilhaft anerkennen und sich mit dem Gedanken vertraut machen müssen, daß es den Konstrukteuren von Ziegeleimaschinen beschieden sein wird, auch fernerhin Erfolge zu ernten. Die technischen Erklärungen einer großen Anzahl von Maschinen, wie solche an anderer Stelle unseres Leitfadens findbar sind, bestätigen dies.

## Die richtige Auswahl der Maschinen

hat gewisse Vorsichtsmaßregeln bei der Beurteilung des Materials und der örtlichen Verhältnisse zur Voraussetzung. Sind diese, wie beispielsweise die Mächtigkeit des Tonlagers, die Qualität des Tonmaterials und die Bedürfnisfrage für die etwa beabsichtigten Fabrikate, geklärt und befürwortet das Ergebnis eine maschinelle Ziegeleianlage, so empfiehlt es sich, bei der Werkverdingung recht vorsichtig zu sein. Will man nun eine der zahlreichen und größtenteils bestrenommierten Maschinenfabriken mit der Lieferung einer Anlage betrauen, so unterlasse man nicht, den Rat derselben zu hören. Es ist dies auch schon deshalb recht und billig, weil die Lieferantin für die Güte des Materials, für sachgemäße Konstruktion und endlich für die Leistung gewisse Garantien zu übernehmen pflegt. Die ausführende Fabrik muß hinreichend darüber informiert werden, wie der zur Verarbeitung kommende Ton beschaffen, ob er fett oder mager, ob er gleichmäßig oder knotig, ob er weich oder fest ist und wann er gegraben wird. Sie muß auch wissen, ob in dem Tone Steine, besonders Kalksteine, vorkommen, eventuell was für Steine, bis zu welcher Größe und wie viel etwa im Einheitsmaß (Kubikmeter, Kubikyard, Kubikfuß). Es hat Interesse für die Fabrik, zu erfahren, ob der Ton frisch gegraben oder überwintert verarbeitet werden soll und wie weit die Tongrube vom Maschinenhause entfernt ist. Der Fabrik wird auch bekannt zu geben sein, ob der Ton in der Grube selbst oder neben dem Maschinenhause gelagert wird. Es empfiehlt sich in jedem Falle, der Maschinenfabrik eine Probe von dem betreffenden Tone einzusenden, welcher maschinell verarbeitet werden soll, und zwar genügt zur allgemeinen Beurteilung das in einem Zigarrenkistchen unterzubringende Quantum Durchschnittston unter Beifügung der aus etwa einem Kubikfuß Ton nach Möglichkeit herausgelesenen Steine und sonstigen Verunreinigungen. Dagegen ist zur Anfertigung von Probeziegeln so viel Ton erforderlich, als er etwa dem Inhalt von 3 Zementtonnen entspricht. Zur Abgabe eines brauchbaren Projekts ist der Fabrik auch Mitteilung darüber zu machen, ob schon eine Betriebskraft vorhanden ist, was für eine und in welcher Pferdestärke. Man wird die Fabrik auch darüber aufklären müssen, ob gewöhnliche Ziegelsteine, Dachsteine, Biberschwänze, Strangfalzziegel, Platten oder was sonst für Ziegelfabrikate maschinell hergestellt werden sollen; wieviel von jeder dieser verschiedenen Steinsorten etwa täglich oder in einer Woche oder in einer Kampagne anzufertigen und wie groß die einzelnen Steine im gebrannten Zustande sind. Man wird auch gut tun, der Fabrik die Art des Trocknens der Steine bekanntzugeben. Sie wird wissen müssen, ob das Trocknen in bedeckten, aber seitlich offenen Schuppen zu ebener Erde oder in Gerüsten im Ofenhaus oberhalb des Ringofens geschieht, ob auf eine künstliche, auch im Winter zu betreibende Trockenanlage verzichtet werden soll oder auch im Winter Steine gefertigt und getrocknet werden müssen. Endlich wird auch die Frage, wie der Baugrund beschaffen ist und in welcher Tiefe man auf Grundwasser stößt, zu beantworten sein. Je sorgfältiger und gewissenhafter alle diese Punkte zwischen der Auftraggeberin und der Lieferantin geklärt werden, um so billiger und rentabler kann die Anlage werden.

Die Einsendung der Tonproben ist besonders wichtig, denn die Beschaffenheit des Tones bleibt in jedem Einzelfalle für die richtige Auswahl der Maschinen von entscheidendem Einflusse. Während beispielsweise in vielen Fällen bei reinem milden Ton schon eine Ziegelpresse mit zwei Riffelwalzen ohne jedwede Vorbereitungsmaschine genügt, um pro Tag 10000 innerlich und äußerlich gute Voll-, Hohl- und Dachziegel etc. anzufertigen, können bei knotigen, fetten, stein- und mergelhaltigen, oftmals auch Sandzusatz erfordernden Tonen je nach Umständen eine, mehrere oder eine ganze Anzahl Vorbereitungsmaschinen notwendig werden, um die gleichen qualitativen und quantitativen Leistungen zu erzielen. Diese Vorbereitungsmaschinen sind Kollergänge, Walzwerke zum Zerbrechen und Feinwalzen, Tonmühlen, Vormischer, Elevatoren, Tonaufzüge und dergleichen mehr. Zu ihnen gesellen sich besondere Tonreinigungsmaschinen, deren Konstruktion den gegebenen Verhältnissen angepaßt werden müßte. Die Anschaffung derartiger Vorbereitungsmaschinen übt jedoch einen wesentlichen Einfluß aus auf die Raum- und Kraftverhältnisse, sowie auf die Anlage- und Betriebskosten. Es muß somit entschieden davon abgeraten werden, unnötige Vorbereitungsmaschinen zu installieren. Hiernach ist es logisch und einleuchtend, daß die Einsendung der Tonmaterialien eine sichere Gewähr dafür bietet, welche Ziegeleimaschinen die zweckentsprechendsten sind, da der Lieferant nur nach Prüfung des Materials zuverlässig über dasselbe zu urteilen vermag. Daß der Lieferant diese Prüfung nicht nur durch Homogenisierung des Tones auf maschinellem Wege vorzunehmen gedenkt, sondern auch das Resultat der Brennproben mitsprechen lassen wird, dürfte begreiflich erscheinen. Das Bestreben einiger Maschinenfabriken richtet sich, wie schon anderweitig erwähnt, auf praktische Versuche in der Formgebung und im Brennen der Fabrikate mittels zweckdienlich dazu aufgestellter Öfen.

Gegenüber der großen Anzahl von Ziegeleimaschinenfabriken des In- und Auslandes und den vielen Sorten von Maschinen, welche von jeder einzelnen Fabrik auf den Markt gebracht werden, wird die Auswahl dem Reflektanten vielfach recht schwer. Wenn auch die Anschaffungskosten einer Maschinenanlage zu den erheblich größeren Kosten einer Ringofenanlage in keinem annähernden Verhältnisse stehen, so wird doch die Frage häufiger erörtert, welches die billigste Ziegelmaschine ist, als jene, welche für die beste Maschine angesehen werden kann.

Welche Ziegelmaschine ist nun die billigste? So einfach die Frage erscheint, so wird sie doch von verschiedenen Seiten falsch beurteilt. Nach Pantzer's praktischem Handbuch ist nicht der Ankaufswert maßgebend, sondern der Erfolg einer Ziegelmaschine in qualitativer und quantitativer Produktion bei niedrigen Betriebskosten. Dieser letztere ermöglicht die unbestreitbare Feststellung eines Vergleiches. Man hört hin und wieder wohl die Bemerkung: »Diese Maschinen sind teuerer als die anderen, obgleich sie keinesfalls schwerer sind denn jene!« Die Zugrundelegung des Gewichts läßt jedenfalls eine falsche Beurteilung des Wertes erkennen, und der Käufer kann mithin nie genug darauf aufmerksam gemacht werden, daß die unnötige Vergeudung des Materialgewichts eine Garantie für die dauernde gute Leistung in keiner Weise bietet! — Eine künstliche, auf die Güte der Maschine ohne Einfluß bleibende Gewichtssteigerung ist schon denkbar, wenn beispielsweise die gußeiserne Grundplatte oder andere für die Haltbarkeit der Maschine unwesentliche Teile schwerer gestaltet werden, als dies konstruktiv nötig ist, was aus Gründen der erheblichen Mehrkosten an Fracht und Zoll, welche bei Exportgeschäften empfindlich nachwirken, vermieden werden muß. Ebenso verwerflich ist die unsachgemäße Verstärkung der arbeitenden Teile, weil sie von unausbleiblichen Folgen, wie schwerer Gangart, geringer Leistung und minderwertigen Produkten begleitet sind.

Die Ziegelmaschine kann infolge der während ihrer Erfindung, also in einem Zeitraum von mehr denn 50 Jahren, gemachten Verbesserungen in allen ihren Einzelteilen so vollkommen sein, daß man ihre solide Konstruktion und die betriebstechnische Zuverlässigkeit betonen darf. Sie muß geringe Ansprüche an die Betriebskraft stellen und die Eigenart ihres Baues so vorteilhaft durchdacht sein, daß sie in der Anordnung der einzelnen Teile eine Betriebsvorsicht erkennen läßt. Bleibt durch irgendeinen Zufall der Bruch eines ihrer Teile unvermeidlich, so darf immer nur ein solcher Teil in Frage kommen, welcher mit geringen Unkosten und ohne längere Betriebsstörung leicht ausgewechselt werden kann. Umfangreiche Versuche mit den verschiedensten Messern haben es als wirtschaftlich richtig erkennen lassen, die Messerformen grundverschieden zu gestalten, die Reihenfolge der Messer und die Messerstellung auf der Welle jedoch den in jedem Einzelfalle gegebenen Verhältnissen anzupassen, da die Wirkungsweise der Messer selbst, gewissermaßen als die Seele der Maschine, von der Verschiedenartigkeit des zur Verarbeitung kommenden Tones abhängig ist. Auf diese Weise wird neben der leichten Gangart der Ziegelmaschine (Fig. 13) eine intensive Verarbeitung und Homogenisierung des Tones sowie eine hohe und gleichmäßige Produktion gewährleistet, ein Faktor, welcher nicht unterschätzt werden darf.

Die den einzelnen Pressensystemen besonders eigene Anordnung von Riffelwalzen gewährt ein vorzügliches Einziehen des Tones in den Pressenmischzylinder.

Die Walzen selbst müssen aus Coquillenhartguß bestehen und die Bauart großen Walzwerken nachgebildet sein. Die beiden Walzenlager einer Seite sind mit durchgehenden Bolzen verbunden, so daß ein Bruch des mittleren gußeisernen Zwischenstückes nicht eintreten kann. Zwischen den genannten Walzen und dem eigentlichen Preßzylinder findet eine innige Mischung des Tones statt, welche dadurch erreicht wird, daß die Walzen etwas mehr Material in den genannten Zylinder einziehen möchten, als dieser herausbefördern kann. Als weitere Vorzüge einer guten Ziegelmaschine erkennt man das Vorhandensein äußerst langer Bronzeschalen an sämtlichen Hauptlagern, von Sicherheitsriemenscheiben zur Verminderung der drohenden Bruchgefahr bei mangelnder Beaufsichtigung des Maschinenbetriebes und das Belegen der Mischmesser und Schnecken mit auswechselbaren Hartgußrändern. Der Preßrumpf muß möglichst mit 6 mm starkem Stahlblech bekleidet sein, Messerwelle und Vorgelegewelle müssen aus Stahl bestehen und sämtliche Zahnräder, mit Ausnahme des großen Stirnrades, aus Stahlguß. Bei sämtlichen Preßmundstücken, deren Länge je nach dem in Frage kommenden Material eingerichtet wird, sollte Messingschuppenbewässerung vorgesehen sein.

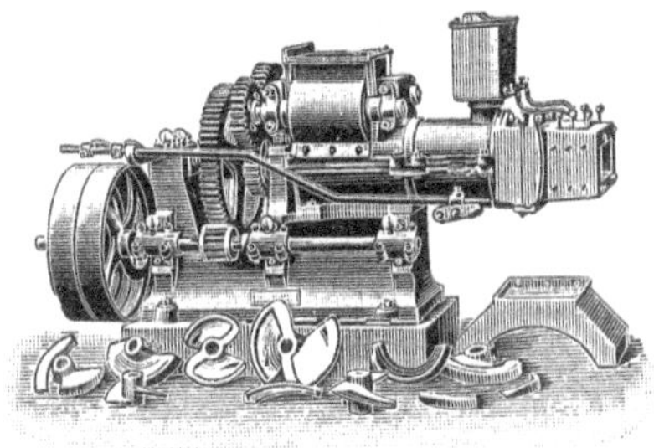

Fig. 13. Normale Ziegelmaschine.

Nach dem Vorhingesagten lassen sich die Vorteile einer guten Ziegelmaschine kurz dahin zusammenfassen:

1. Kraftersparnis und Minderausgabe an Brennmaterial für die Krafterzeugung;
2. die Eigenart der Messerformen und die vorteilhafte Messerstellung, welche ein gleichmäßiges, intensives Verarbeiten und Homogenisieren des Tones sichern;

3. der billige Preis eventuell erforderlich werdender Ersatzteile;
4. die durch einfache und bewährte Konstruktion leicht zu bewirkende Auswechslung derselben;
5. der unverkennbare Gewinn, welcher nicht nur durch die bedeutende Mehrleistung allein, sondern auch dadurch erzielt wird, daß die besseren Ziegelfabrikate höher im Preise stehen.

Die billigste Ziegelmaschine ist also nicht diejenige, welche sich trotz der auffallenden Schwere ihres Eigengewichtes durch einen anscheinend niedrigen Anschaffungspreis auszeichnet, sondern eine solche, welche bei geringen Betriebs- und Reparaturkosten eine gleichmäßig gute, dauerhafte und daher preiswerte Ware auf den Markt bringt. Dies Ziel kann aber nur unter Nutzbarmachung langjähriger, praktischer Erfahrungen erreicht werden, welche von den Maschinenfabrikanten als wertvolles Geschäftsgeheimnis gehütet, in diesem Werke jedoch zur allgemeinen Belehrung preisgegeben werden.

## Winke für die Inbetriebsetzung neuer oder reparierter Maschinen

sind folgende:

1. Nach beendeter Montage soll man zunächst jede Maschine durch ihre Riemenscheiben mit Handkraft in Drehung versetzen, und zwar so lange, bis man sich überzeugt hat, daß alle Wellen und Räder sich gleichmäßig und ohne wechselnde Kraftanstrengung ganz herumdrehen lassen.
2. Nun kann man die Riemen aufziehen und die Maschinen, ohne Ton aufzugeben, so lange (mindestens eine Stunde) leerlaufen lassen, bis man sich überzeugt hat, daß die Lager sich gut schmieren und nicht warmlaufen und sich die Räder ohne Stöße ruhig drehen.
3. Darauf erst ist Ton aufzugeben, bei Ziegelpressen aber zunächst noch keine Preßform vorzuschrauben,

bis die Presse mindestens eine Stunde leer gelaufen ist, dann erst die Form vorzuschrauben und mit der Fabrikation zu beginnen.

4. Hieraus geht hervor, daß man zur ersten Inbetriebsetzung von neuen oder reparierten Ziegelmaschinen stets einen umsichtigen, mit dem Betrieb von solchen Maschinen vertrauten Maschinisten zuziehen soll.
5. Beachtet man diese Winke nicht, so kann, weil beispielsweise ein Lagerdeckel zu fest oder zu lose aufgeschraubt ist, weil eine Lagerschmiervorrichtung nicht in Ordnung ist, weil ein Radzahn zwischen Zähnen des Gegenrades sich klemmt, weil eine oder mehrere Schrauben, welche Maschinenteile fest miteinander verbinden sollen, sich gelockert haben, weil eine Welle durch ein fehlerhaft aufgeschraubtes Lager krumm gezogen wird, weil ein Radteil nicht richtig festsitzt, weil zu Anfang eingeworfener Ton sich mangels Präparation vor der Form festsetzt, Warmlaufen der Lager, Fressen, Verbiegen und Brechen der Wellen, Brechen der Räder etc. entstehen. Das alles sind Störungen, deren Ursachen sich nachher meist nicht mehr entdecken lassen.

Voraussetzung für die Herstellung guter Ziegel ist eine sorgfältige Vorbereitung des Preßgutes, bevor dasselbe der Ziegelmaschine zugeführt wird. Es wird der Präparation des Tones eine strenge Begutachtung desselben voraufgehen müssen, um sicher beurteilen zu können, welche Vorbereitungsprozesse nötig sind. Mitbestimmend dafür ist die Verschiedenartigkeit der Tonmaterialien selbst und die Frage, ob sie mehr oder minder der Vorbereitung bedürfen. Das vor Beginn des Winters gegrabene, aufgeschüttete und alsdann gewinterte Material wird, sachkundig befeuchtet, zur Maschine gebracht. Die Art der Bewässerung, von welcher die Leistungsfähigkeit der Maschine abhängig ist, muß sorgfältig festgestellt werden. Das bloße Durchwintern, ohne den Ton bei Frostwetter zu nässen, würde nicht genügen, da Niederschläge eine hinreichende Befeuchtung des Tones ausschließen. Im Frühjahr pflegt der Ton leicht auszutrocknen und zu erhärten, so daß der Feuchtigkeitsgrad in den einzelnen Lagen sehr verschieden ist. Man muß dem Tone daher die benötigte Feuchtigkeit zuführen und ihm die Zeit zum Erweichen lassen.

Die ungleiche, wechselnde Aufgabe von erhärtetem und weichen Material durcheinander ist keiner Maschine dienlich und muß im Interesse der Leistungsfähigkeit der Maschine und der inneren Beschaffenheit des Preßgutes vermieden werden. Bekanntlich verlangen magere Tone weniger Wasser und schließen sich viel schneller auf als die fetten, nur langsam erweichenden Tonmaterialien. Regel ohne Ausnahme bildet für den Ziegeleimaschinenbetrieb jedoch ein gleichmäßiger Feuchtigkeitsgrad für die zu verarbeitende Ziegelmasse. Knollen, Knoten oder Klumpen erfordern abgesonderte Behandlung, bis sie den gleichen Feuchtigkeitsgrad besitzen.

Man beginne auf jeder Maschinenziegelei mit der strengsten Überwachung des Tonlagers und der Verladung des für die Maschine bestimmten Preßgutes. Es empfiehlt sich, ein regelmäßiges und sorgfältiges Speisen der Walzwerke (Fig. 14).

Die Walzen dürfen nie zu weit gestellt werden, um ein rasches Durcharbeiten zu ermöglichen. Dies führt zu Nachteilen, weil die Masse ungenügend verarbeitet wird. Die Zweckdienlichkeit der Walzwerke geht dadurch verloren; der Ziegelmaschine wird mehr Ton zugeführt, als sie bewältigen kann, das Preßgut wird ungleich und Brüche sind infolge Überanstrengung des Knetmechanismus oft unvermeidlich. Die Grundbedingung für ein gutes Fabrikat liegt in der Verarbeitung weicherer Masse, in seiner Feuchtigkeit und Gleichartigkeit.

Das zu steife Verarbeiten des Tones erhöht dagegen die erforderliche Betriebskraft.

Die aus weicheren Tonen hergestellten Formlinge sind weniger dicht als die steiferen. Das Wasser schwindet jedoch aus den weicher gefertigten Formlingen schneller und wird hierdurch der Trocknungsprozeß beschleunigt.

Direkte Ursachen der Verarbeitung zu steifer Materialien sind hoher Kraftverbrauch, höhere Ausnutzung und Inanspruchnahme aller Einrichtungen, sowie der Betriebs- und Abnutzungskosten.

Bestellung eines maschinentechnischen Betriebsleiters. Die Vorteile, welche aus einer sachkundigen Leitung und Überwachung des Maschinenbetriebes erwachsen, wiegen die Unkosten für einen Fachmann durch Mehrleistung reichlich auf. Die Aufgabe eines geeigneten Maschinenmeisters besteht in der rechtzeitigen Auswechslung der Messerränder, Futterbleche, Schaber und anderer der Abnutzung am meisten unterliegenden, verhältnismäßig billig zu ersetzenden Teile. Das wachsame Auge wird die Möglichkeit bieten, die Maschinen stets auf ihrer höchsten Leistungsfähigkeit zu erhalten,

Fig. 14. Konisches Walzwerk der Rixdorfer Maschinenfabrik.

wogegen die Erfahrung gelehrt hat, daß beim Fehlen eines Sachverständigen die mit wenig Mühe und geringen Kosten auswechselbaren Teile so lange in Benutzung bleiben, bis die damit in Zusammenhang stehenden wertvolleren Teile durch den naturgemäßen Verschleiß ebenfalls unbrauchbar geworden sind und womöglich ganz zerbrechen. Die ungenügende Überwachung der Maschinen zeitigt Folgen von ungeahnter Tragweite. Durch vorzeitigen Verschleiß einzelner Maschinenteile wird der Besitzer doppelt geschädigt, und zwar einmal dadurch, daß die Leistung der Maschine zurückgeht, und zweitens dadurch, daß er die entsprechend höheren Kosten für die Anschaffung der ganzen kompletten Ersatzteile zu tragen hat.

Ein maschinentechnischer Betriebsleiter vermag daher manches Zahnrad, Lager und andere Teile vor Zerstörung zu schützen, wenn er dafür sorgt, daß die damit korrespondierenden Wellen etc., welche durch irgendeinen nicht vorauszusehenden Zufall aus ihrer ursprünglichen Lage gekommen sind, sofort wieder in ihre richtige Lage versetzt werden.

Das beste Mittel gegen Betriebsstörungen sollte man in der rechtzeitigen Erneuerung der abgenutzten Maschinenteile suchen.

Vorrätige Reserveteile gehören zu den unerläßlichen Erfordernissen eines geordneten Betriebes. Es ist daher zwingende Notwendigkeit, die der Abnutzung am meisten unterworfenen Maschinenteile auf allen Ziegeleien zur Hand zu haben, um bei irgendeinem Bruch dieses oder jenes Teils nicht in Verlegenheit zu kommen. Die Auswechslung von erneuerungsbedürftigen Teilen läßt sich während des vorüber-

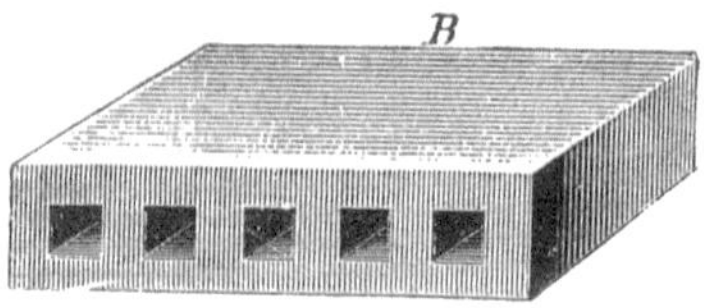


Fig. 15. Lochstein.

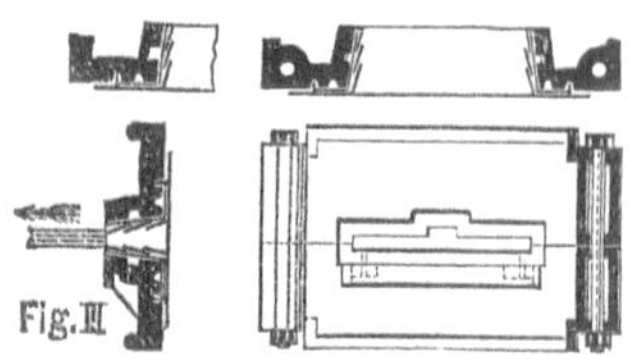


Fig. 16. Mundstück.

gehenden Stillstandes der Maschinen, in der Regel während der Sonntagsruhe, bewirken. Gleich einem ordentlichen Hausvater wird jeder Ziegeleibesitzer gut tun, die von ihm benötigten Ersatzteile schon während der Wintermonate einzukaufen, um niemals wegen verspäteter Lieferung in Verlegenheit zu kommen. Nach dieser Richtung wird vielfach gefehlt und die Folge davon ist, daß die Maschinenfabriken im Frühjahr oft kaum in der Lage sind, die zahlreichen Bestellungen von Ersatzteilen so schnell zu effektuieren wie notwendig, wenn von allen Seiten gleichmäßig Ersatzteile begehrt werden.

Die Dauerhaftigkeit von Ziegeleimaschinen ist wesentlich auf die gebotene Fürsorge vor Beginn und nach Beendigung des Betriebes zurückzuführen. Sind die Mundstücke vor Beginn der Formung sorgfältig gereinigt, namentlich die Ecken sauber ausgestochen, und ist der Preßkopf daraufhin geprüft worden, daß sich in demselben nicht erhärteter Ton festgesetzt hat, welcher geeignet ist, das Vorkommen sogenannter Drachenzähne zu fördern, so wird man sich nur noch zu überzeugen haben, daß auch der Preßzylinder keinen erhärteten Ton aufweist. Sämtliche ölbedürftigen Teile müssen gewissenhaft geschmiert und die Laufrollen des Abschneidetisches gereinigt sein.

Nach Beendigung des Betriebes soll die Maschine jedesmal gereinigt, das Mundstück abgeschraubt, der Ton aus demselben entfernt und bis zur Wiederbenutzung gut aufbewahrt werden. Vor Ingebrauchnahme des Mundstückes (Fig. 16) ist ein Wasserbad demselben sehr dienlich.

---

## Grundzüge für die Projektierung neuer Ziegeleianlagen.

Wer die Absicht hat, eine Maschinenziegelei, gleichviel ob in kleinerem oder größerem Umfange einzurichten, wird notgedrungen Erhebungen darüber anstellen müssen, wie mächtig sein Tonlager ist und ob das Tonmaterial seiner inneren Beschaffenheit nach geeignet erscheint, der Herstellung von Ziegelfabrikaten zu dienen. In zweiter Linie wird es sich empfehlen, sorgfältig die örtlichen Lohnverhältnisse in Berechnung zu ziehen, alsdann die Anlagekosten und deren laufende Unterhaltung einschließlich der notwendigen jährlichen Abschreibungen. Der springende Punkt für die Einrichtung einer Dampfziegelei ist die bauliche Anlage nebst der maschinellen Einrichtung des projektierten Werkes. Der Wahl der für die jeweilig beabsichtigte Tagesproduktion notwendigen Maschinen werden für die endgültige Entschließung zur Einrichtung der Ziegelei, wie wir dies bereits an anderer Stelle ausgeführt haben, sorgfältige Erwägungen voraufgehen müssen. Diese Erwägungen, welche für die Rentabilität des ganzen Werkes ausschlaggebend werden können, machen es wünschenswert, ziffermäßige Angaben sowohl über die Dampfkraft und deren Betriebskosten, als auch über den Ziegeleibetrieb als solchen zur Hand zu haben.

Wir entnahmen der Zeitschrift »Der Müller« über die Wirtschaftlichkeitsberechnung für eine Heißdampf-Lokomobile, Anthrazit-Sauggasanlage, Braunpreßkohlen-Sauggasanlage und Diesel-Motor die nachfolgenden schätzenswerten Aufzeichnungen:

I. Heißdampf-Lokomobile. 80 PS, Höchstleistung 120 PS, angenommen 1500 Betriebsstunden, 1500 × 80 = 120000 Pferdestunden im Jahre.

| | |
|---|---|
| Anlagekosten, einschließlich Fundament, Montage und Schornstein | 21000 M. |
| Verzinsung des Anlagekapitals 4 % | 840 M. |
| Tilgung und Instandhaltung 8 % | 1680 » |
| Bedienung | 900 » |
| Schmieröl und Putzwolle | 250 » |
| Allgemeine Jahreskosten | 3670 M. |
| Heizwert des kg Steinkohle | 7500 WE |
| Preiswert des kg Steinkohle | 1,00 Pf. |
| Preis von 1000 WE | 0,133 » |
| Brennstoffverbrauch für die Pferdestunde | 6300 WE |
| Brennstoffverbrauch für die Pferdestunde | 0,90 kg |
| Brennstoffverbrauch im Jahre | 108000 kg |
| Brennstoffkosten für die Pferdestunde | 0,90 Pf. |
| Brennstoffkosten im Jahre | 1080 M. |
| Gesamt-Betriebskosten im Jahre | 4750 M. |
| Betriebskosten für die Pferdestunde rund 4 Pf. | 3,96 Pf. |

II. Anthrazit-Sauggasanlage. 80 PS, Höchstleistung 90 PS, Umlaufzahl 180 in der Minute, angenommen 1500 Betriebsstunden = 120000 Pferdestunden im Jahre.

| | |
|---|---|
| Vollständiger Motor mit Fundamentankern | 14000 M. |
| Gasanlage | 3700 » |
| Fundamente | 1100 » |
| Rohrleitungen | 800 » |
| Wasserversorgung | 1700 » |
| Montage | 850 » |
| Gesamt-Anlagekosten | 22150 M. |

| | |
|---|---|
| Verzinsung des Anlagekapitals 4 % | 886 M. |
| Tilgung und Instandhaltung 8 % | 1 772 » |
| Bedienung | 500 » |
| Schmieröl und Putzwolle | 300 » |
| Allgemeine Jahresunkosten | 3 458 » |
| Heizwert des kg Anthrazit | 8000 WE |
| Preis des kg Anthrazit | 2,20 Pf. |
| Preis von 1000 WE | 0,275 » |
| Brennstoffverbrauch für die Pferdestunde | 3840 WE |
| Brennstoffverbrauch für die Pferdestunde | 0,48 kg |
| Brennstoffverbrauch im Jahre | 57 600 » |
| Brennstoffkosten für die Pferdestunde | 1,06 Pf. |
| Brennstoffkosten im Jahre | 1 270 M. |
| Gesamt-Betriebskosten im Jahre | 4 728 M. |
| Betriebskosten für die Pferdestunde | 3,94 Pf. |

rund 4 Pf.

III. Braunpreßkohlen-Sauggasanlage, wie bei II, Anlagekosten etwa 1750 M. höher, das sind . . 23 900 M.

| | |
|---|---|
| Verzinsung des Anlagekapitals 4 % | 956 M. |
| Tilgung und Instandhaltung 8 % | 1 912 » |
| Bedienung | 750 » |
| Schmieröl und Putzwolle | 350 » |
| Allgemeine Jahresunkosten | 3 968 M. |
| Heizwert des kg Preßkohle | 4800 WE |
| Preis des kg Preßkohle | 0,90 Pf. |
| Preis von 1000 WE | 0,187 » |
| Brennstoffverbrauch für die Pferdestunde | 3600 WE |
| Brennstoffverbrauch für die Pferdestunde | 0,75 kg |
| Brennstoffverbrauch im Jahre | 90 000 » |
| Brennstoffkosten für die Pferdestunde | 0,67 Pf. |
| Brennstoffkosten im Jahre | 804 M. |
| Gesamt-Betriebskosten im Jahre | 4 772 M. |
| Betriebskosten für die Pferdestunde | 3,97 Pf. |

rund 4 Pf.

IV. Diesel-Motor. 50 PS,, Umlaufzahl 170 in der Minute, angenommen 1500 Betriebsstunden = 75 000 Pferdestunden.

| | |
|---|---|
| Motor mit Anlaßvorrichtung und Fundamentankern | 15 300 M. |
| Fundament | 900 » |
| Rohrleitung | 500 » |
| Kühlgefäße | 600 » |
| Montage | 600 » |
| Gesamt-Anlagekosten | 17 900 M. |
| Verzinsung des Anlagekapitals 4 % | 716 M. |
| Tilgung und Instandhaltung 8 % | 1 432 » |
| Bedienung | 225 » |
| Schmieröl und Putzwolle | 200 » |
| Allgemeine Jahresunkosten | 2 573 M. |
| Heizwert des kg Paraffinöl | 10 000 WE |
| Preis des kg Paraffinöl | 10,00 Pf. |
| Preis von 1000 WE | 1,000 » |
| Brennstoffverbrauch für die Pferdestunde | 2200 WE |
| Brennstoffverbrauch für die Pferdestunde | 0,22 kg |
| Brennstoffverbrauch im Jahre | 16 500 » |
| Brennstoffkosten für die Pferdestunde | 2,2 Pf. |
| Brennstoffkosten im Jahre | 1 650 M. |
| Gesamt-Betriebskosten im Jahre | 4 223 M. |
| Betriebskosten für die Pferdestunde | 5,63 Pf. |
| geschätzt bei 80 PS auf rund | 5 » |

Wie aus der vorstehenden Zusammenstellung hervorgeht, betragen die Gesamtbetriebskosten für die Pferdestunde rund 4 Pf., ganz gleich, welche Kraftmaschine gewählt wird. Das geringere Anlagekapital, die große Überlastungsfähigkeit, die größere Gleichförmigkeit sprechen jedoch zugunsten der Heißdampflokomobile. Dabei ist noch in Erwägung zu ziehen, ob nicht eine 50 PS-Lokomobile, die gut mit 80 PS Höchstlast beansprucht werden kann, ausreicht.

Wenn hiermit unseren Lesern ein Überblick über die praktischen Erfahrungen mit einer Dampfkraft gegenüber anderen Elementarkräften gegeben ist, so glauben wir, nicht davon absehen zu können, anderweitige ziffermäßige Angaben über die Herstellungskosten von Ziegeleiwaren nicht vorenthalten zu sollen, welche wir selbst der schätzenswerten Aufzeichnung eines namhaften Fachblattes entnommen haben.

Diese Aufzeichnungen sind der Praxis entlehnt und enthalten beachtenswerte Winke, in welcher Weise die Rentabilität eines Ziegeleibetriebes gewährleistet wird. Die nachfolgenden Berechnungen sind aus einem praktischen Ziegeleibetriebe geschöpft worden, welcher während der Kampagne von März bis Oktober etwa 3 Millionen Mauerziegel, Deckenziegel (13 · 10 cm) und Dachziegel lieferte. Das Werk bestand aus einem Ringofen mit seitlichen und oberen Trockengerüsten und direkt anschließendem Maschinenhaus. Das Tonlager von über 20 m Mächtigkeit befand sich in unmittelbarer Nähe des Maschinenhauses, so daß die Förderung des Tones auf den Tonboden mittels maschineller Kraft geschah. Über dem Ton befand sich in einer durchschnittlichen Stärke von 2 m eine Lage, bestehend aus Mutterboden, Sand, sandhaltigem Kies und stellenweise mit Steinen durchsetztem Ton, welcher abgeräumt werden mußte.

Begonnen wurde mit dem Gange der Erzeugung durch Abräumen des Tonlagers.

Soweit als möglich, wurden alle Arbeiten in Akkord ausgeführt, so auch das Abräumen des Tonlagers. Für Graben, Verladen in Kipplowries und Aufschütten des Materials auf eine ca. 150 m entfernte Halde wurde für den Kubikmeter gewachsenen Boden 0,75 M. gezahlt. Der Sand war gesondert aufzuschütten, so daß dieser nach seiner Siebung als Magerungszusatz zum Ton Verwendung finden konnte. Da das Tonlager bis 15 m Tiefe ausgebeutet wurde und auf 1 qm Grundfläche durchschnittlich 2 cbm Abraum zu bewegen waren, so erwuchs durch das Freilegen jedes Kubikmeter gewachsenen Tones ein Kostenaufwand von $\frac{2 \cdot 0{,}75}{15} = 0{,}10$ M.

Praktische Versuche ergaben die Feststellung, daß zur Herstellung von 1000 Mauerziegeln und auch Deckenziegeln, welche nach Abzug der Hohlräume denselben Rauminhalt haben wie Mauerziegel, außer dem etwa 20 % betragenden Sand- bzw. Ziegelmehlzusatz, 2 cbm und für Dachziegel 1 cbm gewachsener Ton erforderlich waren. Mithin betrugen die Abraumkosten: für 1000 Mauer- oder Deckenziegel 0,20 M. und für 1000 Dachziegel 0,10 M.

Das Tongraben geschah ebenfalls in Akkord und zwar wurde für 1 cbm 0,35 M. gezahlt, das gibt: für 1000 Mauer- oder Deckenziegel 2 · 0,35 M. = 0,70 M. und für 1000 Dachziegel 0,35 M.

Rechnet man das Ergebnis eines vollen Monates zu 27 Arbeitstagen, so kommt man zu folgenden Anhaltspunkten:

Die Ziegelpresse leistet

415000 Mauerziegel in 23 Tagen,

36000 Kuchen zu Dachziegeln in Mauerziegelgröße in 2 Tagen,

22500 Deckenziegel in 2 Tagen.

Außerdem war in dem betreffenden Monat während 10 Tagen eine kleine Walzenpresse in Betrieb, auf welcher die mit der großen Ziegelpresse vorgearbeiteten 36000 Kuchen zu 72000 Dachziegeln verformt wurden.

An Löhnen wurde verausgabt für den Arbeitsvorgang vom Einladen des Tones in der Grube bis einschließlich Einrüsten der fertigen Rohwaren in die Trockengerüste:

| | |
|---|---|
| 4 Mann zum Tonladen in der Grube für 1000 (zu 21 Pf.) | 0,84 M. |
| 1 Mann zum Bedienen des Tonaufzuges . . . | 0,21 » |
| 1 Mann zum Einwerfen auf dem Tonboden . . | 0,21 » |
| 1 Mann am Abschneideapparat, welchem auch das Schmieren der Maschinen während der Pausen obliegt . . . . . . . . . . . . . . . . | 0,23 » |
| 1 Mann zum Abnehmen der Formlinge vom Apparat | 0,21 » |
| 1 Mann zum Abnehmen vom Elevator und auf Wagen setzen . . . . . . . . . . . . . . | 0,21 » |
| 1 Junge zum Abfahren der Formlinge in die Gerüste | 0,16 » |
| 2 Mann zum Einrüsten . . . . . . . . . . . | 0,42 » |
| zusammen | 2,49 M. |
| a) 415000 gefertigte Mauerziegel zum Akkordsatz von 2,49 M. = . . . . . . . . . . . . . | 1033,35 M. |
| 1 Mann zum Sandladen, welcher nebenbei das Bewässern des Tones besorgt, 23 Tage zu 3 M. = | 69,— » |
| 3 Jungen zum Bedienen des Kollerganges, zur Vermahlung des vorhandenen Ziegelbruches und zum Sandsieben, 69 Tage zu 2,50 M. = | 172,50 » |

| | |
|---|---|
| Übertrag | 1274,85 M. |
| 1 Maschinist, welcher zugleich den Kessel feuert, 23 Tage zu 4,50 M. = . . . . . . . . . | 103,50 » |
| Für Auseinanderrücken der Formlinge in den Gerüsten . . . . . . . . . . . . . . | 20,75 » |
| das macht zusammen | 1399,10 M. |

oder für 1000 $\frac{1399,10}{415}$ = rund 3,37 M.

b) 22500 Deckenziegel in 2 Tagen:

| | |
|---|---|
| 3 Mann zum Tonladen für 1000 (zu 45 Pf.) . | 1,35 M. |
| 1 Mann am Aufzug für 1000 . . . . . . . | 0,45 » |
| 1 Mann zum Einwerfen auf dem Tonboden für 1000 | 0,45 » |
| 1 Mann am Abschneideapparat für 1000 . . | 0,50 » |
| 1 Mann zum Abnehmen vom Apparat für 1000 | 0,45 » |
| 1 Mann am Elevator . . . . . . . . . . . | 0,45 » |
| 1 Junge zum Abfahren für 1000 . | 0,30 » |
| 2 Mann zum Einrüsten . . . . . . . . | 0,90 » |
| Zusammen | 4,85 M. |
| 22500 Deckenziegel zum Akkordsatz von 4,85 M. | 109,13 M. |
| 1 Mann zum Sandladen und Tonbewässern 2 · 3 M. | 6.— » |
| 3 Jungen am Kollergang und zum Sandsieben 6 · 2,50 M. = . . . . . . . . . . | 15.— » |
| 1 Maschinist, 2 · 4,50 M. = . . . . . . . . | 9.— » |
| das macht zusammen | 139,13 M. |

oder für 1000 $\frac{139,13}{22,5}$ = 6,18 M.

c) 72000 Dachziegel in 10 Tagen:

| | | |
|---|---|---|
| Zunächst das Vorarbeiten des Tones auf der großen Presse zu 36000 Kuchen in Reichsmaßziegelgröße zum Satze von 3,37 M. (siehe oben), 36 · 3,37 M. = . . . . . . . | | 121,32 M. |
| Das Pressen wiederum in Akkord: | | |
| 1 Mann zum Einwerfen für 1000 . | 0,50 M. | |
| 1 Mann zum Abschneiden für 1000 | 0,60 » | |
| 1 Junge zum Abnehmen vom Apparat | 0,40 » | |
| 1 Junge zum Abfahren u. Rähmchenherbeischaffen . . . . . . . . | 0,40 » | |
| 2 Jungen zum Absetzen in die Gerüste | 0,90 » | |
| Zusammen | 2,80 M. | |

| | |
|---|---|
| Übertrag | 121,32 M. |
| 72 000 Dachziegel zum Akkordsatz von 2,80 M. = | 201,60 » |
| 3 Jungen zum Abrüsten der trockenen Dachziegel und Heranschaffen der Ziegelrähmchen an die Presse, 30 · 2,50 M. = . . . . . . . . | 75.— » |
| macht zusammen | 397,92 M. |

oder für 1000 $\frac{397,92}{72}$ = rund 5,53 M.

Für Bruch wurden von der tatsächlich gefertigten Menge von vornherein 2 % in Abzug gebracht, welche bei der vorstehenden Berechnung schon Berücksichtigung gefunden hatten, so daß ein weiterer Zuschlag für Bruchverluste nicht nötig war.

Da die Leistungsfähigkeit des Ofens hinter der des Maschinenbetriebes etwas zurückstand, so mußte ein Teil der Leistung an Mauerziegeln abgerüstet und in Packen gesetzt werden. Es wurden 71 000 Mauerziegel abgerüstet und dafür zum Akkordsatze von 0,70 M. für 1000 49,70 M. gezahlt. Von der gesamten Leistung an Mauerziegeln mußten demnach etwa $^1/_6$ abgerüstet und in Packen gesetzt werden, so daß hierdurch die Gesamtunkosten für 1000 sich um $\frac{0,70 \text{ M.}}{6}$ = rund 0,12 M. erhöhten.

Der Kohlenverbrauch am Kessel stellte sich in diesen 27 Tagen auf 1270 hl Braunkohle. Davon entfielen:

| | |
|---|---|
| auf die 15 Tage, an welchen nur Mauerziegel gefertigt wurden . . . . . . . . . . . . . . | 615 hl |
| ferner auf die 10 Tage, an welchen Mauerziegel und außerdem auf der kleinen Presse Dachziegel hergestellt wurden . . . . . . . . . . . . . . | 550 hl |
| und auf 2 Tage, an welchen nur mit der großen Presse Deckenziegel hergestellt wurden . . . . . | 105 hl |

Danach verteilte sich die verbrauchte Kohlenmenge wie folgt: Während der 15 Tage, an welchen nur Mauerziegel hergestellt wurden, war der Kohlenverbrauch am Kessel im Durchschnitt $\frac{615}{15}$ = 41 hl täglich; dagegen in den 10 Tagen, da außerdem noch die Dachziegelpresse im Betrieb war, durchschnittlich $\frac{550}{10} = 55$ hl, so daß für den Antrieb der Dachziegelpresse der Überschuß von täglich 14 hl in Anrechnung zu bringen war. Endlich stellte sich der Verbrauch bei der Deckenziegelerzeugung auf $\frac{105}{2}$ = täglich $52^1/_2$ hl. Der Preis für 1 hl Kesselkohle von einer benachbarten Grube stellte sich frei Ziegelei auf 34 Pf. (1 Zentner = 0,7 hl). Hiernach waren die Kosten für Kesselkohle auf das Tausend der verschiedenen Ziegelwaren wie folgt zu berechnen:

Für 415000 Mauerziegel in 23 Tagen:

$$\frac{23 \text{ Tage} \cdot 41 \text{ hl} \cdot 0{,}34 \text{ M.}}{415} = \text{rund } 0{,}77 \text{ M.}$$

Für 22500 Deckenziegel in 2 Tagen:

$$\frac{2 \text{ Tage} \cdot 52{,}5 \text{ hl} \cdot 0{,}34 \text{ M.}}{22{,}5} = \text{rund } 1{,}58 \text{ M.}$$

Für 72000 Dachziegel: 2 Tage Kuchen auf der großen Presse, 10 Tage Pressen auf der kleinen Presse.

$$\frac{(2 \text{ Tage} \cdot 41 \text{ hl} + 10 \text{ Tage} \cdot 14 \text{ hl}) \cdot 0{,}34 \text{ M.}}{72} = \text{rund } 1{,}05 \text{ M.}$$

Da zunächst die Herstellungskosten für die rohen, ungebrannten Waren bis in die Trockengerüste festgestellt werden sollten, so mußten gleich die anteiligen Kosten für laufende Ausbesserungen an Maschinen und Gerätschaften sowie Trockengerüsten, als auch die Unkosten für Öl und technische Bedarfsartikel hinzugerechnet werden. Um hierbei zu einem richtigen Ergebnis zu gelangen, legte man den Durchschnitt aus den letzten beiden Geschäftsjahren der Berechnung zugrunde. Dieser stellte sich für Ausbesserungen an Maschinen und Geräten sowie Instandhaltung des Trockengebäudes mit Gerüsten auf 1792 M. oder, bei einer durchschnittlichen Leistung an verschiedenen Ziegelwaren von 2850000, für 1000 auf 0,63 M. und für Ausgaben an Schmieröl und sonstigen Bedarfsartikeln auf 504 M. oder für 1000 auf rund 0,18 M.

Für Fortschaffen von Bruch aus den Trockengerüsten und für sonstige Aufräumungs- und Reinigungsarbeiten wurden in dem betreffenden Monat 102,50 M. verausgabt oder, bei einer Herstellung von zusammen 509 500 verschiedener Ziegelwaren für 1000 $\frac{102,50}{509,5}$ = rund 0,20 M.

Rechnet man die bis jetzt ermittelten Unkosten zusammen, so stellt das Ergebnis, nach der folgenden Zusammenstellung, die reinen Betriebsunkosten für die rohen ungebrannten Erzeugnisse wie folgt dar:

| | Auf 1000 Mauerziegel M. | Auf 1000 Deckenziegel M. | Auf 1000 Dachziegel M. |
|---|---|---|---|
| 1. Abräumen des Tonlagers | 0,20 | 0,20 | 0,10 |
| 2. Tongraben . . | 0,70 | 0,70 | 0,35 |
| 3. Das Pressen . . . . . | 3,37 | 6,18 | 5,53 |
| 4. Abrüsten und in Packen setzen . . | 0,12 | — | — |
| 5. Kesselkohle . . . . . | 0,77 | 1,58 | 1,05 |
| 6. Ausbesserungen an Maschinen und Geräten sowie Trockengerüsten | 0,63 | 0,63 | 0,63 |
| 7. Öl und technische Bedarfszutaten usw. . . | 0,18 | 0,18 | 0,18 |
| 8. Aufräumungsarbeiten . . | 0,20 | 0,20 | 0,20 |
| Zusammen | 6,17 | 9,67 | 8,04 |

Die Arbeitsleistung des Ringofens betrug während der in Betracht kommenden Zeitspanne, festgestellt nach den auf dem Hofe aufgestapelten fertigen Waren, wonach auch den Akkordarbeitern ausgezahlt wurde:

339 300 Mauerziegel,
42 500 Deckenziegel,
65 600 Dachziegel.

Das Besetzen und Ausbringen der einzelnen Ofenabteile war wieder an eine Akkordkolonne vergeben. Der gesamte Transport der Formlinge geschah auf Gleisbahnen mittels geeigneter Wagen. Für das Herablassen der Formlinge aus den oberen Stockwerken des Trockengebäudes waren auf jeder Seite des Ringofens Niederlaßvorrichtungen angebracht. Die Ofenarbeiter hatten die ungebrannten Formlinge aus den Trockengerüsten in die zu besetzende Ofenabteilung zu schaffen und hier sachgemäß einzusetzen, nach dem Brande die Abteilungen wieder zu entleeren und die fertigen Erzeugnisse regelrecht auf dem Ziegelhof aufzustapeln und erhielten für diese Arbeiten pro 1000:

| | |
|---|---|
| Mauer- oder Dachziegel . . | 1,75 M. |
| Deckenziegel . . . . . . | 2,20 » |

Die Brenner erhielten für Tag- und Nachtschicht zusammen einen festen Wochenlohn von 56 M., also für 4 Wochen und 3 Tage, entsprechend den 27 Arbeitstagen 248 M. Der Ofen lieferte, wie vorstehend angegeben, während dieser Zeitspanne zusammen 447 400 Stück gebrannte Ziegelwaren, so daß der Brennerlohn, auf das 1000 umgerechnet, $\frac{248}{447,4}$ = rund 0,55 M. ergab.

Zum Zugeben der Dachziegel im Ringofen war ein Junge erforderlich, welcher den Ofenleuten gestellt werden mußte, er war beschäftigt 56 Stunden zu 25 Pf. = 14 M., oder, da 65 600 Dachziegel ausgekarrt wurden, für 1000 $\frac{14}{65,6}$ = rund 0,21 M.

Das Versetzen und Ausnehmen der Kammertüren, das Entfernen der Asche aus den leeren Ofenabteilen sowie das Fortschaffen von Ziegelbruch nach dem Kollergang war in dem Akkordsatz der Ofenleute mit einbegriffen und wurde von diesen besorgt.

Zur Unterhaltung des Feuers im Ringofen waren erforderlich zum Abbrennen der vorstehend angegebenen Menge: 2230 hl Braunkohle. Zur Verwendung kommt eine knorpelreiche Förderkohle von einem Schachte aus der Umgegend zum Preise von 0,40 M. für den Hektoliter frei Kohlenbühne. Der aufgewendete Betrag für Kohlen am Ofen belief sich auf $2230 \cdot 0,40 = 892$ M.

Nach angestellten Versuchen war der Kohlenverbrauch bei Dachziegeleinsatz in der Abteilung etwa 20% höher als bei Einsatz von nur Mauerziegeln, wohingegen bei Deckenziegeleinsatz der Kohlenverbrauch durch das schnellere Vorwärtsschreiten des Feuers geringer blieb. Anders jedoch würde das Verhältnis sein, wenn der Kohlenverbrauch auf die Stückzahl, welche jede Abteilung faßte, zu beziehen wäre. In diesem Falle würde der Kohlenverbrauch bei Mauer- und Deckenziegeln der gleiche, dagegen bei Dachziegeleinsatz, infolge der größeren Stückzahl für die Raumeinheit, nur $^2/_3$ vom durchschnittlichen Verbrauch sein.

Der durchschnittliche Verbrauch stellte sich nun auf $\frac{892 \text{ M.}}{447}$ = rund 2 M., somit sind für Ofenkohle für 1000 Dachziegel zu rechnen: 1,33 M. und der verbleibende Rest auf den Mauer- und Deckenziegeleinsatz zu verteilen.

| | |
|---|---|
| Der Gesamtbetrag für Kohlen stellte sich auf | 892,— M. |
| Für Dachziegel 65,6 · 1,33 . . . . . . . . | 87,25 » |
| Rest | 804,75 M. |

An Mauer- und Deckenziegeln wurden abgebrannt 381 000 Stück, also betrug hierfür der Satz für 1000 $\frac{804{,}75}{381}$ = rund 2,11 M.

Bei den Dachziegeln war es noch erforderlich, daß diese sortiert wurden. Es wurde hierfür der Betrag von 36 M. ausgegeben, das beträgt für die Gesamtmenge von 65 600 Stück für 1000 rund 0,55 M.

Für Ausbesserungen zur Instandhaltung der Ofenanlagen, Herrichtung der provisorischen Anfeuerung im Frühjahr und Beseitigen derselben wurden ausgegeben im Durchschnitt zweier Geschäftsjahre 982 M. oder bei einer durchschnittlichen Leistung von 2 850 000 für 1000 $\frac{982}{2850}$ = rund 0,34 M.

Der Bedarf an Schieberpapier, Schmieröl, Brennöl und dergleichen betrug für 1000 $\frac{234}{2850}$ = rund 0,08 M.

Stellt man alle für den Brennbetrieb gehabten Unkosten nach vorstehendem zusammen, so ergibt sich:

| | Auf 1000 Mauerziegel M. | Auf 1000 Deckenziegel M. | Auf 1000 Dachziegel M. |
|---|---|---|---|
| 1. Ein- und Ausbringen der Erzeugnisse u. Aufstapeln derselben (Akkord) . . | 1,75 | 2,20 | 1,75 |
| 2. Brennerlohn . . . . . | 0,55 | 0,55 | 0,55 |
| 3. Zugeben der Dachziegel . | — | — | 0,21 |
| 4. Ofenkohle . . . . . . | 2,11 | 2,11 | 1,33 |
| 5. Sortieren der Dachziegel | — | — | 0,55 |
| 6. Instandhaltung der Ofenanlage . . . . . . . | 0,34 | 0,34 | 0,34 |
| 7. Schieberpapier, Brenn- u. Schmieröl etc. . . . . | 0,08 | 0,08 | 0,08 |
| Zusammen | 4,83 | 5,28 | 4,81 |

Zu den Betriebsunkosten waren ferner noch zu rechnen: Das Gehalt des Ziegelmeisters und die Beiträge für Unfall-, Kranken- und Invalidenversicherung, auch Haftpflicht und dergleichen sowie Feuerversicherung.

Das Gehalt des Ziegelmeisters betrug einschließlich aller Naturalbezüge 2200 M. oder, auf das 1000 gerechnet, bei einer durchschnittlichen Leistung von jährlich 2 850 000 $\frac{2200}{2850}$ = 0,77 M.

An Beiträgen zu Versicherungskassen wurden gezahlt im Durchschnitt zweier Jahre 1156 M. oder bei einer Leistung von durchschnittlich 2 850 000 Ziegeln auf 1000 $\frac{1156}{2850} = 0,40$ M.

Zusammenstellung:

| | Auf 1000 Mauerziegel M. | Auf 1000 Deckenziegel M. | Auf 1000 Dachziegel M. |
|---|---|---|---|
| 1. Kosten für Fertigstellung der rohen, ungebrannten Waren . . . . . . . . | 6,17 | 9,67 | 8,04 |
| 2. Kosten f. Brennen derselb. | 4,83 | 5,28 | 4,81 |
| 3. Ziegelmeistergehalt . . | 0,77 | 0,77 | 0,77 |
| 4. Beiträge zu Versicherungskassen . . . . . . . | 0,40 | 0,40 | 0,40 |
| Betriebsunkosten zusammen | 12,17 | 16,12 | 14,02 |

| | Auf 1000 Mauer-ziegel M. | Decken-ziegel M. | Dach-ziegel M. |
|---|---|---|---|
| Betriebsunkosten zusammen | 12,17 | 16,12 | 14,02 |
| 5. Abschreibungen auf die Anlagen, welche mit 165 700 M. zu Buche stehen, 5 % = 8285 M. oder für 1000 $\frac{8285}{2850}$ = . . . . . | 2,90 | 2,90 | 2,90 |
| 6. Verzinsung des Anlage- u. Betriebskapitals, welches 193 700 M. betrug, 5 % = 9685 M. oder für 1000 $\frac{9685}{2850}$ | 3,40 | 3,40 | 3,40 |
| Gesamtunkosten für 1000 . . . | 18,47 | 22,42 | 20,32 |

Bemerkt sei zum Schluß noch, daß die gefundenen Werte die Unkosten darstellten für die fertigen Erzeugnisse bis auf den Stapelplatz, jedoch ohne Berücksichtigung der etwa noch entstandenen Unkosten für Verladen und ohne Handlungsunkosten, etwaige Ausgaben für Buchhaltung und dergleichen mehr.

So vorteilhaft die vorstehenden Angaben für die Beurteilung eines Ziegeleiprojektes auch sein mögen, wird man denselben doch die Anlagekosten für die maschinelle Einrichtung anreihen müssen, und in gewissenhafter Prüfung folgendes zu erwägen haben.

Die technischen Erklärungen zu den heute allgemein eingeführten Ziegelmaschinen lassen die Frage offen, welchen von den betreffenden Maschinen bei der ausgesprochenen Konstruktionsvielseitigkeit der Vorzug zu geben wäre. Es wäre verfehlt, wollte man den Wert einer maschinellen Anlage nur nach dem Gesamtgewichte derselben beurteilen, da einzelne unbewegliche Teile sehr stark konstruiert sein können, sogar mehr als dies für die Haltbarkeit der Maschinen selbst notwendig ist. Wichtig für die letztere bleibt unstreitig, daß die beweglichen Teile, von welchen ein größerer Widerstand und eine längere Haltbarkeit vorausgesetzt werden muß, hinreichend stark genug hergestellt worden sind. Der übermäßig schwere Bau einer Maschine wird dort, wo es nicht absolut notwendig ist, infolge des größeren Kraftbedarfes und des dadurch bedingten umfangreichen Kohlenverbrauches die Betriebskosten auch verhältnismäßig erhöhen müssen, wogegen eine den technischen Berechnungen genau angepaßte Maschine mit leicht beweglichen Teilen auch eine Herabminderung der Kraft herbeiführen kann. Daß die vorteilhafte Bauart einer Ziegelmaschine auch mitbestimmend für die Leistungsfähigkeit derselben ist, kann ohne weiteres durch den leichteren Gang und geringeren Kraftaufwand, welchen die Maschine benötigt, nachgewiesen werden.

Wie leicht man bei der Installation einer Ziegelmaschinenanlage und der sorgfältigen Auswahl der benötigten Ziegelmaschinen sparen kann, mag unsere nachfolgende Erklärung erkennen lassen.

Handelt es sich beispielsweise um die Einrichtung eines Ziegeleibetriebes für eine stündliche Produktion von 2000 Ziegeln und ist das Material so beschaffen, daß Vorbereitungsmaschinen nicht entbehrlich sind, so müßte also, wenn ganz besonders große Steine oder mergelhaltiges Material sowie harte Tonklumpen in Frage kommen, eine Anlage erforderlich sein, welche aus einem Beschicker, einem Elevator, einem Kollergang, Walzwerk, einer Presse sowie einer Transmission nebst Vorgelege besteht und einen Kostenaufwand von zirka 17 000 M. beansprucht.

Ist das Material weniger schwer zu verarbeiten, macht es jedoch die Vorschaltung von Walzwerken notwendig, so könnte der Kollergang in Fortfall kommen, dafür würden aber etwa folgende Maschinen in Frage kommen: ein Beschicker, ein Elevator, ein Brechwalzwerk sowie ein Feinwalzwerk, eine Presse, Transmission und Vorgelege. Die Kosten einer solchen Anlage würden sich, unter Fortfall des Kollerganges, auf ca. 13 000 M. stellen.

Wenn man nun jedoch neueren modernen Maschinen den Vorzug gibt, welche, wenn auch nicht in allen, so doch in vielen Fällen berufen sind, die Vorschaltung eines Kollerganges und anderer Vorbereitungsmaschinen entbehrlich zu machen, so tritt hierdurch zugleich eine wesentliche Verringerung des Anlagekapitals ein. In diesem Falle wäre erforderlich: ein Beschickungsapparat, ein Elevator, ein Brechwalzwerk, eine neue Ziegelmaschine und ein Vorgelege. Die Kosten zur Beschaffung dieser Anlage würden sich auf nur ca. 10000 M. belaufen. Diese letzte Anlage würde also unter Umständen dasselbe leisten können, wie die fast doppelt so teuere erstgenannte, welche ca. 17000 M. kostet. Allerdings darf man sich nun nicht ohne weiteres für die neue moderne Anlage entscheiden, sondern muß der ausführenden Fabrik Gelegenheit geben, das zur Verarbeitung kommende Material daraufhin zu prüfen, welche von den genannten Maschinen als zweckdienlich und ausreichend zu empfehlen sein würden.

Wir wollen gern hoffen, daß diese Aufzeichnungen als eine gewisse Richtschnur für die Auswahl der benötigten Maschinen und die derselben voraufgehenden notwendigen Erhebungen dienen können, empfehlen jedoch jedem Interessenten, sich wegen der Prüfung des Tonmaterials mit den größeren Laboratorien für Tonindustrie, wie beispielsweise das Chemische Laboratorium der Tonindustrie-Zeitung, Berlin NW., Dreysestr. 4, Deutsche Töpfer- und Ziegler-Zeitung, Berlin N., Kesselstr. 7 oder das Chemische Laboratorium Dr. Loeser, Halle a. S., in Verbindung zu setzen. Soweit es sich jedoch um die Installation von Ziegeleien handelt, ist in jedem einzelnen Falle die ausführende Fabrik, welche mehr oder minder die Garantie für die beanspruchte Leistungsfähigkeit zu übernehmen haben dürfte, zu Rate zu ziehen.

---

**Die Formgebung der Ziegel auf maschinellem Wege** ist neben der guten Wirkungsweise der Ziegelmaschine auch von dem Mundstücke oder der sogenannten Preßform abhängig. Die richtige Herstellung gut und dauerhaft arbeitender Formen beherrscht das Gebiet der Formbildung. Nicht nur die Querschnittsform des Stranges, sondern auch die verschiedenen Eigenschaften des Tones sind bestimmend für die Konstruktion, die Gestalt und den Stoff des Mundstückes.

Wie schon an anderer Stelle erwähnt, liegt die Schwierigkeit, einen einwandfreien Ton zu erhalten, in der Herstellung des Stranges selbst und in den ihm drohenden Reibungen, welche man an den Ecken und Kanten beobachten kann. Gewissenhafte Fabriken liefern nur vorher gründlich ausgeprobte Preßformen, da von ihnen der Leistungsnachweis abhängig ist. Die Konstruktionsverschiedenheiten der Preßformen behandeln wir an anderer Stelle, so daß wir nur auf die besonderen

Fig. 17. Versuchstonschneider für chemische Laboratorien.

Arten von Ziegeln, zu deren Herstellung die Preßformen dienen, hinweisen möchten. Neben dem Hintermauerstein, dem sogenannten Vollziegel, kennt man die nach der Anzahl der Kerne und nach dem Profil grundverschiedenen Lochsteine, Simssteine, Deckenlochsteine, Façonsteine, Dachziegel, Falzziegel, Dachpfannen, Dachreiter, Turmziegel, Platten usw. (Fig. 18).

Jedes Steinmuster bedingt eine besondere Preßform. Soweit Strangpressen in Frage kommen, ist man zugunsten der Preßformen mit Holzbekleidung von der Herstellung eiserner Formen abgewichen, weil sich letztere, obwohl Erfindungen der jüngeren Zeit deren Brauchbarkeit erwiesen hatten, im Dauerbetriebe nicht sonderlich bewährt haben. Die gebotene Reinigung der Preßformen und das damit oftmals verbundene Wasserbad haben das Anrosten der Eisenteile erkennen und den Mundstücken älterer Bauart den Vorrang gelassen. Damit wird sich die Maschinentechnik jedoch nicht auf die Dauer befreunden können. Es dürfte angezeigt erscheinen, bei dieser Gelegenheit eine Vergleichstabelle bezüglich bestimmter Tonmengen nach Ziegeln und Gewicht kund zu tun.

1 cbm gegrabener Ton gibt ca. 300 Ziegel.
Format 250 × 120 × 65 mm.

1 cbm Preßton gibt ca. 400 Ziegel.
Format 250 × 120 × 65 mm.

1 cbm gebrannter Ziegel, Format 250 × 120 × 65 mm, sind ca. 500 Stück.

1 nasser Preßziegel wiegt ca. 5 kg.

1 hl (100 l) gegrabener Ton wiegt ca. 120 kg.

1 hl (100 l) Preßton wiegt ca. 200 kg.

1 cbm (1000 l) Preßton wiegt ca. 2000 kg.

Die Größenverhältnisse der gebrannten Ziegel sind in den nachgenannten Kulturstaaten folgende:

| | Länge mm | Breite mm | Stärke mm |
|---|---|---|---|
| Deutschland (Normalformat) | 250 | 120 | 65 |
| England (nördl. Teil) . . . | 236 | 115 | 76 |
| England (südl. Teil) . . | 254 | 124 | 76 |
| Frankreich . . . . . . . | 220 | 106 | 60 |
| Österreich-Ungarn . . | 290 | 140 | 65 |
| Italien (nördl. Teil) . . . . | 260 | 127 | 60 |
| | 250 | 122 | 50 |
| Schweden (südl. Teil) . | 250 | 120 | 60 |
| Belgien und Holland. . . | 240 | 120 | 60 |
| Spanien . . . . . . . . | 250 | 120 | 65 |
| Schweiz . . . . . . | 250 | 120 | 60 |
| Rußland . . . . . | 250 | 120 | 60 |
| | 290 | 140 | 80 |
| Amerika (Vereinigte Staaten) | 205 | 100 | 60 |

Bei Profil- oder Façonsteinen bleibt zu beachten, daß deren Abmessungen die Größe des gewöhnlichen Verblendziegels in der Regel nicht überschreiten dürfen, um einen kunstgerechten Verband zwischen solchen Formsteinen zu ermöglichen.

Erwähnenswert ist auch das Nachpressen der vorgeformten Steine. Der zu pressende Stein darf niemals zu weich, aber auch nicht zu trocken sein, sondern ist lederhart zu verarbeiten. Zu stark getrocknete Steine verlieren ihre Bildsamkeit und vereiteln die beabsichtigte gute Preßwirkung unter

Fig. 18. Diverse Stein- und Röhrenmuster.

Benachteiligung der Formgebung. Der Zweck des Nachpressens ist, den Ziegeln eine größere Dichtigkeit und Dauerhaftigkeit, in erster Linie aber ein besseres Aussehen durch glatte Flächen und scharfe Kanten zu geben. Man bedient sich zum Nachpressen hierfür besonders hergestellter Maschinen. Seit einiger Zeit ist auch die Strangfalzziegelfabrikation in Aufnahme gekommen, welche in diesem Leitfaden unter den Beschreibungen der Maschinengattungen tangiert wurde. Wollten wir die bei der Formgebung der Ziegel, sei es mittels Hand- oder Dampfbetrieb, bereits bekannten und durch die Fachliteratur in allen ihren Einzelheiten erörterten Vorgänge, wie sie insbesondere in Otto Bocks Ziegelfabrikation geschildert sind, nochmals besprechen, so könnten wir leicht in die Versuchung kommen, von dem uns gesteckten Ziele abzuweichen.

Dem Handstrich ist durch den Maschinenziegel eine scharfe Gegnerschaft erwachsen und ganz besonderen Anteil hat hierbei der Strangziegel. Das Bemühen, die Handstrichsteine unter Zuhilfenahme von Maschinen gewissermaßen künstlich zu erzeugen, ist vielfach von Erfolg gewesen, und beachtenswerte Streichmaschinen geben hiervon beredte Kunde. Es ist jedoch kaum anzunehmen, daß der Strangpresse hierdurch eine bedenkliche Konkurrenz erwachsen dürfte, da die Fortschritte im Bau von Ziegelstrangpressen sich täglich mehr bemerkbar machen. Schon die Herabminderung der Ziegelherstellungskosten wird geeignet sein, dem Ziegelnaßpreßverfahren auch fernerhin den Markt zu sichern.

## Ziegeleimaschinen.

Die Verschiedenartigkeit der Ziegeleimaschinen in bezug auf Konstruktion und Wirkung ist sowohl in Fachzeitschriften als auch in technischen Broschüren häufig der Gegenstand wissenschaftlicher Besprechung geworden. Solche Abhandlungen sind periodisch wiedergekehrt und Neuheiten haben sich an Neuheiten gereiht, ohne daß sie in enger Verbindung mit dem Althergebrachten der Ziegelmaschinenindustrie gestanden hätten. Eine Zusammenstellung derartiger Maschinen zu einem einheitlichen Ganzen erschien uns ebenso wichtig, wie eine Beleuchtung der durch die Konstruktionsunterschiede vielfach bedingten Wirkung. Wir fassen daher unser Referat über die der Aufbereitung und Verarbeitung der Tonmaterialien dienenden Ziegeleimaschinen zusammen und wählen die Reihenfolge derselben nach dem Vorbilde des Weges, den das Tonmaterial bis zu seiner Formung zu durchlaufen hat. Wir glauben sicher, das Interesse für den Ziegeleimaschinenbetrieb neu zu beleben.

## Transportvorrichtungen.

Für den Transport des Tonmaterials von einem z. B. tief liegenden Walzwerk, Mischer, Beschickungsapparat oder auch aus der Grube heraus nach einer erhöht oder vertieft aufgestellten Maschine sowie nach einem hoch oder tief liegenden Plateau wählt man Transportbänder, senkrechte Aufzüge, Ketten- und Seilaufzüge auf schräger Ebene, Bremsberge, Seilbahnen etc.

Transportbänder. Die Elevatoren zum Heben des Tones, welche meist dort Verwendung finden, wo sich Aufzüge aus örtlichen Verhältnissen nicht anbringen lassen, bestehen aus zwei über Trommeln geführte Gelenkketten, zwischen

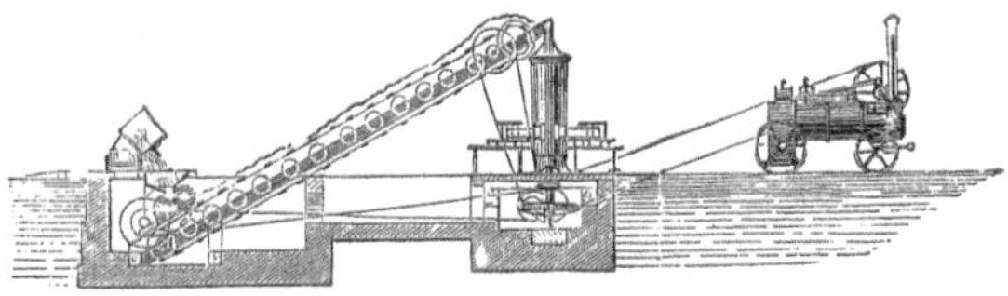

Fig. 19. Hanfgurt-Elevator.

welchen schmale Förderschalen aus Blech fest eingehängt werden.

Anstatt Ketten werden oft auch Hanfgurte, welche der besseren Haltbarkeit wegen mit Tauråndern besetzt sind, zur Anwendung gebracht. Der Gurt gleitet über eine, mittels Rädervorgelege angetriebene Trommel, während die benötigte Spannung am unteren Ende erfolgt (Fig. 19).

Gestützt wird der Gurt auf einzelne ca. $^1/_2$ m voneinander entfernt liegende Tragrollen. Das von der Antriebstrommel zurücklaufende Band läuft anfänglich ein Stück auf Gleitschienen, während es im unteren Teil frei durchhängt. Auf diese Art bekommt das Tuch die benötigte Spannung nicht nur durch die erwähnte, sondern auch durch seine eigene Schwere. In der Praxis kommen meistens Gurtbreiten von 400—700 mm vor und werden die Gurte, um ein Gleiten resp. Zurückrollen von Tonstücken usw. auf schräg nach oben gehender Bahn zu verhindern, mit Holzleisten, welche ungefähr in je 1 m Entfernung anzubringen sind, versehen.

Wir wollen hierbei noch eines, sich in der Praxis sehr gut bewährten Elevators gedenken, welcher wegen der höheren Anschaffungskosten jedoch nicht oft Verwendung findet. Es ist dies der sogenannte Becher-Elevator. Dieser Transporteur (Fig. 20) kann als Beschicker der Vorbereitungsmaschinen resp. Pressen dienen; gleichfalls kann er mit Leichtigkeit erst in der geraden, dann schrägen und dann wieder geraden Richtung arbeiten. Die Vorteile, welche hierdurch zu erzielen sind, haben oft hohen Wert. Man kann z. B. mehrere Vorbereitungsmaschinen übereinander oder hintereinander über den horizontalen Teil des Becherelevators stellen, um ihn zu speisen. Man kann dann den Elevator

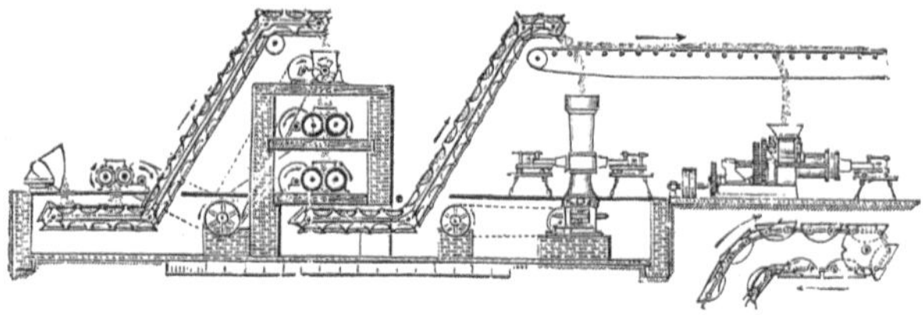

Fig. 20. Becherelevator.

in einem steilen Winkel bis zu 15 m steigen lassen, um das gehobene Material oben auszuschütten oder horizontal zur Speisung mehrerer nebeneinander stehender Maschinen durch Einschaltung eines Transportbandes weiter zu führen. Der Hauptvorteil besteht also darin, daß man bei Verwendung dieses Elevators keinen Schüttboden oder dergleichen braucht. Der Transporteur bewegt sich mittels Gelenkketten über fünfeckige Trommeln. Für Ton kommen Holzbecher in Betracht, welche der besseren Haltbarkeit wegen mit Eisen beschlagen und zwischen den erwähnten Ketten eingehängt sind. Der Sicherheit halber sind Vorrichtungen angebracht, welche beim Reißen einer Kette oder, wenn die Maschine plötzlich zum Stillstand kommt, die beladene Becherseite nicht herunterschnellen lassen.

Senkrechte Aufzüge. Anstatt des noch zu beschreibenden Tonaufzuges auf schräger Ebene findet man in der Praxis öfters den in anderen Betrieben sonst vielfach in Gebrauch befindlichen senkrechten Aufzug, welcher in diesem Falle den Zweck hat, den mit Rohton beladenen Muldenkipper nach dem Tonboden zu schaffen (Fig. 21).

Um ein gleichzeitiges Herablassen eines leeren Wagens zu ermöglichen, ist es vorteilhaft, wenn der Aufzug mit 2 Förderschalen versehen ist. Die Plattformen von ca. 1 m Breite und $1^1/_2 - 1^3/_4$ m Länge gleiten in vertikal angebrachten Schienen. Zum sofortigen Stillstand der Schalen in irgend einer Lage müssen die Fahrstühle mit Bremse versehen sein. Zum Aufziehen der Last benutzt man entweder eine Winde bei dem Betrieb durch Menschenkraft oder Kraftübertragung durch Riemen etc. Um ein Ablaufen der Wagen auf den Schalen zu verhüten, sind dieselben mittels Riegel festzulegen, auch ist für gute Sicherung der Förderschächte durch Schutzgitter etc. Sorge zu tragen.

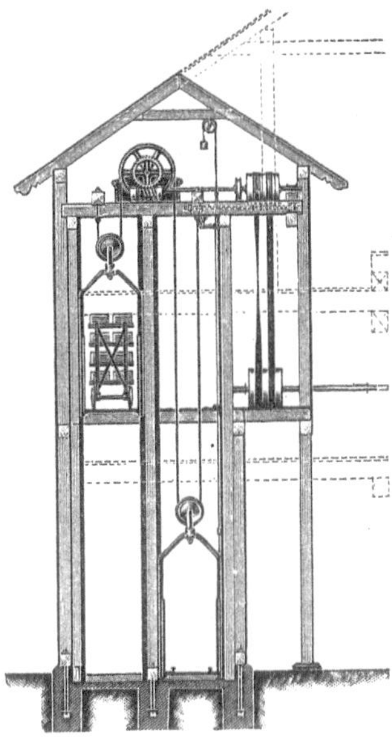

Fig. 21. Senkrechter Aufzug von Gebr. Propfe, Hildesheim.

Kettenaufzüge auf schräger Ebene. Diese Aufzüge sollen die vollen Muldenkipper aus der Grube auf schiefer Ebene nach dem Einschüttboden über den Ziegelpressen bringen. Die Förderung ist kontinuierlich, indem der Aufzug auf dem einen Auffahrtsgleis die gefüllten Wagen hinaufzieht, wobei die Kette in der Grube selbsttätig in die Mitnehmer der Lowries fällt und auf dem Tonboden sich heraushebt, während auf dem zweiten Gleis die leeren Wagen wieder herabgeführt werden. Die mögliche Steigung des Aufzuges beträgt für Muldenkipper, welche einen Inhalt von $^1/_2 - ^3/_4$ cbm aufweisen, ca. 1 : 8 bis 1 : 10. Die Spur beträgt meistens 500, auch 600 mm. In der Grube muß ein schwerer Kettenrollenständer mit horizontal gelagertem Kettenumlenkrad und Kettenleitrollen Aufstellung finden, der dazu bestimmt ist, die endlose Kette umzuleiten resp. in bestimmter Höhe vom Boden zu halten. Der Antrieb geschieht auf verschiedene Art und Weise, meistens mittels Schneckenräder- und Riemenscheibenvorgelege zur stehenden Welle. Die letztere trägt die Antriebskettenscheibe, welche des besseren Durchziehens wegen mit extra profilierten Rillen versehen ist. Die für diese Aufzüge vorteilhafteste Entfernung von der Ziegelei beträgt zirka 100 m. Die Ketten müssen zwischen den Gleisen, welche zu zweien nebeneinander liegen, mittels einfacher, kleiner Kettentrommeln gestützt werden.

Seilaufzüge auf schräger Ebene. Diese Aufzüge werden ein- und zweigleisig gebaut und wählt man den eingleisigen bei stündlichen Leistungen bis zu ca. 2000 Vollziegeln, den zweigleisigen bei größeren Leistungen.

Der Betrieb ist ein periodischer, d. h. der Kippwagen wird in der Grube an das Seil gebracht, angehängt und mittels des in oberer Etage liegenden Seiltrommelaufzuges hochgezogen. Nach Ausrücken des Antriebsvorgeleges wird der Kippwagen vom Seil abgehängt und auf dem Tonboden nach den einzelnen Einschütttrichtern gefahren, hier umgestürzt und vom Ton entleert. Nach dem Wiederanhängen des Wagens an das Seil wird derselbe unter Bremsung wieder nach der Grube zurückgelassen, um dort bei eingleisigen Tonaufzügen wieder durch einen vollen Wagen ersetzt zu werden. Bei zweigleisigen Aufzügen zieht das eine Drahtseil den vollen Wagen aus der Grube, während das andere Seil abläuft und einen entleerten Wagen nach dem Tonstich zurückrollen läßt. Selbstverständlich wechselt der Betrieb und wird einmal der volle Wagen auf dem einen, das andre Mal auf dem anderen Gleis emporgezogen. Die Konstruktion des Tonaufzuges ist einfach. Eine resp. zwei Seiltrommeln werden mittels Stirnradvorgeleges in Umdrehung versetzt. Die Bewegung wird beim eingleisigen Aufzug durch Fest- und Losscheibe nebst einfachem Riemen, beim zweigleisigen Aufzug durch eine Fest- und zwei Losscheiben nebst offenem und gekreuzten Riemen eingeleitet. Da im letzteren Falle ein voller, schwerer Wagen bergauf, zu gleicher Zeit auf dem anderen Gleis aber ein leichter, leerer Wagen in die Grube fährt, so hat der Aufzug stets eine bestimmte Mehrlast aufzuziehen. Aber selbst in dem Falle, wo kein Wagen bergauf, sondern nur ein leerer Wagen bergab fährt, bremst der eine der beiden genannten Riemen den Aufzug, so daß ein wildes Herabjagen in den Stich nicht stattfinden kann. Bei den eingleisigen Tonaufzügen, also denen, bei welchen nur eine Aufzugtrommel vorhanden ist, wird das Hinablassen der Wagen beim ausgerückten Riemen mittels Bremse reguliert. Zur Erzielung der Bremsung findet man verschiedene Konstruktionen. Wir erwähnen hierbei beispielsweise die einfachen, mittels Hebel zu bedienenden Bremsklötze, welche gegen den Umfang einer Bremsscheibe arbeiten. Die oft zur Anwendung kommende Differential-Bandbremse arbeitet, da die Bremsung auf dem ganzen Umfang der Bremsscheibe stattfindet, wohl am sichersten. In der Praxis findet man vielfach auch Tonaufzüge, bei welchen das Ausrücken der auf den Tonboden gezogenen Kippwagen selbsttätig durch letztere geschieht. Zu diesem Zweck sind ziemlich komplizierte Mechanismen, welche die beim Anfahren eines Wagens entstehende Bewegung der Anschlaghebel auf den offenen und gekreuzten Riemen des Tonaufzugvorgeleges weiter leiten, erforderlich. Die durch die angegebene selbsttätige Auslösung der Wagen hervorgerufene Sicherheit ist jedoch derart groß, daß es wünschenswert wäre, solche selbsttätigen Ausrückungen in der Praxis öfter zu finden. Ein Mitemporziehen des aufgewundenen Wagens resp. ein Krummwerden der Trommelwelle und mögliches Herunterreißen derselben, infolge von Unachtsamkeit des sich auf dem Tonboden befindlichen Arbeiters, ist ausgeschlossen, während der erwähnte Mann bei Aufzügen ohne diese Sicherheit beständig das Vorgelege bedienen und rechtzeitig ausrücken muß.

Bremsberge. Zum Herablassen beladener Kippwagen aus einem höher als die Ziegelei gelegenen Tonstich auf schiefer Ebene nach der Verbrauchsstelle bedient man sich des Bremsberges. Diese Bremsberge müssen stets zweigleisig sein, da man hier die Kraft des vollen talwärtsgehenden Wagens zugleich zum Aufziehen des nach dem Tonstich zurückgehenden leeren Wagens benutzt. Der Betrieb ist auf beiden Gleisen wieder abwechselnd und bildet das Mehrgewicht des vollen Wagens gegenüber dem des leeren Wagens die alleinige Betriebskraft, so daß diese Aufzüge den billigsten Betrieb darstellen. Als Förderungsmittel dient meistens Drahtseil, welches im Tonstich um eine Umlenkrolle mit Bremsscheibe zu leiten ist. Die letzterwähnte Umlenkrolle soll recht groß bemessen werden, ebenso soll bei Seilbenutzung die Rille dieser Rolle keilförmig ausgebildet sein. Die erwähnte Bremsscheibe mit Bremsvorrichtung dient zur Regulierung der Geschwindigkeit der fahrenden Wagen.

Seilbahnen mit auf Schienen laufenden Wagen. In größeren Betrieben, bei welchen große Mengen Ton nach dem Ziegelwerk aus weit entfernt liegenden Tongruben geschafft werden müssen, werden Seilbahnen angelegt. Diese Bahnen ersetzen den teueren Pferdebetrieb, welcher früher zur Herbeiholung der einzelnen Wagen nötig war. Das Förderseil läuft auf kleinen Unterstützungsrollen zwischen den Schienen und kann leicht die bewegende Kraft vermittelst Elektromotor, Seiltransmissionen etc. von der Kraftzentrale aus zugeführt werden. Außer den besprochenen Seilbahnen findet man auch öfter Lokomotivbahnen, die den Vorzug haben, unabhängig vom eigentlichen Werk zu arbeiten.

## Selbsttätige Beschickungsapparate.

Trotzdem die Maschinen der Ziegelindustrie fortwährend Vervollkommnungen unterlagen, auch bereits eine ganze Reihe Vorbereitungs- wie formgebende Maschinen existieren, an welchen nach unseren heutigen Begriffen wohl schwerlich noch Verbesserungen von einschneidender Wirkung angebracht werden können, so ist der eigentlichen Beschickung dieser Maschinen mit Ton recht wenig Sorgfalt gewidmet worden. In neuerer Zeit geht man zur Verringerung der Arbeitslöhne und aus sonstigen Sparsamkeitsrücksichten, welche namentlich zur Abwehr der Kalksandsteinkonkurrenz geboten erscheinen, dazu über, der gleichmäßigen Beschickung der Vorbereitungsmaschinen und der dadurch bedingten Ersparung von zwei oder mehreren Arbeitskräften einen höheren Wert beizulegen. In manchen Ziegeleien bestand bereits der Beschicker seit langer Zeit in Form eines großen Mischers, dessen Trog den Inhalt von 1—2 Muldenkippern auf einmal aufnahm und den Ton dann im zerkleinerten und teilweise angefeuchteten Zustand den folgenden Maschinen, wie Tonreinigern, Kollergängen etc. übergab. Man muß sich namentlich über die gewissermaßen verzögerte Einführung des Beschickers in vielen Ziegeleibetrieben wundern, zumal durch die ungleiche Beschickung der einzelnen Maschinen oft Streitigkeiten zwischen den liefernden Fabriken und den Ziegeleibesitzern entstanden, indem die letzteren häufig mit den von der Fabrik gelieferten Maschinen die garantierte Leistung nicht erreichten und auch wohl eine höhere Betriebskraft, als vorher angegeben war, gebrauchten. Diese Mängel hebt die selbsttätige Beschickung vollständig auf und sollte es daher jedem Ziegelwerke bewußt werden, daß der gesamte Betrieb bisher von denjenigen Arbeitern abhing, welche die Aufbereitungsmaschinen mit frischem Material beschickten. Auf den Ziegeleien war es bisher stets üblich, die zuverlässigsten und tüchtigsten Leute zu der Arbeit des Beschickens heranzuziehen, jedoch ist es vollständig ausgeschlossen, daß Menschenkraft die Maschine in diesem Falle ersetzen kann, daß also die geübtesten Leute so die Presse oder andere Maschinen beschicken, wie es der selbsttätige Beschicker tut. In der Praxis sind in äußerst vielen Fällen durch den Einbau eines solchen Apparates ganz bedeutend größere Leistungen gegen die frühere Beschickungsmethode erzielt worden, während durch den gleichmäßigen Gang der Maschine Kraft erspart wurde.

Ein weiterer bedeutender Faktor ist die regelmäßige Befeuchtung des Materials, welche im Beschicker selbst stattfinden kann. Der Tonstrang behält dadurch eine weit gleichmäßigere Plastizität, weshalb ein bedeutend selteneres Ausstechen des Preßkopfes und der Form stattzufinden braucht. Vorkommende Steine im Ton dürfen dem Beschickungsapparat nichts schaden, auch muß derselbe fettes und mageres Material oder beides zusammen gut verarbeitet der nachgeschalteten Maschine aufgeben. Mageres resp. sandiges Material tritt leichter aus dem Beschicker, weshalb verstellbare Schieber oder ähnliche Vorrichtungen die Leistung regulieren lassen müssen. Wir möchten also nochmals betonen, daß zu einem wirtschaftlichen Fabrikationsbetrieb unter den heutigen Verhältnissen unbedingt ein Beschickungsapparat gehört.

Der Beschickungsapparat System Erfurth der Firma Rieter & Koller, Konstanz. Der Beschicker (Fig. 22) besteht aus einem großen Einschüttbottich für etwa mehr denn 1 cbm Tongehalt.

Auf dem Grunde dieses Bottichs arbeitet ein rotierendes Vorschneidemesser und ein Ausstreicher. Das erstere soll die

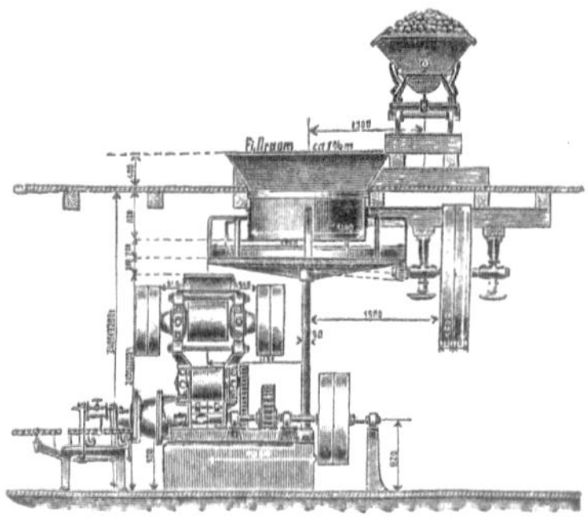

Fig. 22. Beschickungsapparat Rieter & Koller, Konstanz.

größeren Tonklumpen, die im eingeworfenen Material vorhanden sind, zerschneiden, während das letztere die vorzerkleinerten Tonstücke über den Rand des festen Bodens des erwähnten Bottichs auf den rotierenden Sammelteller streichen soll. Von diesem Sammelteller gelangt der Ton mittels eines feststehenden, kurvenförmig gebogenen Abstreichers in die Vorbereitungsmaschine. Der Boden des Einschüttrumpfes sitzt nicht stumpf unter diesem, sondern mit mindestens soviel Luft davon entfernt, wie das rotierende Ausstreichmesser, welches zwischen Boden und der Wandung des Einschüttrumpfes arbeitet, zum bequemen Durchtreten gebraucht. Auch muß der erwähnte Luftspalt so groß sein, daß bequem faustgroße Steine aus dem Einschüttrumpf auf den rotierenden Sammelteller gelangen können. Der Austritt der Tonmasse vom Schüttrumpf auf den rotierenden Teller kann innerhalb gewisser Grenzen beliebig reguliert werden. Bei fettem Material, das den Beschicker schwerer und langsamer passiert, muß die Öffnung unten recht groß gewählt werden. Bei sandigem Ton wird dagegen der Luftspalt zwecks Eindämmen des Materials mittels verstellbarer Blechschieber teilweise gedeckt, um den Austritt zu verlangsamen. Je nach den Mischungen, die gemacht werden sollen, ist die Einstellbarkeit eine unbedingte Notwendigkeit. Sollen mehrere Materialien im Einschüttrumpf zur Vermischung resp. Magerung eingeschüttet werden, so ist es ratsam, in den ersteren eine vertikale Zwischenwand einzubauen. Die Bauart ist derart, daß das Vorschneide- und Ausstreichmesser eine dem Sammelteller entgegengesetzte Drehung aufweist. Es wird dies erreicht, indem der konische Trieb der Vorgelegewelle oben und unten ein großes konisches Rad in Tätigkeit setzt. Das obere Rad steht direkt mit dem Teller, das untere Rad mit der stehenden Hauptwelle und dadurch mit den auf diesen aufgekeilten Messern in Verbindung. Der Beschicker hat doppeltes Rädervorgelege und ist der Einschüttrumpf in der Höhe zur Einstellung des Ausstreichschlitzes verstellbar eingerichtet.

Der Beschickungsapparat der Firma Güttler & Co., Brieg, Bez. Breslau. Die äußere Form dieses Beschickers (Fig. 23) ähnelt der Erfurthschen Maschine, jedoch drehen sich beide Teller, also der Bodenteller sowie der Sammelteller in gleichem Sinne herum, auch ist hier der gerade, dem erstbeschriebenen Beschicker charakteristische Ringspalt, also die benötigte Luft zwischen Bodenteller und Rumpf, in Fortfall gekommen. Das Material wird durch Schneidemesser, die gewissermaßen aus dem sich drehenden Schüttrumpfboden nach außen herausgedrückt sind, bandartig in Streifen abgetrennt. Zur besseren Erläuterung der Schneidemesser denke man sich im Bodenumfange des Tellers einige Löcher, welche klappenartig mittels starker einseitiger Blechbedachung versehen sind. Die Bedachung ist in der Drehrichtung hoch gebogen, so daß die erstere, in diesem Fall Messer genannt, ähnlich einem über Holz hinweggehenden Hobel arbeitet. Der Ton oder Sand wird im Schüttrumpf durch vier feste Rippen festgehalten, kann sich also nur infolge der durch die Schneidemesser bewirkten Wegräumung sukzessive senken. Die von den Messern abgetrennten Massestreifen fallen auf den ebenfalls drehbaren Sammelteller, auf welchem sie sich aufstapeln. Ein festliegender Abstreicher holt alsdann das Gut vom Sammelteller herunter, um es der Presse oder dem Walzwerk direkt aufzugeben. Der Antrieb kann, um ein doppeltes Rädervorgelege zu sparen, mittels Schnecke und Schneckenrad stattfinden. Eine Abart der beschriebenen Konstruktion ist ein Beschicker derselben Firma,

Fig. 23. Beschickungsapparat Güttler & Co., Brieg.

bei welchem sich der Bodenteller in entgegengesetzter Richtung gegen den Sammelteller dreht. Der Antrieb geschieht in ähnlicher Weise, wie bei dem Erfurthschen System. Sehr steinreiches Material wird nach unserem Erachten bei dem Beschicker mit Luftringspalt freier verarbeitet, da die Steine Raum zum freien Passieren haben. Die Messer des letzteren Apparates werden öfter versuchen, einen größeren Stein mit herumzunehmen. Dagegen wird die Mischung bei dieser Bauart durch mehrere Hobelmesser eine bessere sein, als bei dem erstbeschriebenen System.

Der Beschickungsapparat System Raupach der Firma Richard Raupach, G. m. b. H., Görlitz.

Auch bei dieser Konstruktion finden wir den üblichen feststehenden Schüttrumpf zur Aufnahme des zu beschickenden Materials vor. Im übrigen ist der Beschicker (Fig. 24) äußerst einfach gebaut. Der Boden des Einschüttrumpfes, welcher letztere gewissermaßen nur einen in sich geschlossenen Rand von bestimmter Stärke bildet, ist wieder drehbar angeordnet, ebenso dreht sich, und zwar in gleicher Richtung und mit bestimmter Luft vom Boden, ein im Rumpf arbeitender drei- oder mehrarmiger Quirl. Zur Materialabgabe ist der Rumpf an irgend einer oder mehreren Stellen in der Wandung durchbrochen, und zwar zwischen dem Boden und dem Quirl.

Fig. 24. Beschickungsapparat Richard Raupach, G. m. b. H., Görlitz. (D. R. P., D. R. G. M. und Auslandspatente).

Durch verstellbare Schieber kann diese Öffnung, die breiter und höher als die größten vorkommenden Steine sein muß, vergrößert resp. verkleinert werden. Durch die erwähnte Durchbrechung des Rumpfes läuft ein stillstehender, auf dem Boden gleitender Schaber, und zwar ist derselbe der Stabilität halber mittels Nabe auf der Welle lose aufgesteckt. Dieser kurvenähnlich gestaltete Schaber hat eine ungefähre Höhe der mittleren Steine. Größere Steine, welche den Schaber überragen, werden von dem darüber hinweggehenden Quirl gefaßt und samt Ton an dem ersteren entlang aus dem Schüttrumpf herausgeschoben.

Die Arme des Quirls sowohl, wie der stillstehende Schaber, weisen Flächen auf, welche das Entlanggleiten resp. Herausschaffen begünstigen.

Der Beschickungsapparat der Rixdorfer Maschinenfabrik, G. m. b. H., vorm. C. Schlickeysen,

Rixdorf-Berlin. Die Wirkung dieses Apparates (Fig. 25) ist eine doppelte, da die Maschine das ihr einmal zugekippte Material nicht nur gleichmäßig beschickt, sondern auch ziemlich intensiv durchmischt. Größere Steine oder Fremdkörper schaden dem Apparat durchaus nicht. Die Konstruktion ist eine einfache und übersichtliche. Auf einem starken T-Eisenrahmen ist ein konisches Rädervorgelege gelagert. Die senkrechte Welle, mittels des großen konischen Zahnrades ange-

Fig. 25. Beschickungsapparat; Rixdorfer Maschinenfabrik.

trieben, bewegt die im Bassin resp. Bottich arbeitenden Schaber; gleichzeitig sitzen auf ihr ein halbes oberes und ein komplettes Doppelmesser. Zwei Kontrestäbe halten das Material fest und lassen dasselbe an der Drehung nicht teilnehmen. Ein unten liegendes Abschneidemesser teilt die größeren Tonklumpen. Der Fassungsraum des Bassins ist für den Inhalt von 1—2 Lowries berechnet.

Um die Leistung des Apparates regulieren zu können, resp. größere oder kleinere Leistungen hervorzurufen, ist nur nötig, der Maschine je nach der verlangten Leistung eine bestimmte Tourenzahl zu geben.

Der Beschickungsapparat System Händle der Firma Händle & Söhne, Mühlacker. Abweichend von den besprochenen Bauarten besitzt dieser Beschicker (Fig. 26) nicht einen runden Einschüttrumpf, sondern einen solchen mit rechteckigem Querschnitt. Dieser, einem Kasten ähnliche Rumpf ist sowohl nach oben wie nach hinten zusammengezogen, damit das von oben eingeworfene, von hinten vortransportierte Ton- und Sandmaterial freien und stets größeren Durchgangsquerschnitt vorfindet. An bestimmten Stellen sind im Rumpf verstellbare Mischschaber oder Stellbleche angebracht, welche denselben in so viele Abteilungen trennen, wie Materialien zur Beschickung gewählt werden.

Fig. 26. Beschickungsapparat. Karl Händle & Söhne, Mühlacker.

Der Boden des Kastens wird durch ein aus starken Stahlplatten zusammengesetztes Transportband gebildet, das sich sekundlich mit einer Geschwindigkeit von ca. 1—2 cm vorwärts bewegt. Sollen nun z. B. zwei Tone vermischt zur Beschickung kommen, so ist die Wirkungsweise des Apparates folgende: Das eine Rohmaterial wird aus Kippwagen in die eine Abteilung, der andere Ton in gleicher Weise in die andere Abteilung des Beschickers gestürzt. Da der Apparat zwei Tone im richtigen Verhältnisse zur Beschickung bringen soll, so sind in demselben auch zwei Abteilungen durch die anfänglich erwähnten Stellbleche abgetrennt. Kommt z. B. nun zu den beiden Tonen noch Sand oder Ziegelmehl zur Magerung hinzu, so sind im Apparat drei Abteilungen vorzusehen. Das Stahlband bewegt sich ziemlich langsam dem Zerkleinerungsmechanismus zu, welcher aus einzelnen, spiralförmig zueinander versetzt angeordneten Schneidemessern, die vor dem Austritt des Beschickers arbeiten, besteht. Diese Messer arbeiten auf einer angetriebenen, horizontal gelagerten Welle und sind die einzelnen Flügel sämtlich durch Federn nachgiebig eingerichtet. Das Band nimmt nun den Ton aus der zu hinterst liegenden Abteilung in der Stärke, wie ihn das Stellblech zuläßt, mit nach vorn. Das Tonmaterial aus der zweiten Abteilung legt sich auf die bereits mitgenommene Tonschicht aus der ersten Abteilung und zwar ebenfalls wieder in einer Stärke, wie sie das zweite Stellblech vorschreibt. Die Stellbleche sind genau regulierbar und kann dadurch jede beliebige prozentuale Mischung hervorgerufen werden. Unterdessen sind nun die beiden Materialien, die also schichtenweise in ganz bestimmtem Verhältnis übereinander gelagert sind, an der beschriebenen Zerschneidevorrichtung angelangt. Die Flügel der Messer nehmen in feinen Streifen bestimmte Mengen gleichzeitig von den beiden Tonen und geben sie über ein Ablaufblech hinweg den Vorbereitungsmaschinen oder Pressen zur Verarbeitung auf. An dem Zerkleinerungsmechanismus kann je nach der Beschaffenheit der Materialien eine Bewässerung angebracht sein. Damit das Transportband stets rein bleibt, sorgen Abschabebleche für dessen Reinigung. Da sämtliche Antriebe sehr langsam arbeiten, dürfte die Abnutzung eine geringe sein, auch ist die aufzuwendende Betriebskraft eine kleine. Die Länge des Beschickers regelt sich nach der Anzahl der einzelnen zur Beschickung kommenden Tone, Sande usw. und beträgt dieselbe ca. 3,5—8 m.

Der Beschickungsapparat der Sächsischen Maschinenfabrik A.-G. vorm. A. Kuhnert & Co., Meißen. Den gleichen Zweck verfolgt auch dieser Apparat (Fig. 27), der wiederum den runden Einschüttrumpf mit dem unter diesem rotierenden Teller aufweist.

Auf dem letzteren befindet sich in der Mitte ein Kegel, auch ist die Auflagefläche desselben zum besseren Mitnehmen der Tonmassen mit Vorsprüngen und Stiften versehen. Über dem Schüttrumpf ist eine Quertraverse gelagert, an welcher ein das Material vom Kegel abstreifender und verteilender Schaber angebracht ist. An dem Schüttrumpf befindet sich unten eine Öffnung, in welche hinein ein feststehender, jedoch verstellbarer Schaber ragt. Dieser dient dazu, das Material gleichmäßig aus dem Innern des Rumpfes abzuführen. Um eine bessere Zerkleinerung der aus dem Apparat austretenden Tonklumpen zu bewirken, kann eine mit dem Beschicker zwangsläufig arbeitende Abschneidevorrichtung vor dem festliegenden Schaber angeordnet werden. Sollen mehrere Tone

Fig. 27. Beschicker. Sächsische Maschinenfabrik A.-G. vorm. A. Kuhnert & Co., Meißen.

durch den Apparat vermischt zur Beschickung kommen, so muß bei dieser Bauart erst eine, dann die andere Tonart in den Rumpf gestürzt werden. Erfolgt dieses Entleeren der Lowries derart, daß ein Übereinanderlagern der einzelnen, verschiedenartigen Materialien stattfindet, so dürfte der feststehende Schaber, der das Abführen in die Vorbereitungsmaschinen besorgt, wohl erst die eine Sorte und nach vollständiger Entfernung dieser erst die andere Sorte fassen. Es ist deshalb nötig, die Materialien nicht aufeinander, sondern nebeneinander in den Einschüttrumpf zu geben, so daß der erwähnte Schaber bei einer Umdrehung des Tellers stets einen Teil dieser und einen Teil jener Tone zur Beschickung bringen kann.

Der Beschickungsapparat der Firma Jac. Raubitschek, Maschinenfabrik, Prag-Bubna. Wenngleich die bisher beschriebenen Systeme eine ziemlich genaue Verteilung, oft auch eine ganz beträchtliche Vormischung zeitigten, so beanspruchen dieselben wohl stets besondere Transportvorrichtungen. Das Rohmaterial mußte ihnen, war der Standort des Beschickers z. B. auf dem Tonboden, nach diesem mittels Seil- oder Kettenaufzuges zugeführt werden, war dagegen der Beschicker zu ebener Erde eingebaut, dann mußte ein Elevator oder eine andere Vorrichtung das vom Beschickungsapparat abgeführte Gut nach den einzelnen Vorbereitungsmaschinen bringen. Um dieser Doppelanordnung zweier Maschinen entgegenzutreten, baut die obige Firma sogenannte Maro-Beschicker, welche den Ton aus einer Grube zu ebener Erde nach den hochstehenden Walzwerken bringen. Der ganze Apparat stellt ein ziemlich steil arbeitendes, mit Vorsprüngen versehenes Transportband dar. Durch die Erhöhungen des Bandes ist dasselbe in einzelne Fächer geteilt, welche ihren Inhalt aus dem den Ton mehrerer Kippwagen fassenden Behälter des Zuführungs- und Mischapparates entnehmen. Da das Band langsam läuft und sich eine ziemlich geraume Zeit unter den eingestürzten Tonen des Einschüttbehälters befindet, so wird das Material verschiedentlich übereinander geworfen und zerteilt.

Zu dieser Art Beschicker gehört auch der Schlickeysensche Becherelevator. In den Lauf dieses Elevators können leicht Knickpunkte eingebaut werden, und der Elevator schmiegt sich dadurch allen vorkommenden Richtungen an. So kann z. B. der den Boden des soeben beschriebenen Zuführungsbehälters bildende Elevator wagerecht geführt werden, während derselbe beim Verlassen des Rumpfes schräg nach oben steigt. Da der Becherelevator auch eine der den Rohton zuführenden Transportvorrichtungen darstellt, so ist die nähere Beschreibung bereits unter Transportvorrichtungen geschehen.

Der Beschickungsapparat des Eisen- und Hartgußwerkes Concordia, Hameln i. W. Dieser Beschicker (Fig. 28), dessen feststehender Rumpf zur Materialaufnahme von 2—7 cbm eingerichtet ist, weist den bereits beschriebenen, mit rundem, festem Rumpf versehenen Apparaten gegenüber Verschiedenheiten auf. Die Tonausfuhr aus dem Einschüttrumpf geschieht hier nicht mittels Schaberblechen, sondern durch eine Mischschnecke. Der Teller ist wieder drehbar eingerichtet und zwar beträgt die stündliche Umdrehungszahl nur 4—7, sie ist also eine äußerst geringe. Das mit dem Teller sich mitdrehende Tonmaterial kommt in der Nähe des Austritts, einer in den Rumpf eingebrachten großen Öffnung, mit der quer im Trog liegenden Misch- und

Fig. 28. Beschicker. Eisen- und Hartgußwerk Concordia, Hameln i. W.

Transportschnecke in Berührung. Die Schnecke selbst arbeitet vom Mittelpunkte des Bassins nach der soeben erwähnten großen Öffnung in der Wandung des Behälters. Damit unterhalb und hinter der Schnecke kein Material hindurchgedrückt werden kann, faßt ein gebogenes Blech, ähnlich einem halben, in der Längsrichtung durchgeschnittenen Misch- resp. Schneckentrog, unter die Schnecke und zwar dergestalt, daß dieses Blech auf dem rotierenden Boden schleift. Die Transportschnecke macht ca. 25—30 Umdrehungen pro Minute und fördert das ihr entgegengebrachte Material aus dem Trog, wo es einem Walzwerk, Kollergang oder anderen Vorbereitungsmaschinen zufällt. Der Teller selbst kann mittels Schnecke und Schneckenrad, die Transportschnecke mittels konischer Räder von ein und demselben Vorgelege aus angetrieben werden.

Der schräg liegende offene Mischer als Beschicker. Zum Schluß möchten wir noch eines, sich als Beschicker sehr gut eignenden Apparates Erwähnung tun. Dies ist der schräg nach oben fördernde offene Mischer. Der Trog, welcher der guten Mischung halber sehr lang bemessen

Fig. 29. Beschickungsapparat. L. Schmelzer, Magdeburg

ist, weist eine bedeutende Breite zur Aufnahme des Inhalts eines oder zweier Muldenkipper auf. Damit das Hineinstürzen der Tone nur am tiefliegenden, hinteren Ende erfolgt, grenzt eine von oben in den Apparat hineinragende Scheidewand den ganzen vorderen Teil des Mischers ab. Praktisch wird als Querschnitt der Welle der quadratische gewählt, da die vielen schmalen Flachstahlmesser, welche wegen des benötigten Transportes schräg stehen, auf ihrem Grund eine gerade Auflage bekommen. Als Antrieb des Mischers findet seiner schrägen Lage wegen fast immer das konische Rädervorgelege Verwendung. Zwischen den Flügeln und der Wandung muß, da der Apparat noch teilweise direkt aus der Grube kommendes Material zur Verarbeitung erhält, wegen vorkommender Steine ein entsprechender Spielraum bleiben. Teilweise angebrachte Gegenstäbe, welche zugleich die Wandungen des Troges zusammenhalten, sorgen dafür, daß das Tonmaterial sich nicht mitdreht.

Eine weitere Ausdehnung unserer Beschreibung auf Beschicker, die wohl von jeder namhaften Ziegelmaschinenfabrik

Fig 30. Beschickungsapparat. Gebr. Pfeiffer, Kaiserslautern.

gebaut werden, würde zu weit führen. Wir möchten nur noch erwähnen, daß die Firmen Gebr. Pfeiffer, Kaiserslautern (Fig. 30), L. Schmelzer, Magdeburg (Fig. 29) u. a. Beschickungsapparate anfertigen, welche runde Einschütttrümpfe haben und teilweise den gesamten Rumpf mitrotieren lassen.

## Steinaussonderer.

Um Steine und Kalk im Ton unschädlich zu machen, muß man sich klar sein, in welcher Form und Beschaffenheit namentlich der letztere im Material vorkommt. Ist der Ton fett, so daß zum Trocknen Magerungsmittel hinzugesetzt werden müßten, so leisten oft die eventuell vorkommenden Steine durch ihr bei der Zerkleinerung erzeugtes Steinpulver gute Dienste. Es findet dann eine Steinaussonderung meistens nicht statt, sondern das Hauptaugenmerk wird auf gute und sichere Zerkleinerung gerichtet, welche durch Kollergänge, Brechwalzwerke usw. zu erreichen ist. Sind dagegen Mergelstücke von fester und dichter Beschaffenheit sowie einiger

Größe im Ton vorhanden, so ist eine Aussonderung der Mergelstücke am Platze, und diese geschieht durch Steinaussonderer. Weiche, leicht zerdrückbare Kalkstücke, welche beim Zerkleinern direkt zu Mehl zerfallen, sind dem Ton weniger schädlich und können eben ihrer Weichheit wegen von den Aussonderern nicht herausgeschafft werden. Sind die Kalkstücke dagegen hart, so wird eine vollständige Zerkleinerung auf Pulver wohl in der Praxis kaum erreicht werden können. Sie liefern beim Mahlen, namentlich wenn die Stücke mit fettem Ton umgeben sind, Splitter oder kleine Körner, welche das Aussprengen der gebrannten Steine bewirken. Zur Aussonderung resp. Unschädlichmachung dieser Schädlinge sind verschiedene Mittel in der Praxis zur Anwendung gekommen. Sie bestehen im scharfen Brande, im Zerkleinern des Tones, im Tauchen der gebrannten Steine, in der Anwendung eines Tonreinigers, im Schlämmen und in der Kombinierung zweier oder mehrerer genannter Mittel. Für die meisten Fälle hilft eine weitgehende Zerkleinerung, scharfes Brennen, mit darauffolgendem Tauchen der gebrannten Ziegel. Das scharfe Brennen ist eines der Hauptmittel, leider lassen jedoch nicht alle kalkhaltigen Tone dieses Mittel zu, da Sinterungs- und Schmelzpunkt des in Frage kommenden Materials oft dicht beisammen liegen. Das Ausschlämmen ist, so gut die Wirkung auch sein mag, z. B. für Hintermauerungssteine beinahe ausgeschlossen. Die niedrigen Preise der Ziegel, das erst nach langer Zeit gebrauchsfähige Rohmaterial und die großen Transporte, erstens des Tonschlammes nach den Schlämmbassins und zweitens des Tones nach den Verbrauchsstellen, ferner die gewaltigen, benötigten Plätze zur Anlegung von Gruben usw. schalten das Schlämmen, wenigstens für mittelmäßige Ware, ganz aus. Ist der Verkaufswert des Fabrikates dagegen ein höherer und werden nur bessere Waren erzeugt, zu welchen auch reine Tone Verwendung finden müssen, so ist auch heute noch die Schlämmerei am Platze. Was die mechanische Zerkleinerung anbelangt, so verdient sie, vorausgesetzt, daß der Kalk nicht in allzu großer Menge im Tone vorkommt, wegen der gleichzeitigen vorzüglichen Aufbereitung der Materialien, den Vorzug. Sie ist die leistungsfähigste, hinsichtlich der Menge an Material, welches für die Massenfabrikation auch von Wert ist. Zur Aufbereitung dienen Kollergänge, Brechwalzwerke, Vorwalzwerke mit zylindrischen und konischen Walzen, denen sich zum Schluß Präzisions-Differential-Feinwalzwerke mit abgeschliffenen Walzenmänteln oder Ideal-Feinwalzwerke anreihen. Auch das Mischkollerwalzwerk sowie die Knetwalzenziegelpresse sind zur Verarbeitung kalkreichen Materials gut geeignet. Sind die Kalkknollen oder andere Steine, deren Pulver zerstörend auf den Formling wirken, in zu großer Menge und in ziemlicher Größe im Tone vorhanden, so ist der Aussonderer am Platze. Es gibt deren viele Typen, die in der Praxis jedoch nur langsam Eingang gefunden haben. Von den hier zur Beschreibung kommenden Maschinen sind auch erst wenige im wirklichen Betriebe ausprobiert. Das Tauchen ist gewissermaßen ein Aushilfsprozeß, welcher jedoch bei etlichen Tonarten schon allein genügt, um aus mergelhaltigem Material einen brauchbaren Stein zu erzielen. Der erwähnte Prozeß verteuert jedoch die Ware und gibt den einzelnen Steinen ein bedeutend höheres Gewicht, was natürlich bei Verladungen nicht gerade erwünscht ist. Es muß daher dahin getrachtet werden, den Aussonderungs-, Zerkleinerungs- und Vermischungsprozeß derart auszubilden, daß womöglich ein Tauchen der Ziegel nicht mehr stattfinden braucht. Die ersten maschinellen Tonreiniger bestanden aus einfachen Tonschneidern mit vorgeschraubten Sieben, welche letzteren in späteren Jahren auswechselbar angeordnet wurden. Um den Betrieb kontinuierlich zu gestalten, hat Th. Groke, Merseburg, zwei Siebe miteinander verbunden, dergestalt, daß jedes einmal nach unten, einmal nach oben verschoben wurde. War das eine Sieb verstopft, dann wurde das andere gereinigte Sieb vor den Preßzylinderaustritt geschoben, wogegen das eben noch dort befindliche Sieb wieder gereinigt werden konnte und so fort. Auch das Schlickeysen'sche neue konische Glattwalzwerk wirkt, nach einer Anregung von Otto Bock, steinaussondernd. Durch die verschiedenen Durchmesser der zusammenarbeitenden konischen Walzen wurden runde Steine nach den Seiten abgeschoben, weshalb der das Material aufnehmende Trichter in früheren Zeiten seitlich mit Klappen versehen war. Da es sich jedoch zeigte, daß keilförmige und flache Steine trotzdem von den Walzen gefaßt werden, so sann man auf andere Steinaussonderer.

Das Steinaussonderungswalzwerk der Firma A.-G. vorm. A. Kuhnert & Co., Meißen. Anschließend an das soeben erwähnte konische Walzwerk baut das vorgenannte Werk eine Maschine (Fig. 31), welche die Steine bis Nußgröße ohne nennenswerten Verlust von Lehm oder Ton auszusondern vermag. Damit ein leichtes Rutschen der Steine

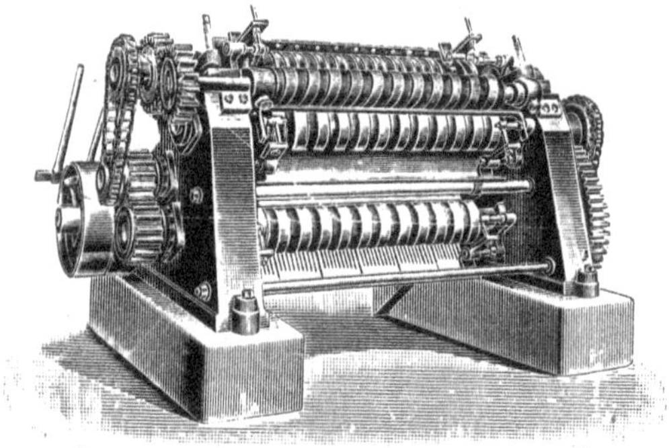

Fig. 31. Steinaussonderungswalzwerk der Sächsischen Maschinenfabrik vorm. A. Kuhnert & Co., Meißen.

oder Fremdkörper stattfindet, weisen die Walzen einen sehr kleinen Durchmesser auf, sind jedoch, um die Leistung wieder zu steigern, äußerst lang bemessen. Beide Walzen sind mit flachgängigem Gewinde versehen, wodurch die Steine gezwungen werden, weiterzurutschen, um am Ende die Walzen zu verlassen. Diese Walzen werden je nach dem zu verarbeitenden Material mit zwei Arbeits- und einer Speisewalze bis zu vier Arbeits- und zwei Speisewalzen in einem Walzwerk geliefert. Da die Walzen, wie gesagt, einen sehr kleinen Durchmesser aufweisen, trotzdem eine bestimmte Leistung erzielt werden muß, so wird der Arbeitsschlitz sehr groß gehalten, weshalb die genannte Fabrik unterhalb des Steinaussonderungswalzwerkes das sogenannte Ideal-Feinwalzwerk vorsieht, das mit bedeutend größeren, in horizontaler Richtung hin- und hergehenden Walzen versehen ist. Die letzteren Walzen können, da die Mäntel abgeschliffen sind, bis auf 1 mm zusammen arbeiten.

Das Steinaussonderungswalzwerk »Svedala« der Firma Gebr. Pfeiffer, Kaiserslautern. Die Wirkung des konischen Walzwerkes aufnehmend, zeigt diese Maschinentype (Fig. 32) ebenfalls konische, der Aussonderung dienende spiralförmige Gänge.

Die Spirale der einen Walze zeigt rechtsgängiges, die der anderen Walze linksgängiges Gewinde. Der Gang der Schnecke zeigt ziemlich hohe Steigung, so daß z. B. auf einem Walzenmantel von ca. 600 mm Länge bei einem ungefähren Durchmesser von 425 mm nur ca. 4—5 Aufwickelungen sich befinden. Da die Flächen der Spiralen der beiden Walzen ineinander fassen können, so ist es möglich, die ersteren auch dicht zusammen arbeiten zu lassen. Die Spiralen selbst schieben die Steine vor sich hinaus, ohne daß diese von den Walzen gegriffen werden können. Die ausgesonderten Steine werden mittels einer Rutsche aus dem Bereich des Walzwerkes gebracht, während der Ton von den Walzen erfaßt, durch diese verarbeitet wird. Kleine und weiche Steine werden wie bei gewöhnlichen Walzwerken zugleich mit dem Ton verarbeitet. Auch diesem Walzwerk wird oft noch ein Glattwalzwerk mit geschliffenen Walzenmänteln untergebaut.

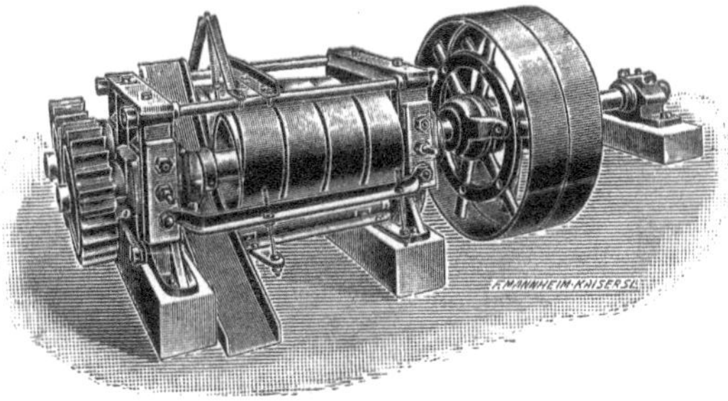

Fig. 32. Steinaussonderungswalzwerk. Gebr. Pfeiffer Kaiserslautern.

Das Steinaussonderungswalzwerk der Firma Rich. Raupach, Maschinenfabrik G. m. b. H., Görlitz. Die Maschine (Fig. 33) ähnelt einem gewöhnlichen Walzwerk, jedoch ist die eine Walze kürzer gebaut und besitzt dieselbe auf der Oberfläche schraubengangförmige Erhöhungen. Bei härteren Steinen, Kalkknollen und dergleichen schraubt der erwähnte Gewindegang diese an der Glattwalze entlang, während der Ton in den eng gestellten Walzenschlitz gerät und dort verwalzt wird. An der Austrittsseite des Gewindeganges befindet sich eine mit Gegengewichten versehene Klappe, die, dem Druck des Steines etc. nachgebend, sich öffnet. Die Steine fallen auf eine schräge Rinne, welche dieselben aus dem Bereich des Walzwerkes schurren läßt. Die beiden Walzen sind durch Kuppelräder verbunden, und der

Fig. 33. Steinaussonderungswalzwerk.
Rich. Raupach, Maschinenfabrik G. m. b. H., Görlitz (D. R. G. M.)

Antrieb liegt direkt auf einer der Walzenwellen. Den Bau steinaussondernder Walzwerke führen auch die Firmen F. L. Smidth & Co., Kopenhagen, sowie Hoffmann, Finsterwalde, aus. Dem letzteren Werk wurde bereits vor ziemlich langer Zeit eine Konstruktion geschützt, bei welcher ein Schaber über dem Arbeitsschlitz zweier zylindrischer Glattwalzen hin und her geht, wodurch Steine, welche von den Walzen wegen ihrer Größe nicht gefaßt und daher aus den seitlich im Trichter angebrachten Klappen herausgerückt wurden.

Der Diesener'sche Tonreiniger der Firma Eisenwerk Bernsdorf, Bernsdorf O./L. Dieser Tonreiniger (Fig. 34) stellt eine Kombination zweier Maschinen, den eigentlichen Reinigungsapparat und die dazu benötigte

Strangpresse dar. Die letztere ist sehr kurz gebaut und dient nur als Speiseschnecke, indem sie einen Tonstrang gegen eine rotierende Planscheibe treten läßt. Selbstverständlich muß die Bauart dieser Presse derart sein, daß ihr Steine nichts anhaben können, da der erwähnte Tonstrang noch vollständig ungereinigtes Material darstellt. Die angetriebene Planscheibe führt infolge der auftretenden Adhäsion vom gegengepreßten Tonstrang einen schwachen Tonbelag, welcher gleich der Weite des sogenannten Arbeitsschlitzes ist, mit, während alle schädlichen festen Beimengungen, wie Steine, Mergelknollen, Schwefelkiese, Eisenstücke, Wurzeln etc. in dem Winkel, den das feste Gleitbett mit der Scheibe bildet, dem sogenannten Eingriffswinkel zurückbleiben. Der durch den Arbeitsschlitz

Fig. 34. Diesener Tonreiniger. Eisenwerk Bernsdorf, Bernsdorf O./L.

gezogene, an der Scheibe haftende Tonbelag wird unterhalb abgestrichen und fällt entweder behufs Formgebung in eine Ziegelstrangpresse oder in einen zweiten Tonreiniger zwecks feinerer Vorbereitung. Die im Eingriffswinkel befindlichen Rückstände werden durch ein hin- und hergehendes, den Arbeitsschlitz stets frei haltendes Messer nach rechts und links in die seitlich der Planscheibe angeordneten, mit Gewichten belasteten Kasten, die sogenannten Steinfänger, geschoben. Die eventuell in der zu reinigenden Masse noch vorhandenen ungesumpften, festen Tonknoten werden ebenfalls durch das hin- und hergehende Messer zerschnitten. Die Größe der einzelnen Apparate richtet sich nach Weite des Arbeitsschlitzes und beträgt 8—10, 4—5 und 1—2 mm. Je dünner nun das Tonband von der Scheibe mitgenommen wird, desto größer ist dessen Breite. Sie beträgt z. B. bei 8—10 mm Bandstärke 360 mm, bei 4—5 mm Stärke 560 mm und bei 1—2 mm Stärke 660 mm Breite. Wenn auch bei diesem Tonreiniger zur Erzeugung feiner Ware die eventuell benötigte Vorschaltung der gröber aussondernden Apparate mit Arbeitsschlitzen von 8—10 und 4—5 mm eine teure Sache ist, so darf nicht übersehen werden, daß die Plastizität der Tonmaterialien erhalten bleibt, was beim Schlämmprozeß ausgeschlossen ist.

Der Elapidator (Aktien-Gesellschaft Elapidator, Kopenhagen). Dieser Tonreiniger (Fig. 35) stellt eine Maschine dar, welche die Reinigung des Materials mittels starker, in hin- und hergehenden Kolben befestigter Siebe aus Stahldraht vornimmt. Wir schicken voraus, daß sich diese Maschine für weiche Handstrichmasse sehr gut eignet, während bei Verarbeitung bedeutend festerer Preßtone die Siebe versagen. Steine etc., welche die Siebe aussondern sollen, sprengen beim Arbeiten teilweise die Stahldrähte entzwei, teilweise drücken sich dieselben auch, namentlich bei keilförmigem Querschnitt, durch die Siebdrähte hindurch. Ferner ist als Übelstand bei Preßton z. B. die gewählte fortwährende Drehung der Schnecken zu bezeichnen, welche dadurch nicht nur Steine und ähnliche Fremdkörper herausfördert, sondern auch guten Ton mitnimmt. Alle diese Übel treten bei Streichton nicht auf, da hier die Siebe weiche Massen vor sich haben und diese im Gegensatz zu den harten Steinen leicht die ersteren passieren. Auch ist die Herausschaffung der Steine bedeutend leichter zu bewerkstelligen, da bei Handstrichton die Schnecke stillstehen kann, wodurch sich der Unrat beim Auftreten größeren, durch das Ansammeln von Steinen etc. hervorgerufenen Druckes zwischen Schnecke und Kolbensieb den Schneckengang entlang allein vorwärtsschraubt.

Der Elapidator scheidet nicht nur fremde Bestandteile aus dem Tone aus, sondern vermischt zwei oder mehrere Tone äußerst intensiv. Die Maschine besteht aus zwei länglichen, nebeneinander liegenden, viereckigen Kästen, in denen je ein Stempel mittels einer Kurbelwelle derart hin und her bewegt wird, daß der eine Stempel vorwärts geht, während der andere zurückgezogen wird. Die Stempel sind mit kräftigen Gittern aus Stahldraht versehen, die sich leicht auswechseln lassen. Das Rohmaterial wird mittels einer Verteilungswalze abwechselnd bald in den einen, bald in den anderen Kasten geführt und zwar dann, wenn der Stempel in dem betreffenden Kasten sich rückwärts bewegt. Bei der Vorwärtsbewegung des Stempels wird der Ton gegen eine Schnecke gepreßt, wobei der reine Ton zwischen den Gitterdrähten hin-

Fig. 35. Elapidator.

durchquillt, während die vor dem Gitter verbleibenden Fremdkörper zusammengedrängt werden. Die erwähnte Schnecke, die gewissermaßen den Verschluß des Kastens bildet, befindet sich in einem runden, nach unten gebogenen Rohr, und es ist, da sich der Elapidator nur für Streichmasse eignet, nicht nötig, der Schnecke überhaupt eine Drehung zu geben. Der durch das Gitter gepreßte, gereinigte Ton wird bei der Rückwärtsbewegung des Stempels zu einer Ausfallöffnung gezogen, durch welche er unmittelbar auf die Streichtische gelangt. Die Drahtgitter können sehr schnell ausgewechselt werden, und die Entfernung der einzelnen von den Drähten gelassenen Luftschlitze beträgt ca. 2 mm. Die Maschine ist äußerst kräftig gebaut und kann stündlich bei Anordnung zweier Zylinder Streichmassen für 5—6000 Vollziegel schaffen.

Der Tonreiniger des Jacobiwerkes A.-G., Meißen. Vor dem Mundstück einer normalen Schneckenstrangpresse ist eine Wendetrommel gelagert, deren Umfang einzelne Siebe bilden. Die Trommel bildet oberhalb der Siebe Fächer, ähnlich den Schaufeln bei einem Wasserrade, welche derart geformt sind, daß sie die Verlängerung des konischen Preßkopfes der Presse bilden. Steht nun gerade ein solches Sieb mit dem aufgesetzten Fach vor dem Preßkopf, bildet also dessen Verlängerung, so wird der bildsame Ton, der Preßwirkung der Messerwelle entsprechend, durch das Sieb hindurch in das Innere der Trommel gepreßt, während die Steine etc. sich im Fach über dem Siebe sammeln. Ist das Fach mit Kalkknollen voll besetzt, so genügt eine einfache Drehung der Trommel, wobei wieder eine neu gereinigte Zelle vor den Preßkopf tritt. In dem von den Sieben gebildeten vieleckigen Innenraum der Wendetrommel ist eine Förderschnecke gelagert, welche den durch die Siebe gepreßten Ton aus dem Innern herausschafft.

Der Tonreiniger der Firma W. Rusch, Berlin. Das Neue bei diesem Tonreiniger, der ähnlich dem Diesener Apparat mit der Adhäsion des Tones, allerdings nicht auf einer sich vertikal drehenden Scheibe, sondern auf einer horizontal sich drehenden Glattwalze arbeitet, besteht darin, daß der von der erwähnten Walze mitgenommene dünne Tonbelag durch eine der Bewegungsrichtung der Masse entgegenarbeitende, kammartig gestaltete, gezahnte Scheibenwalze von Fremdkörpern befreit wird. Es hat dies den Vorteil, daß ohne große Kraftbeanspruchung und ohne weitere vorherige Zerkleinerung resp. Zerreibung Steine, Kalkknollen etc. sicher aus dem Ton entfernt werden. Der Apparat besteht aus der erwähnten maschinell angetriebenen Glattwalze, gegen welche aus einer Strangpresse oder ähnlichen Maschine der zu reinigende Tonstrang geführt wird. In derselben horizontalen Lage befindet sich eine aus dünnen, gezahnten Scheiben zusammengesetzte Walze, die mit der Glattwalze so zusammen arbeitet, daß beide sich in derselben Richtung, also entgegengesetzt den Walzen eines normalen Walzwerkes, welche ineinander arbeiten, drehen. Die erwähnten einzelnen Scheiben der Reinigerwalze sind so gegeneinander zusammengesetzt, daß sich zwischen ihnen ein Spielraum befindet. Auch sind dieselben ähnlich einem Sperrade mit Zähnen, die dem auf der Glattwalze befindlichen Tonbande entgegenarbeiten, versehen. Zwischen beiden Walzen, d. h. vom Tonband bis zur Welle der Reinigerwalze ist ein Rost so angebracht, daß sich die Zahnscheiben in seinen Spalten bewegen und der Rost selbst bis auf eine dem Feinheitsgrade der auszuscheidenden Beimengungen entsprechende Entfernung der Glattwalze genähert werden kann. Wird der Abstand beider Walzen vergrößert, so vergrößert auch der Rost seinen Abstand von der Glattwalze. Der Rost selbst ist einarmig und hat seinen Drehpunkt in der Mitte der Reinigerwalze, trotzdem ist derselbe jedoch nicht mitdrehend, sondern fest gelagert. Die auf dem Rost zurückgehaltenen und etwa in den Luftspalten der einzelnen Zahnscheiben eingeklemmten Steine werden durch die Zähne einer dritten Scheibenwalze, deren einzelne Scheiben wieder in die Spalten der Reinigungswalze fassen, herausgeschleudert. Um die Zahnscheiben der Reinigerwalze rein zu halten, laufen dieselben im unteren Teil durch ein Wasserbad. Um die Leistung der Maschine zu erhöhen, kann man anstatt einer glatten eine mit Rillen versehene Walze anordnen, bei welcher sich die Riefen voll Ton setzen, während die Steine auf den Erhöhungen vom Rost herausgeholt werden.

Der Tonreiniger von H. Noelte, Wilmersdorf-Berlin. Diese Maschine verarbeitet sehr weiches Material, welches derart bewässert sein muß, daß gerade noch die Plastizität des Tones erhalten bleibt. Die Anordnung des Tonreinigers hat große Ähnlichkeit mit den Streichmaschinen und besteht aus einer wagerecht umlaufenden Förderscheibe, welcher aus einem seitlich angeordneten stehenden Tonschneider die Masse in dünnen Strängen aufgepreßt wird. Das Tonband wird von der Förderscheibe mitgenommen und trifft zuerst auf einen schräg zum Scheibenradius angebrachten Kamm. Die Messer des Kammes haben eine schräg nach unten, also nach der Förderscheibe zeigende Form. Sämtliche Messer sind an den oberen Enden mittels einer Blechmulde verbunden, in welcher die Unreinigkeiten, Steine usw., durch die Drehung der Scheibe begünstigt, sich sammeln. Die Steine werden gewissermaßen aus dem Material ausgekämmt und steigen vermittelst ihres Beharrungsvermögens die schräge Ebene der Kammesser in die Mulde empor. Hinter dem Kamm ist eine Glattwalze zum Glätten des durch erstere aufgerissenen Tonstranges angeordnet, welche zu gleicher Zeit den Strang fester an die Förderscheibe drücken soll. Nunmehr kommt der gewalzte Tonstrang zu einer um eine wagerechte Achse sich drehenden Messerwalze, deren Drehung der des Tellers entgegengesetzt ist und welche aus einzelnen Flügelscheiben, die zueinander spiralförmig versetzt sind, besteht. Die Abstände dieser Scheiben sind kleiner als die des Kammes, weshalb hier nochmals eine Reinigung von Steinchen erfolgt, welche bereits den Kamm passierten. Da jede Flügelscheibe aus einzelnen Flacheisenflügeln, ähnlich einem des Kranzes beraubten Speichenrade, besteht und diese wieder zu den Nachbarmessern versetzt angeordnet sind, so kann die Tonmasse frei zwischen den Messern hindurchgehen; die Steine aber werden, ähnlich einer rotierenden Bürste, herausgeschleudert. Hat die Tonmasse diese Walze passiert, so wird sie von einem auf der Förderscheibe schleifenden Abstreicher von diesem abgeschält.

Da das Problem der Tonreinigung eines der wichtigsten, aber auch eines der schwierigsten ist, so sind sehr viele Versuche angestellt worden, den Ton auf irgendeine Art, ohne den Schlämmprozeß anzuwenden, mechanisch zu reinigen. Die Firma W. Gutsche in Grätz versucht, den ungereinigten Tonstrang einer normalen Presse gegen eine doppelkonisch geformte Walze zu pressen, wobei der Ton haften bleiben soll, während die Steine seitlich nach den kleineren Walzendurchmessern abgeführt werden sollen. Das deutsche Reichspatent von P. Friedrich, Fiedje in Russee bei Kiel beschreibt eine Maschine zum Reinigen und Aufbereiten von Ton mit aus schraubenförmigen Windungen gebildetem Arbeitszylinder. In diesem Zylinder ist eine sich in entgegengesetztem Sinne drehende Schnecke gelagert, deren Windungen denen des Arbeitszylinders entgegenlaufen.

Zum Schluß möchten wir noch einer in neuerer Zeit viel genannten Tonreinigungsmaschine gedenken, welche insbesondere für die Dachziegel-, Verblendstein- und Plattenfabrikation bestimmt ist. Die Maschine stellt einen bereits seit längerer Zeit bekannten Reiniger dar, welcher letztere jedoch durch Bohn eine vervollkommnete Form erhalten hat.

Der Bohnsche Tonreiniger der Firma M. Bohn & Co., Nagykikinda (Ungarn). Die Maschine (Fig. 36) ist eine liegende Schneckenstrangpresse, deren Preßkopf mittels einer mit einer kleinen Öffnung und einem Schieber versehenen Platte verschlossen ist. Die Wandungen des Preßzylinders sind durchlocht, und die Schnecke treibt den reinen Ton

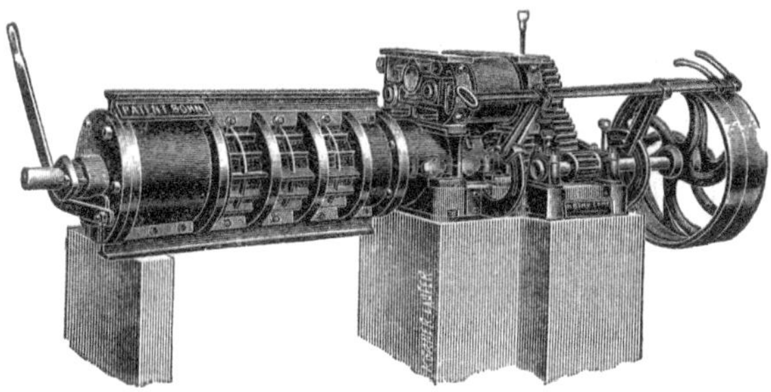

Fig. 36. Tonreiniger M. Bohn & Co., Nagykikinda (Ungarn).

durch diese Öffnungen, während die Wurzeln, Steine und dergleichen durch die erwähnte Öffnung in der hinteren Stirnwand ausgepreßt werden können. Zum besseren Reinigen der Sammelkammer setzt Bohn diesen Teil der Presse unter Wasser und drückt vermöge dieses die Unreinigkeiten aus dem Loch der Stirnwand heraus, wobei zugleich eine Reinigung der Steinchen von Ton stattfindet. Die Siebplatten sind sehr leicht auswechselbar, und die Lochungen, welche bis auf ca. 1 mm heruntergehen, können verschieden gewählt werden; es kann z. B. der Zylinder in der Nähe der Speisewalze Lochplatten mit 3 mm Lochungen, weiter nach hinten Platten mit $1^1/_2$ mm Lochungen aufweisen, so daß aus dem ersteren Material Mauersteine, aus dem anderen Dachziegel etc. hergestellt werden können. Selbstverständlich sind die Löcher konisch und nach außen weiter gestaltet. Sobald ein Verschleiß der Schneckenränder auftritt, ist natürlich wie bei jeder anderen Schneckenstrangpresse zu befürchten, daß auch die Leistung der Maschine nachläßt. Je plastischer der zu reinigende Ton ist, desto leichter geht die Reinigung von statten und desto kleinere Dimensionen können die Lochungen der Siebplatten aufweisen. Die Maschine ist stabil gebaut, weist einen langen Preßzylinder auf, und es sind im Aufgabetrichter eine, auch zwei Speisewalzen gelagert.

---

## Kollergänge.

Zu den ältesten Zerkleinerungs- und Aufbereitungsmaschinen gehört der Koller, und zwar der Zweiläufer-Koller, bei welchem der Teller fest gelagert ist, während die Läufer sich mittels Schleppkurbeln um die Königsachse, welche die Drehung einleitet, herumwälzen. In neuerer Zeit sind äußerst viele Bauarten entstanden, so der Rostkollergang, der Feinkollergang, der mehretagige Koller usw. Für Trockenvermahlung verwendet man meist Maschinen, deren Mahlteller als glatte undurchbrochene Bahn, für Naßverarbeitung, z. B. grubenfeuchter Tone, jedoch Maschinen, deren Mahlteller als durchbrochene Bahn ausgebildet sind. Je nach der Bauart und nach seiner Bestimmung unterscheidet man demnach Trocken- und Naßkollergänge. Der Kollergang selbst dient zur Zerkleinerung und zum Mischen von meist steinigem Ton, welcher durch die Läufer zerquetscht bzw. gemischt wird. Der Teller ist entweder mit Durchbrechungen versehen, deren Größe sich nach der verlangten Feinheit des Materials, aber auch nach der verlangten Leistung der Maschine richtet, oder er ist undurchbrochen, welche Bauart weniger für Zerkleinerung, als für gute Mischung in Frage kommt. Mehrere Schaber bringen das Mahlgut, das durch einen Trichter etc. auf den Teller gegeben wird, fortwährend vom Umfang sowie von der Mitte unter die Läufer zurück, so daß diese den Ton immer wieder zur weiteren Verarbeitung bekommen, bis er beispielsweise beim Naßkollergang durch die Schlitze des

Tellers, beim Trockenkollergang durch die Maschen des Siebes hindurchtreten kann. Oft findet bei dem Naßkollergang die Befeuchtung des Materials direkt während des Verarbeitens statt, und können gleichzeitig die zur Mischung resp. Magerung benötigten Stoffe hier zugesetzt werden. Der Kollergang soll bei guter Konstruktion ein bis zwei Vorwalzwerke sowie den oft benötigten Mischer ersetzen. Man beachte, daß bei Naßkollergängen mit teilweiser Rostbahn, welche eigentlich keine Feinmahlmaschinen darstellen, die Löcher in den einzelnen Rosten nicht zu klein genommen werden.

## Nafskollergänge.

Wenden wir unsere Aufmerksamkeit zunächst den Naßkollergängen zu. Die Erfahrung hat gelehrt, daß bei dieser Art Kollergängen möglichst wenig Schaber und Zwischentransportvorrichtungen wegen auftretenden Schmierens bei feuchtem Tonmaterial in Anwendung kommen sollen. Die Verarbeitung des Tones muß stets durch das Eigengewicht der Läufer stattfinden, ferner sollen die letzteren recht breit ausgebildet sein und, wenn angängig, mit der erforderlichen Differentialgeschwindigkeit arbeiten, so daß nicht nur ein Zerdrücken sondern auch ein Zerreiben zwischen Läufer und Mahlbahn stattfindet. Das Gewicht der Läufer soll, wie die Praxis es lehrt, ein größeres sein als das der Läufer bei Trockenkollergängen, ferner soll die Tourenzahl, um zu großen Verschleiß zu verhüten, möglichst gering bemessen sein. Als gute und brauchbare Umdrehungszahlen haben sich 15—20 pro Minute für die Läufer ergeben.

Der Naßkollergang der Firma Gebr. Propfe, Maschinenfabrik Hildesheim, und anderer Firmen. Der Kollergang (Fig. 37) besteht aus dem sehr kräftigen, festliegenden Teller, der gleichzeitig als Fundamentplatte für die gesamte Maschine dient, den beiden schweren Seitenständern, der oberen Traverse, welche das obere Hauptlager der Königswelle trägt, der Königswelle selbst, den beiden schweren, mit Hartgußmänteln versehenen Läufern und dem oberen konischen Rädervorgelege mit den zugehörigen Antriebsscheiben. Der Teller besitzt eine einzige breite Mahlbahn, welche zum Teil mit geschlossenen, zum Teil mit durchlochten Mahlplatten versehen ist. Das Material wird wegen der zerdrückenden und zerreibenden Arbeitsweise der Läufer selbstverständlich auf den geschlossenen Teil der Mahlbahn aufgegeben, hier verarbeitet und mittels Schaber auf den gelochten Teil der Bahn gebracht, durch welchen der genügend aufgeschlossene Ton von dem darüber hinweggehenden Koller hindurchgepreßt wird. Bei Verschleiß der Mahlbahn werden nur die ca. 15—20 mm starken, leicht auswechselbaren Stahl- resp. Hartgußplatten erneuert. Je nach Erfordernis des zu verarbeitenden Tonmaterials kommen runde konische Löcher, ovale konische Löcher, konische Schlitze oder eckige konische Löcher in den Rostplatten zur Anwendung. In der Praxis gut bewährt haben sich runde, besser noch länglich ovale Löcher von 12—22 mm Durchmesser. Durch den Konus der Löcher kommt ein Verstopfen wohl schwer vor, jedoch muß man bei auftretendem Verschleiß das Größerwerden der Löcher mit in den Kauf nehmen. Gewöhnlich wird die Mahlbahn radial in 10 gleichgroße Platten eingeteilt, von denen in der Regel 4 Rostplatten und 6 Stück volle Platten eingebaut sind. Die außer den genannten Platten hauptsächlich dem Verschleiß unterliegenden Läufer sind mit abziehbaren Coquillen-Hartgußmänteln versehen. Es ist einleuchtend, daß von dem Material des Hartgusses auch der Verschleiß abhängt, und sollte demgemäß nur der allerhärteste, von irgend einem Werkzeug kaum anfaßbare Hartguß zur Herstellung erwähnter Mäntel Verwendung finden. In sehr stark auszubildenden Stahlschleppkurbeln bewegen sich die voneinander unabhängigen Läufer. Diesen genannten Kurbeln ist die größte Sorgfalt bei Herstellung zu widmen, und müssen dieselben, um ein Ablaufen der schweren Läufer zu verhindern, mit unbedingt sicher wirkenden Schutzvorrichtungen, Federn und Keilen etc. versehen sein. Ferner sollen die Naben der Läufer derart geformt sein, daß ein Umdrehen der letzteren auf ihren eigenen Kurbelzapfen leicht möglich ist. Es ist wohl klar, daß das Material der Königsachse bester Stahl sein muß, wie überhaupt zur Herstellung, z. B. der Räder etc., nur beste Rohstoffe Verwendung finden sollten. Die Welle läuft im unteren Teil mit einem gehärteten Stahlspurzapfen auf glasharter Spurplatte. Um das Eindringen von Tonschlamm in das untere Spurlager, welches sehr guter Ölung zu unterwerfen ist, zu verhindern, ist dasselbe mit einem sicher wirkenden Verschluß zu versehen. Eisenteile etc., die sich im Ton be-

Fig. 37. Naßkollergang Gebr. Propfe, Hildesheim.

finden, werden von den schweren Läufern teilweise breit gewalzt, und man kann das Vorhandensein solcher auf der Mahlbahn schon durch das von diesen verursachte Geräusch feststellen. Die Bewässerung dieses Kollerganges wird oft als sogenannte Zentralbewässerung gebaut, d. h. das oder die Wasser führenden Rohre rotieren mit der Königsachse mit und nehmen die Flüssigkeit von einem festliegenden Punkt aus auf.

Der Naßkollergang von Th. Groke, Merseburg und anderen Firmen. Während bei dem soeben beschriebenen Kollergang eine einzige breite Mahlbahn, die zum Teil mit vollständig geschlossenen, zum Teil mit durchlochten Mahlplatten versehen ist, zur Anwendung kam, sind bei dem Groke'schen Koller zwei Mahlbahnen vorhanden. Die äußere Bahn ist voll, die innere durchlocht, und arbeitet auf jeder Mahlbahn besonders ein Läufer. Zu diesem Zweck befinden sich die letzteren im ungleichen Abstande von der Königsachse, so daß der außen laufende, meist etwas größere Läufer

Fig. 38. Naßkollergang. Ed. Laeis & Co., Trier.

stets nur das Material zerreibt und zerquetscht, während der innen laufende Koller das von besonders geformten Schabern auf die durchlochte Bahn gebrachte vorbereitete Tonmaterial durch die Roste drückt. Im übrigen ähnelt diese Bauart der Propfe'schen Konstruktion, weshalb von einer weiteren Beschreibung der einzelnen Teile abgesehen werden kann.

Der Naßkollergang der Firma Ed. Laeis & Co., Trier. Dieses Werk baut Kollergänge, Bauart der Firma Villeroy & Boch, Mettlach, mit doppelter Läuferlagerung (Fig. 38). Zu diesem Zwecke sitzt der Läufer auf einer Doppelkurbel, deren innere Achse direkt in einer auf der Königsachse befestigten schweren Nabe steckt, während die auf der äußeren Seite des Läufers befindliche Achse durch ein Lager aufgenommen wird, welches mit einem um den oberen Teil beider Läufer fassenden Rahmen verschraubt ist. Eine Traverse im Innern des Rahmens ist ebenfalls fest mit der Königsachse verbunden. Diese Lagerung verbindet große Vorteile mit gleichzeitigem Schutz der Läufer gegen Ablaufen von der Bahn. Man kann nunmehr die Umdrehungszahl der Läufer vermehren, auch stärkere Tonstücke zum Zermahlen

Fig. 39. Konoid-Kollergang. Maschinenfabrik Roscher, Görlitz

unter dieselben werfen, ohne einen Bruch der Kurbelachse oder des Kurbelzapfens befürchten zu müssen. Der Antrieb der Läufer ist normal, d. h. mittels konischen Rädervorgeleges von oben, jedoch sind auch Koller mit unter dem Teller angeordneten Antriebe in die Praxis eingeführt.

*Der Konoid-Kollergang (Patent Horn) der Firma Roscher, Görlitz.* Dieser Kollergang (Fig. 39) weist in gleichen Abständen von der Königsachse rotierende Läufer auf. Das Mahlgut wird unter Verschiebung nach innen und wieder nach außen in mehreren Stufen zerkleinert. Die mit den Läufern rotierenden Führungsschaber arbeiten in verschiedenen Höhen zum Mahlteller. Es schleifen auf einer

Seite zwei gerade und ein gebogener Schaber, welche der Materialzuführung des Vorkollers dienen, auf dem Teller, während zwischen den Läufern der anderen Seite ein gebogenes Schaberblech etwa 2 mm vom Teller und ein weiter nach außen angebrachtes Schaberblech etwa 6 mm vom Mahlteller entfernt, arbeiten. Das bis auf ca. 2 mm zerkleinerte Gut passiert das soeben erwähnte gebogene Schaberblech und wird von dem gleichfalls gebogenen, aber auf der Bahn schleifenden Schaber der anderen Seite in die Ausfallöffnung des Tellers geleitet. Der Teller ist feststehend und der Antrieb des Kollers der normale von oben. Die Läufer rollen auf einzelnen Schleppkurbeln, die sich unabhängig voneinander parallel zur Mahlbahn heben und senken. Das Material wird von außen auf die durchweg undurchbrochene Bahn des Kollerganges gegeben und verläßt dieselbe in fein zermahlenem Zustand in der Mitte des Mahltellers. Die Verarbeitung des Tones geschieht zuerst durch den in der Höhe verstellbaren Vorkoller, welcher das Material zu dünnen Kuchen auswalzt. Den übrigen Teil schiebt er auf den äußeren Rand der Mahlbahn zurück. Bei der nächsten Umdrehung wird der Rest der großen, nicht schon vorher zerriebenen Stücke zur nochmaligen Verarbeitung wieder unter den Läufer geschoben. Dies ist ermöglicht durch die keilförmige Spalte zwischen Läufer und Bahn sowie durch die ebene Mahltellerbahn, auf welcher die Stücke leicht nach außen gleiten können. Der zweite Läufer, als Feinkoller wirkend, übernimmt das durch bereits erwähnte Deckschaber genau in Größe und Feinheit begrenzte, bereits vom Vorkoller zerkleinerte Material zur fertigen Verarbeitung und Abschiebung durch die Mitte des Mahltellers. Einzelne ungenügend zerkleinerte Stücke können, da die Ausfallöffnung des Tellers von einer genau einstellbaren Schaberreihe dicht umschlossen ist, den Koller nicht verlassen. Es ist daher möglich, mit dieser Maschine, ohne daß die Feinheit des Materials bestimmende Roste vorhanden sind, die Feinheit des Endproduktes durch Stellen der Deckschaber im voraus zu bestimmen.

Der Zweiläufer- resp. Vierläufer-Naßkollergang mit umlaufender Mahlbahn von dem Jacobiwerk, A.-G., Meißen. Außer den genannten Typen, bei welchen die untere Mahlbahn feststeht, werden auch solche mit umlaufender Mahlbahn (Fig. 40) gebaut, und zwar sowohl mit zwei als auch mit vier Läufern. Beide Typen weisen Mahlteller auf, von denen die innere Bahn mit vollen Hartgußplatten, die äußere dagegen mit Rostplatten ausgelegt sind. Je nach der Anzahl der Koller arbeiten auf jeder dieser Bahnen ein resp. zwei Läufer und haben die auf der inneren Mahlbahn arbeitenden größeres Gewicht, da von diesen namentlich die Zerkleinerungsarbeit ausgeführt wird. Das

Fig. 40. Vierläufer-Naßkollergang Jacobiwerk A.-G., Meißen.

Material wird auf der inneren Bahn aufgegeben, gründlich zerkleinert und homogenisiert und durch Schaber auf die äußere Rostbahn geleitet, um durch den oder die dortselbst arbeitenden Läufer durch die Roste gedrückt zu werden. Ein unter dem Teller sich mitdrehender Sammelteller bewirkt mittels Schaber die Weiterbeförderung in die Presse oder das Walzwerk. Die Läufer selbst sind in Armen auf einer gemeinsamen, durchgehenden Welle pendelnd gelagert. Der Antrieb erfolgt von unten mittels konischer Zahnräder und Riemenscheibenvorgelege. Die Konstruktion der Läufer, Schaber usw. ist die übliche, die Läuferplatten sind leicht auswechselbar und auf beiden Seiten zu verwenden.

Der Differential-Naßkollergang System Erfurth der Firma Eisen- und Hartgußwerk Concordia, A.-G., Hameln a. W. Die feine Zerkleinerung und innige

Mischung wird bei dieser Maschine (Fig. 41) auf einer geschlossenen Mahlbahn, bei welcher sämtliche Roste vermieden sind, erreicht. Die Läufer werden zwangsweise angetrieben, ebenso hat der sich drehende Teller eigenen Antrieb. Das System der zwangsweisen Läuferantriebe, welche in jeder gewünschten Differentialgeschwindigkeit zur Tellerdrehung stehen kann, hat namentlich bei schwierig zu verarbeitendem Rohmaterial, z. B. schieferartigen, klebrigen und fetten Tonen, diverse Vorzüge aufzuweisen. Weiter findet bei kalkreichem Material eine bessere Zerreibung des Kalkes statt, da die

Fig. 41. Differential-Naßkollergang.
Eisen- und Hartgußwerk Concordia, A.-G., Hameln a. W.

Läufer kein direktes Abwickeln auf der Telleroberfläche, sondern je nach Wahl ein bestimmtes Voreilen zur Tellerdrehung aufweisen. Die geschlossene Mahlbahn besteht aus auswechselbaren massiven Hartgußplatten. Das auf dem rotierenden Teller aufgeworfene Material gelangt für die Vorzerkleinerung unter einen großen Läufer, der durch sein immenses Gewicht äußerst zerkleinernd wirkt. Die Form dieses Läufers ist die bei normalen Kollergängen übliche. Der zweite Koller von ungefähr gleichem Gewicht hat eine walzenähnliche Form, ist demnach bei bedeutend kleinerem Durchmeser sehr breit. Um nun außer der zerreißenden noch eine verschiebende Wirkung hervorzurufen, ist dieser Walzenläufer um ca. 150 mm vor die Mitte des Mahltellers gerückt worden. Das zerkleinerte Gut gelangt alsdann mittels Schaber unter die äußere Seite dieses soeben erwähnten breiten Läufers, welcher mit noch etwas größerer Differentialgeschwindigkeit arbeitet, als der Vorbrechläufer. Nachdem dann das Ziegelgut diesen Koller verlassen hat, wird es durch Schaberstellung zum zweiten Male unter denselben und darauf bei dem dritten Überlaufen nach der Mitte abgeführt. Beide Koller wirken durch den zwangsweisen Antrieb äußerst zerreibend und zerkleinernd, so daß eine innige Mischung der aufgegebenen Tone stattfindet. Die Läufer sind auf der oberen Quertraverse aufgehängt, wodurch man imstande ist, je nach Wunsch die ersteren mit einem Spalt arbeiten zu lassen. Bei Leergang des Kollers arbeiten dadurch die Läufer nicht auf der Mahlbahn, was gegen den auftretenden Verschleiß von großem Nutzen ist. Das verarbeitete resp. gekollerte Material wird durch besonders wirkende Schaber nach der Mitte der Bahn gebracht und fällt von hier auf einen mitrotierenden Sammelteller, von welchem es mittels Schaber auf ein Transportband oder eine ähnliche Vorrichtung geschafft wird. Soll der Teller, wie sonst üblich, mit innerem Rost versehen werden, dann ist die Anordnung der Läufer derart, daß nur die breite Läuferwalze den Ton durch die gelochten Platten drückt.

Der Differential-Feinkollergang der Rixdorfer Maschinenfabrik, G. m. b. H., vorm. C. Schlickeysen, Rixdorf-Berlin. Dieser Kollergang (Fig. 42) weist zwangsläufig angetriebene konische Läufer und zwangsläufig angetriebenen Mahlteller auf, welcher letztere zur besseren Materialabführung konisch resp. kegelförmig ausgebildet ist. Die Bauart der Maschine ist folgende: Auf einem stark konstruierten Fundamentrahmen ist in der Mitte ein zum Kugellauf ausgebildeter Ring aufgesetzt. Der eigentliche Grundteller, auf welchem die auswechselbare Hartgußläuferbahn aufgebaut ist, läuft auf den in erwähntem Kugellauf rollenden Kugeln. Es ist hierdurch ein äußerst leichter und exakter Lauf des Tellers möglich. Im Grundteller ist ferner ein Zahnkranz leicht auswechselbar eingelassen, so daß Läuferbahn, Grundteller sowie Zahnkranz zusammengeschraubt ein Ganzes bilden. Die zum Antrieb nötigen Vorgelegelager etc. sind sämtlich auf dem ersterwähnten Fundamentrahmen montiert. Die Läufer, mit auswechselbaren Hartgußmänteln besetzt, rollen lose auf den zugehörigen Wellen, welche letzteren sich nach der Mitte hin in einem Mittelstück führen, nach außen hin durch Lager und Schwinghebel um einen festliegenden Drehpunkt kreisen.

Fig. 42. Differential-Feinkollergang Rixdorfer Maschinenfabrik, Rixdorf.

Jeder Läufer wird für sich mittels Stirnräder angetrieben, so daß die Läufer sowohl wie der Teller unter Differentialgeschwindigkeit eigenen Antrieb besitzen. Die erwähnten Läuferwellen, die sich im Mittelstück führen, arbeiten mittels Gelenken auf Hebelübersetzungen, welche letzteren, ähnlich dem System der Dezimalwage, am äußersten Punkte mit Gewichten beschwert sind. Der Vorteil ist der, daß die Läufer an und für sich leicht sein können, während die Beschwerung derselben durch die erwähnte Hebelübertragung auf 100 bis 200 Zentner pro Läufer gesteigert werden kann. Der Teller selbst ist nicht durchbrochen. Als weitere Vorteile dieser Konstruktion dürften gelten: Sehr leichtes Gesamtgewicht, da die Belastungsgewichte am langen Arm der Hebel für die nötige Schwere der Läufer sorgen. Da das Herumschleppen der schweren Läufer unterbleibt, dürfte der beanspruchte Kraftbedarf ein geringer sein. Die Läuferbreite ist gleich dem Radius der Mahlbahn, wodurch kein Material unverarbeitet an den Läufern vorbei kann. Die Differentialgeschwindigkeit wird durch verschiedene Umdrehungszahlen und durch den Konus der Läufer erreicht, die sich nicht auf der Läuferbahn abwickeln; die Mahltellerbahn ist konisch nach außen geneigt, wodurch das Material, in der Mitte aufgegeben, allein nach außen arbeitet. Die Beschwerung der Läufer kann je

Fig. 43. Naßkollergang (Patent Gielow) Rich. Raupach, G. m. b. H., Görlitz.

nach Wahl geschehen, was namentlich für wechselndes Material von großem Nutzen ist. Die Vorbrechwalze steht mit einstellbarem Spalt gegen die Läuferbahn, während die Nach- resp. Feinwalze auf derselben aufliegt. Hierdurch wird eine erst grobe, dann feine Vermahlung erreicht. Durch Verstellung der Schaber ist ein viermaliges Verarbeiten des Tones durch die Walzenläufer möglich, es kann daher der Ton meist direkt der Ziegelpresse zugeführt werden.

Der Naßkollergang (Patent Gielow) der Firma Richard Raupach, Maschinenfabrik, Görlitz. Dieser Kollergang (Fig. 43) zeigt im großen und ganzen dieselbe

Konstruktion wie die Maschine von der Firma Roscher, Görlitz, jedoch haben die Läufer eine stufenförmige Gestalt, und zwar derartig, daß die Außenhälfte eines Kollers einen kleineren Zylinderdurchmesser aufweist als die innere Hälfte. Der Läufer bildet demnach eine Stufe. Der Zweck dieser Formgebung ist der, daß das Material in natürlicher Weise allmählich von der Peripherie nach dem Zentrum der ebenfalls stufenförmigen Mahlbahn unter intensivster Durcharbeitung vorgeschoben und dabei immer feiner vermahlen, zerkleinert und gemischt wird. Durch die abnehmende Spaltweite der einzelnen Läuferstufen von überall parallelen Abständen bei zunehmendem Durchmesser der Mahlkörper ist ein Ausweichen von Steinen und Material nach außen unmöglich. Zum besseren und gefahrlosen Einwerfen des Tones sind sogenannte Einwurfstrichter seitlich der Mahlschüssel angebracht. Auch bei diesem System ist der Mahlteller undurchbrochen, und die Materialabgabe findet in der Mitte des Tellers statt. Die Schaber sind nachstellbar, und der Koller weist Zentralbewässerung auf.

Der Differential-Stufenkollergang (Patent Gielow), ebenfalls von der Firma Raupach. Der mehrfache Differential-Stufenkollergang (Fig. 44) hat stufenförmig ausgebildete Läufer und Mahlbahn, und jeder Koller läuft in verschiedenem Abstand von der stufenförmigen dreiläufigen Bahn, welche in der Mitte die höchste Stufe besitzt. Die Läuferstufe vom größten Durchmesser beider Koller, welche sich außen befindet, ruht zur letzten Feinverarbeitung des Materials direkt auf dem Teller, während die übrigen Läuferstufen mehr oder weniger vom Mahlteller abstehen. Die einzelnen Abstände der Stufen der Läufer von den Stufen der Bahn betragen im Mittel: oberste Bahnstufe 30 mm und 10 mm, mittlere Bahnstufe 5 mm und 3 mm, unterste Bahnstufe 0 mm und 0 mm. Um die untere Bodenplatte vor Abnutzung zu schützen, sind in diese leicht auswechselbare Hartgußplatten eingelegt; ebenso trägt jeder Koller auswechselbare Ringe aus Hartguß. Während der Teller sich dreht, sind die beiden Läufer auf einer starken gemeinschaftlichen Welle, welche in Führungen der starken Seitenständer auf und nieder gleiten kann, drehbar angeordnet. Der zwangsläufig angetriebene Mahlteller bewegt sich in einer langen Führung um eine stehende Welle, die unten in einem Halslager festgestellt ist. Außerdem ruht der Mahlteller noch auf vier verstellbaren Rollen. Der als Zahnkranz ausgebildete Sammelteller, welcher eine Fortsetzung des eigentlichen Mahltellers vorstellt, ist durchbrochen. Das Material fällt auf eine am unteren Teil der Bahn angegossene, rund herumgehende Rippe, von welcher Schaber das gekollerte Gut nach der Verbrauchsstelle ableiten. Diese Abstreichvorrichtung und benötigten Schaber stehen bei dieser Konstruktion fest. Das zu verarbeitende Rohmaterial wird dem Mahlteller in der Mitte

Fig. 44. Differential-Stufenkollergang (Patent Gielow)
Richard Raupach, G. m. b. H., Görlitz.

durch einen Beschicker oder ein Zuführungsrohr zugeführt, von wo es dann selbsttätig durch das Scharrwerk stufenweise unter die Läufer gelangt und infolge der Konstruktion des Stufenkollerganges einem kontinuierlichen, mehrfachen Arbeitsprozeß unterzogen wird. Die inneren Läuferstufen rotieren mit Voreilung; es arbeiten demnach Läufer und Tellerstufen, mit Ausnahme der äußersten Stufe, mit Differentialgeschwindigkeit.

Der Terrassen-Kollergang der Maschinenbau-Aktiengesellschaft vorm. Breitfeld, Danek & Co., Schlan in Böhmen. Dieser Kollergang besteht aus zwei sich drehenden Mahltellern und vier in Schleppkurbeln gelagerten, auf einem Flecke bleibenden Kollerläufern. Die Mahlteller, welche eine große untere und eine kleine obere

Bahn vorstellen, sind terrassenförmig übereinander gebaut. Die kleinere obere Mahlbahn, auf welcher mittels zweier Läufer die Vorzerkleinerung des aufgegebenen Materials geschieht, ist mit Rostplatten belegt, welche eine, dem zu verarbeitenden Ton entsprechende Schlitzweite aufweisen. Ist das Material durch die Roste der oberen Mahlbahn hindurchgedrückt, so gelangt es auf den unteren Teller, wo dasselbe durch geeignete Schaber auf die engschlitzigen Roste geschoben wird. Durch diese von den beiden auf der Bahn arbeitenden Läufern verarbeitet und hindurchgedrückt, gelangt das nunmehr fein gemahlene Material in den Sammelteller, um hier durch Mitnehmer der Austrittsöffnung zugeführt zu werden. Es ist wohl einleuchtend, daß diese Art Kollergänge ein äußerst hohes Eigengewicht, hervorgerufen durch die stabile Bauart, aufweisen müssen, wenngleich eine gute Materialverarbeitung durch diese Maschine erreicht wird.

Der Naßkollergang der Zeitzer Eisengießerei und Maschinenfabrik A.-G., Köln. Um den Läufern beim Arbeiten eine recht kleine Tourenzahl geben zu können, baut dies Werk Kollergänge (Fig. 45), deren Gesamtbild der Nienburger Konstruktion ähnelt, obwohl der Antrieb für Teller und Läufer getrennt ist. Der konische Trieb der Riemenscheibenwelle greift sowohl unter als über sich in die eigentlichen großen konischen Antriebsräder des Tellers und der Läufer. Das obere Antriebsrad ist mittels der üblichen Königsachse mit dem Teller verbunden, das untere Antriebsrad ist dagegen auf einer Hülse resp. Büchse, die sich um die Königsachse lose herumdreht, fest gelagert. Diese Hülse trägt die schwere Nabe zur Aufnahme der Schleppkurbeln der Läufer. Der konische Trieb wird beim Arbeiten sowohl den Teller als auch die Läuferbüchse und dadurch die Läufer in Bewegung setzen, jedoch beide Teile in entgegengesetzter Richtung drehen. Es ist daher wohl einleuchtend, daß die Läufer dieses Kollerganges bedeutend langsamer als normal arbeiten können, und auch erklärlich, daß die Leistung bei normaler Tourenzahl der ersteren bedeutend wachsen muß, selbstverständlich bei ebenfalls wachsender Betriebskraft. Die Stahlgußrostplatten sind rund gelocht, und beträgt der Durchmesser der Löcher durchschnittlich 10 mm. Diese Rostplatten nehmen nur ein Drittel der gesamten Mahlbahn ein. Auch hier hängen die Läufer in Schleppkurbeln.

Der kombinierte Etagen-Kollergang der Firma Rieter & Koller, Konstanz. Diese Maschine ist zum Zwecke der intensiveren Zerkleinerung und Homogenisierung

Fig. 45. Naßkollergang. Zeitzer Eisengießerei und Maschinenfabrik A.-G., Köln.

der Tone aus mehreren übereinander gebauten Kollergängen zusammengesetzt. Das fertige gekollerte Endprodukt soll meistens derartig vorbereitet sein, daß dasselbe direkt der Ziegelpresse zur Erzeugung von Vollziegeln und anderen Preßlingen aufgegeben werden kann. In diesem Falle sind zwei Kollergänge übereinander, selbstverständlich mit gemeinschaftlichem Antrieb gebaut, und hat der Mahlteller des oberen Kollerganges außen volle, innen Rostbahn, während der untere Mahlteller nur eine Rostbahn aufweist. Auf dem oberen vollen Bahnteil läuft ein Koller von ca. 50 Zentner Gewicht, während auf der inneren Rostbahn ein schwerer Läufer von 70 Zentner Eigengewicht das vorgekollerte Material durch die Rostplatten, welche Schlitze von 8 mm Weite aufweisen, drückt. Unter dieser Schlitzbahn rotiert ein Transportteller, von welchem das Material der unteren Mahlbahn zugeführt wird. Diese letztere weist, wie bereits erwähnt, nur Rostplatten auf, und ist dadurch die gesamte Durchgangsfläche, weil die Vollbahn fehlt, bedeutend größer als die des oberen Mahltellers. Da nun beide Läufer auf dem Rostteller mit einem Gewicht von je ca. 50 Zentner arbeiten, konnte auch die sehr kleine Schlitzweite von ca. 3 mm in Anwendung kommen. Auch unter diesem Mahlteller befindet sich ein Sammelteller, von welchem das fertiggekollerte Material mittels Schaber der Verbrauchsstelle zugeführt wird. Die Läufer arbeiten, wie meist üblich, an Schleppkurbeln, und ist der Antrieb von unten gewählt. Aus dem Vorstehenden geht wohl hervor, daß die Mahlteller stillstehen und daß das Material der oberen vollen Mahlbahn aufgegeben werden muß. Der Kollergang reicht durch seine gewaltige Höhe gewöhnlich in den Tonboden hinein und muß natürlich das Rohmaterial mittels Tonaufzuges oder anderer Vorrichtungen nach dort gebracht werden.

Der Etagen-Kollergang der Firma Gebr. Bühler, Uzwil, Schweiz. Auch hier besteht die Anlage aus einem zweietagigen Kollergang, ist jedoch sogleich mit einer Schneckenstrangpresse vereinigt, um auf diese Art nur einen Gesamtantrieb zu haben (Fig. 46). In das die Mahlteller und Läufer tragende Säulengerüst ist in praktischer Weise der Rumpf nebst Preßzylinder einer normalen Presse eingebaut, und bildet so der Kollergang eine kleinere Ziegeleianlage für sich. Der aus dem Stich kommende Ton wird dem obersten Bett aufgegeben, hier gemischt und durch die beiden großen Läufer durch die Rostschlitze gedrückt. Das vorgekollerte Material fällt auf den zweiten Mahlteller, wird hier in gleicher Weise nochmals gemischt und ebenfalls mittels zweier Läufer durch die diesmal engeren Rostschlitze gepreßt, worauf es sich auf dem mitrotierenden Teller sammelt und von diesem durch einen Schaber in den Trichter der Presse gefördert wird, um die letztere als fertiger Strang zu verlassen. Infolge der vier rotierenden Läufer, mit welchen der Kollergang ausgerüstet, ist die Aufbereitung des Tonmaterials eine besonders scharfe.

Fig. 46. Etagen-Kollergang. Gebr. Bühler, Uzwil, Schweiz.

Wie bereits erwähnt, ist zum Betriebe der Königsachse des Kollerganges und der Schneckenwelle der Presse nur ein Antrieb erforderlich.

Der Etagen-Kollergang der Nienburger Eisengießerei und Maschinenfabrik. Dieser unter dem Namen »Zyklop« in die Praxis eingeführte Kollergang (Fig. 47) besitzt 5 Läufer und 2 Mahlbahnen sowie gleichzeitig eine mit einem stehenden Tonschneider besetzte Schneckenstrangpresse.

Der Kollergang sowie die Presse haben für sich getrennte Antriebe. Auf dem oberen festen Mahlteller, welcher teilweise volle, teilweise durchbrochene Bahn aufweist, rotieren drei

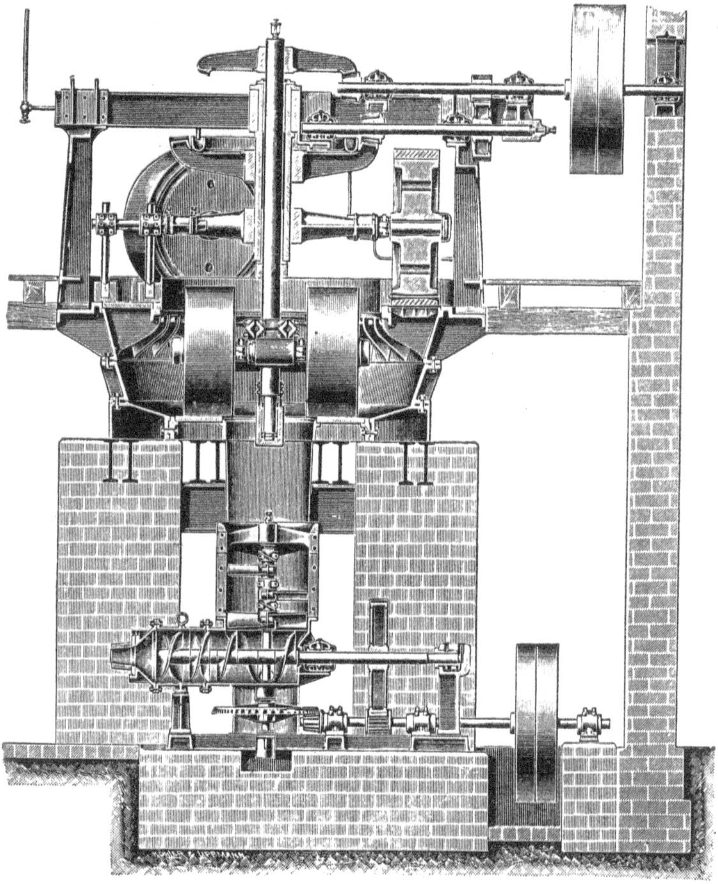

Fig. 47. Etagen-Kollergang »Zyklop«
Nienburger Eisengießerei und Maschinenfabrik, Nienburg a. S.

Kollerläufer. Zwei Läufer rotieren auf der unteren Tellerbahn, die vollständig undurchbrochen ist. Das Material wird der oberen Bahn aufgegeben und gelangt nach der Verarbeitung durch die Roste hindurch nach der unteren Tellerbahn, wo es von den beiden Läufern, fein ausgewalzt, nach der Mitte abgeschoben wird. Dem unteren Mahlteller, der zur Durchführung des gekollerten Tones in der Mitte eine Öffnung hat, schließt sich der stehende Tonschneider der Presse an, welcher das Material weiter vermischt, um es alsdann der eigentlichen liegenden Strangpresse zur Formgebung aufzugeben. Zu erwähnen ist, daß je nach Wahl der Räderübersetzungen die Tourenzahl der unteren Läufer eine andere sein kann als die der oberen Koller. Zu diesem Zweck treibt das obere konische Rädervorgelege durch die stehende Welle das untere Läuferpaar an. Die 3 oberen Läufer sind fest mit einer um die erwähnte Welle gleitenden Büchse resp. Hülse verbunden, welche letztere zum Antriebe am oberen Teil ein großes konisches Zahnrad trägt. Der zu diesem gehörige Trieb steht mittels Stirnradvorgeleges mit der Riemenscheibenwelle, die den Antrieb des erwähnten oberen konischen Vorgeleges bildet, direkt in Verbindung.

Der Etagen-Kollergang der Badischen Maschinenfabrik, Durlach. Der obere Kollergang hat feststehende Bahn und umlaufende Kollersteine, während der untere Kollergang festliegende, auf einer im Gestell gelagerten Achse rotierende Läufer und einen umlaufenden Teller aufweist (Fig. 48). Die obere Mahlbahn ist teilweise massiv, teilweise durchbrochen, damit die Zerkleinerung des Gutes eine verschiedenartige und möglichst weitgehende sei und so das Gut dem Mischkollergange entsprechend vorbereitet zugeführt werde. Die äußere Bahn des oberen Kollerganges ist durchlocht und wird von dem am meisten nach außen arbeitenden Koller bestrichen. Die innere Bahn desselben Kollerganges ist massiv und wird von dem eng an der Königsachse streichenden Koller belaufen. Der rotierende Teller des unteren Kollerganges ist durchbrochen und wird von beiden gleichweit von der Königsachse entfernten Läufern bestrichen. Zwischen beiden Kollergängen dreht sich der Auffangeteller, der das außen auf ihn kommende Material mittels Schaber nach dem Innern des unteren Ganges schafft.

Der Naßkollergang der Sieg-Rheinischen-Hütten-Aktiengesellschaft, Friedrich Wilhelmshütte b. Siegburg. Bei diesem Kollergang sind zwei Läufer auf einer gemeinsamen Achse angeordnet. Diese liegt fest, und sind die Läufer auf ihr so gehalten, daß sie sowohl in der Höhe verschiebbar sind, als auch in jeder Höhenlage um einen bestimmten Winkel nach rechts oder nach links kippen können. Mit anderen Worten, die auf dem rotierenden Teller aufstehenden Läufer haben in ihren Lagerbüchsen nach unten Luft, so daß sich der Läufer heben resp. schräg stellen kann, ohne daß sich die Achse in irgendeiner Form mitzuheben braucht.

Der Naßkollergang mit Vorwalzwerk D.R.P. 201401. Um ein zur Herstellung besserer Waren genügend feines Gut zu erhalten, wird öfter mit dem Koller ein Vorwalzwerk verbunden. Auch das Läufergewicht muß bei den meisten Kollergängen zur Erzielung hinreichender Zerkleinerung sehr groß sein und beträgt je nach der Art des zu zerkleinernden Gutes oft 5000—8000 und mehr Kilogramm. Bei dem angedeuteten Koller ist der eine Kollergangsläufer zugleich als Walze des Vorwalzwerkes ausgebildet. Der benötigte Flächendruck auf die Mahlbahn wird durch hebelartige Aufhängung des Vorwalzwerkes, also nicht, wie üblich, allein durch das Eigengewicht der Läufer erzielt. Die Bauart ist derartig, daß die beiden, das Vorwalzwerk bildenden Walzen in einem um einen Drehpunkt frei schwingenden Rahmen so gelagert sind, daß die eine Walze auf der Mahlbahn ruht, während die zweite Walze an dem als Hebelarm wirkenden Rahmen zur Gewichtsbelastung der Kollerwalze dient, um den Flächendruck auf die Mahlbahn zu erhöhen.

Der zweifache Naßkollergang D. R. P. 176143. Die Mahlbahn ist stufenförmig dicht über- und konzentrisch nebeneinander liegend, so daß also die obere Mahlbahn mindestens unter der Oberkante und innerhalb der unteren Läufer liegt, und daß ferner die obere, innen liegende Mahlbahn feststeht und rotierende Läufer trägt, während die außen liegende, untere Mahlbahn mit feststehenden Läufern rotiert. Hierdurch wird eine größere Übersicht und reinlichere Beschickung beim Betriebe erzielt.

Außer den vielen Kollergangstypen, welche zum größten Teil in den verschiedenen Werken arbeiten, möchten wir noch einiger kleinerer Abweichungen resp. Neuerungen gedenken. So baut die Firma L. Schmelzer, Magdeburg, für Naßkollergänge mit festliegender durchlochter Bahn anstatt der bisher üblichen Bleche resp. Schaber zum Ausräumen

Fig. 48. Etagen-Kollergang. Badische Maschinenfabrik, Durlach.

des durch die Rostplatten gedrückten Tones, namentlich wenn dieser klebrig und schmierig ist, eine Transportschnecke. Diese letztere arbeitet auf dem mitrotierenden Sammelteller und wird durch irgendeine Betriebskraft in Umdrehung versetzt. Die Schnecke soll ein Verstopfen des Sammeltellers verhüten. Ferner zeigt das D.R.P. Nr. 190549 eine Auslaufvorrichtung an Kollergängen, bei der das Gut durch Anlaufen an eine mittels Schnecke und Schneckenrad einstellbare Leitschaufel vom Teller hinuntergeschabt wird. Auch verdient ein Kollergang D. R. P. Nr. 160059 Beachtung, bei welchem zum gefahrlosen Aufgeben des Rohtones die außerhalb der von der Königsachse gleichweit entfernt liegenden Läufer befindliche Mahlbahn stufenförmig erhöht ist. Der Ton wird auf diese Erhöhung aufgegeben und durch einen mit den rotierenden Läufern mitdrehenden Schaber von der festliegenden erhöhten Stufe des ebenfalls festliegenden Mahltellers auf das eigentliche Kollerbett geschabt. Die Materialaufgabe geschieht also, ohne dabei Gefahr zu laufen, daß der Spaten des Arbeiters durch den gerade vorbeigehenden Läufer gefaßt wird. Auch ist dem eventuellen Herausspringen eines Kollers durch die erhöhte Stufe entgegengetreten. Bemerken möchten wir ferner, daß gelochte Platten fette Tone besser festhalten als glatte Vollplatten, weshalb auch ein Gleiten von größeren Tonstücken etc. vor den Läufern nicht so leicht stattfinden kann. Als Nachteile sind zu erwähnen, daß der Kollergang keine Fremdkörper aus dem Lehm oder Ton ausscheiden kann, sondern daß nur ein Zurückhalten von Eisen und anderen Stücken und dies auch nur bei etlichen Typen möglich ist. Im Leerlauf arbeiten die Läufer der Kollergänge normaler Bauart auf den Bodenplatten, was ebenfalls als Nachteil anzusehen ist. Da die Schlitze und Löcher der Rostplatten konisch gehalten sein müssen, so werden dieselben beim Abarbeiten stets größer,

Fig. 49. Dreietagen-Kollergang
Karl Händle & Söhne, Mühlacker.

auch ist eine feinere oder gröbere Vermahlung bei Kollergängen mit Rostplatten ohne Auswechselung dieser wohl kaum zu erreichen.

Durch das D. R. P. Nr. 119 037 ist ein Kollergangsteller geschützt, welcher aus einzelnen gehärteten Stahlringen besteht. Diese Ringe, jeder an Durchmesser von dem anderen verschieden, sind zur Achse der stehenden Welle konzentrisch angeordnet. Zwischen den Ringen, die einen konischen Querschnitt aufweisen, ist Luft gelassen, und ist die Anordnung folgende: Die Mitte des Tellers bildet ein kleiner Ring, dann folgt mit Luft gegen den ersten wieder ein Ring, dann mit Luft zu diesem wieder einer usw., bis der Teller aus einzelnen in Abständen zueinander stehenden Ringen zusammengesetzt ist. Eine zur Reinigung der zwischen den einzelnen Ringen befindlichen herumgehenden Luftschlitze benötigte Rechenvorrichtung kann einem der Schaber des Kollergangs angehängt werden. Anstatt der bei vielen Kollergängen mit feststehendem Mahlteller und herumlaufenden Kollern üblichen Königsachse ist auch ein Kollergang in die Praxis eingeführt worden, welcher einen rund um die Läufer herumgehenden Läuferrahmen, der gleichzeitig als Antrieb benutzt wird, aufweist. Beabsichtigt ist hierdurch, eine Herabminderung der hohen Beanspruchung der Läuferachsen bei schweren Läufern herbeizuführen, gleichzeitig aber auch einen Schutz gegen das eventuelle Herausspringen eines Läufers zu besitzen. Der Läuferrahmen, welcher oben den Antriebszahnradkranz trägt, und an welchem unten die einzelnen Läufer angehängt sind, läuft auf Tragrollen. Da dieser Koller mit der bereits beschriebenen Aufgabebahn versehen werden kann, also ein Beschicken der Maschine zwischen den Läufern nicht mehr stattzufinden braucht, so ist versucht worden, anstatt wie üblich zwei, deren drei Läufer anzuwenden. Es gibt noch eine ganze Reihe von einzelnen Neuerungen bei diesen Maschinen, so z. B. anstatt des Zweietagen-Kollerganges den dreietagigen Kollergang usw. (Fig. 49). Es würde jedoch zu weit führen, zu versuchen, sämtliche Naßkollergänge ausführlich zu beschreiben.

## Trockenkollergänge.

Da es sich hier nur um Maschinen der Ziegelindustrie handelt, so können hierselbst auch nur die Kollergänge Berücksichtigung finden, die durch Bauart und Arbeitsweise für Vermahlung trockener Tone geeignet erscheinen. Auch hier ist der Zweiläufer-Kollergang vorherrschend, jedoch meistens mit rotierendem Vollbahnteller und festliegenden Läufern. Da der zur Verarbeitung kommende Ton zu Pulver resp. Mehl vermahlen werden muß, so ist auf eine gute Absiebvorrichtung großer Wert zu legen. Diese Absiebung findet oft am Kollergang selbst statt, oft aber auch durch extra aufgestellte Trommel- und andere Siebe. Da der gröbere Rückstand des Tonpulvers von der Siebvorrichtung zur weiteren Vermahlung wieder zurück auf das Kollerbett gebracht werden muß, so arbeiten zwischen Sieb und Kollergang verschiedene Transportvorrichtungen, als Schnecken, Hubräder, Elevatoren, Schüttelrinnen etc. Die Trockenkollergänge sind in Konstruktion und Bauart vielfach den Naßkollergängen ähnlich, und weisen wir dieserhalb auf die letzteren Maschinen hin.

Der Trockenkollergang der Nienburger Eisengießerei und Maschinenfabrik, Nienburg a. S. und anderer Werke. Der Koller (Fig. 50) weist einen rotierenden Mahlteller mit unter ihm gelagertem Vorgelege auf, während die Läufer um eine in den Seitenständern vertikal verschiebbare gemeinschaftliche Achse rotieren. Das Tonmaterial wird nach der Vermahlung durch die Koller vermittelst eines Schaberwerkes kontinuierlich von der eigentlichen Mahlbahn auf eine mit letzterer verbundene äußere Siebbahn geführt, um nach Ausscheidung des feinen Gutes durch dasselbe Schaberwerk sofort wieder auf die Mahlbahn zur weiteren Vermahlung zurückgebracht zu werden. Das gemahlene Pulver fällt von den Sieben in eine feststehende U-förmige Sammelrinne, aus der dasselbe durch Schaber, welche mit dem Teller mitrotieren, durch eine oder mehrere Öffnungen entfernt wird.

Der Trockenkollergang der Zeitzer Eisengießerei und Maschinenfabrik A.-G., Köln. Bei diesem sogenannten Intensiv-Kollergang werden die Läufer sowohl als auch der Teller zwangläufig angetrieben. Der konische Trieb der Riemenscheibenwelle greift in ein oberes konisches Zahnrad, das mit der Königsachse und dem nicht durchbrochenen Mahlteller ein Stück bildet und ferner in ein unteres konisches Zahnrad, das ebenfalls mit den Läufern und einer um die Königsachse lose rotierenden Büchse ein Stück darstellt. Es ist wohl einleuchtend, daß die Läufer sich entgegengesetzt dem Teller mit gleicher Tourenzahl bewegen müssen, weshalb die Kollerläufer langsam, sogar mit

Fig. 50. Trockenkollergang.
Nienburger Eisengießerei und Maschinenfabrik, Nienburg a. S.

nur halber Tourenzahl wie üblich laufen können. Um den ganzen Kollergang herum ist ein Staubmantel gesetzt, der außerdem den Zweck hat, so wenig wie möglich Luft von außen zu der eigentlichen Mahlfläche zuzulassen. Der Grund hierfür ist die Absaugung des fein genug gepulverten Tonmaterials mittels Ventilators oder anderer Vorrichtung. Zu diesem Zwecke ist der Mahlteller in der Mitte durchbrochen, und trägt er absperrend von der eigentlichen Läuferbahn um die Durchbrechung herum einen Siebkranz. Das Saugrohr rotiert mit dem Teller und saugt das Tonpulver aus dem erwähnten Siebraum heraus.

Der Differential-Stufenkollergang (Patent Gielow) der Firma Rich. Raupach, Görlitz. Auch diese Maschine, die bei den Naßkollergängen bereits gebührend gewürdigt worden ist, eignet sich, wie überhaupt die meisten mit voller Bahn arbeitenden Kollergänge, zur Trockenvermahlung. Der äußere Rand des rotierenden Mahltellers ist zum Siebe ausgebildet, über welches hinweg Schaber das vermahlene Tonpulver schieben, dort absieben lassen und den Rückstand den Läufern wieder zuführen. Eine unter dem Siebrand angeordnete Rinne sammelt das fertige Gut, und kann dieses durch Öffnungen aus dieser herausgescharrt werden.

Der Trockenkollergang der Firma J. D. Fate & Co., Plymouth, O., Vereinigte Staaten, Amerika. Ein amerikanischer Koller, welcher neuerdings auf den Markt gebracht wird, weist eine abnorme Lagerung der feststehenden Koller auf. Dieselben sind nicht, wie dies sonst meist üblich ist, auf Achsen gelagert, welche radial zum Schaft des rotierenden Bodentellers angeordnet sind, sondern auf solche, welche tangential zum Mittelschaft liegen. Es soll hier nicht bloß eine zerdrückende, sondern auch eine intensiv zerreibende Wirkung ausgeübt werden. Beide Läufer stehen gleichweit von der Königsachse entfernt und arbeiten auf einem undurchbrochenen rotierenden Teller. Der Außenrand des letzteren ist durchlocht, und wird das gekollerte Gut aus dem Innenraum mittels Schaber über die durchlochten Siebplatten zum Absieben gebracht.

Wir möchten noch kurz die einzelnen Absiebvorrichtungen besprechen, und trifft man in der Praxis wohl folgende Arten an. Das vom Koller vermahlene Tonpulver fällt auf ein Plansieb, von dem der abgesiebte Rückstand mittels Elevators wieder dem Kollergang zur nochmaligen Verarbeitung zugeführt wird. Auch findet man Anlagen, bei welchen das Tonpulver, vom Kollergang kommend, auf einem dem Koller vorgelagerten Trommelsieb abgesiebt wird. Der Rückstand wird mittels Schöpfrad und Schurre der Zerkleinerungsmaschine wieder zugeführt. Anstatt die Siebe direkt beim Kollergang aufzustellen, findet man auch Betriebe, wo dieselben in oberen Etagen gelagert sind. Das Tonpulver gelangt mittels Elevators nach dem Sieb, das feine, durchgesiebte, mittels Schurren wieder nach dem Kollergang. Um das soeben erwähnte Schöpfrad zu vermeiden, wird der Rückstand des dem Koller vorgebauten Siebes mittels Elevators gehoben und in einer Transportschnecke dem Kollergang wieder zugeführt. Das Nützliche besteht darin, daß der Rohton event. auch gleich dem genannten Elevator zum Beschicken des Kollers aufgegeben werden kann. Um den Elevator, das Schöpfrad usw. zu ersparen, sind Anlagen gebaut, wo ein senkrecht angeordneter Bandtrieb dem Kollergang vorgebaut ist. Das Band, das in diesem Falle aus durchlochtem Blech besteht, hat im Innern Haltebleche, die beim Lauf einen automatischen Rücktransport des Siebrückstandes nach dem Koller veranlassen. Das Mahlgut fällt mittels Schurre, vom Kollergang kommend, in das Innere des Bandes, um dortselbst abgesiebt zu werden. Der Rückstand, welcher im Innern des Bandes bleiben muß, wird durch die erwähnten Haltbleche mit nach oben genommen, um hier einer Schurre übergeben zu werden, welche den Tonrückstand nach dem Läuferbett transportiert.

---

## Misch- und Bewässerungsapparate.

Die Mischapparate (Fig. 51) dienen zur gleichmäßigen Mischung, Homogonisierung und Befeuchtung von Tonen, und zwar werden dieselben meistens als offene Mischapparate angewendet. Da das Material unter keinem großen Zwang resp. ohne wenige Knetung den Apparat verläßt, so kommen für diese Maschinen auch gewöhnlich nur magere Tone, denen eventuell noch Lehm, Sand oder Wasser zugesetzt werden soll, in Betracht. In der Praxis findet man, namentlich wenn die Vermischung zweier oder mehrerer Tone stattfinden soll, Mischapparate, deren Einschüttrumpf mit Speisewalze versehen und deren Endrumpf als voller Zylinder ausgebildet ist.

Die Mischer sind am Platze, wenn ein guter und gleichmäßiger Stein erzielt werden soll. Durch ihre geringe Höhe lassen sie sich überall bequem einbauen, und ist der Kraftverbrauch zur geleisteten Arbeit ein geringer. Der Mischer stellt in der Regel eine Maschine dar, der noch eine oder mehrere Vorbereitungsmaschinen vorgebaut sind und welcher noch oft eine oder etliche andere folgen. Es ist deshalb, um extra aufzuführende Bauten zu vermeiden, der Einschüttrumpf meistens zur Aufnahme eines oder mehrerer Walzwerke eingerichtet. Je länger die Bauart der Mischmaschinen gewählt wird, und je mehr Mischmesser die Welle enthält, desto schärfer ist die Aufbereitung des eingeworfenen Materials. Die Bedienung des Mischers erfordert, namentlich wenn ungleich nasser Ton zur Verarbeitung kommt und die Befeuchtung im Mischapparat stattfinden soll, zwar keine Kraftaufwendung, aber sehr viel Aufmerksamkeit und Verständnis. Zur Bedienung des Mischers ist daher ein gewissenhafter Arbeiter heranzuziehen. Die Mischapparate weisen meistens einen schmiedeeisernen Trog auf, dessen Durchmesser 400 bis 700 mm beträgt. In dem Trog arbeitet die von einem Rädervorgelege angetriebene Messerwelle, welche mit schmalen, meistens auf Transport einzustellenden Messern besetzt ist. Das Auswurfmesser, ein oft breites Schneckenmesser, soll den gemischten oder angefeuchteten Ton aus dem Troge herausbefördern. Die Stirnwände sind für die Welle durchbrochen, und findet die Lagerung der letzteren meistens wegen auftretender Verschmierung etc. außerhalb des Troges statt. Um eine bessere Knetung zu erzielen, wird häufiger der hintere, dem Ausgangspunkte zugekehrte Teil des Mischers mit einem Sattel ausgerüstet, auch wird die Stirnwand, an welcher der Ton den Mischer verläßt, oftmals mit einem verstellbaren Schieber versehen. Um ein Mitdrehen des Tonmaterials im Troge zu verhüten, werden zwischen den Messern oft Gegenstäbe, die von einer Trogwand zur anderen gehen, angewandt.

Bezüglich der offenen Mischapparate, stehenden Tonschneider und liegenden Tonschneider möchten wir folgendes erwähnen. Der offene Mischer stellt eine der ältesten Maschinen dar. Er ist am Platze, wo es gilt, grubenfeuchten, mageren Lehm zu verarbeiten resp. zu bewässern, auch fettere Tone mit beizumischendem Sand zu magern oder bereits gewalzte Materialien zu verarbeiten. Der stehende Tonschneider arbeitet schon bedeutend besser, und wird derselbe heute noch oft in kleineren Ziegeleien, Töpfereien etc. zur Herstellung gewöhnlicher Waren verwendet. Durch die eigene Schwere des Tones verläßt derselbe zu schnell die Maschine, und dann arbeitet nur der unterste Teil des Zylinders richtig, da hier erst einigermaßen Pressung auftritt. Der liegende Tonschneider hat sich 'zum Vermischen zweier Materialien am besten bewährt. Der Ton kann durch die geschlossene Bauart nach keiner Richtung ausweichen. Die Mischung muß also eine

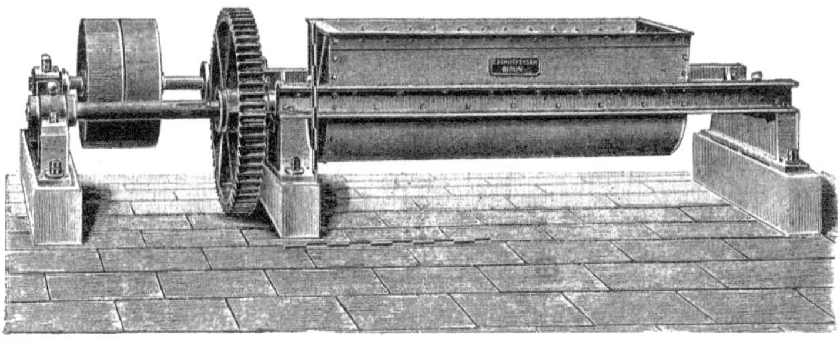

Fig. 51. Mischapparat.

sehr gute sein, zumal das Material durch seine eigene Reibung durch den horizontalen Vorschub längere Zeit im Zylinder bleibt. Selbstverständlich können sämtliche erwähnten Schneckenstrangpressen als Tonschneider Verwendung finden, und sind unter den vielen Pressenarten mehrere, welche ein ganz vorzügliches Produkt zeitigen. Je größer natürlich die Mischwirkung werden soll, desto größer ist die beanspruchte Betriebskraft.

---

## Das Mischkollerwalzwerk der Firma Gebr. Pfeiffer, Kaiserslautern.

Eine Übergangsmaschine vom Kollergang zum Walzwerk bildet das Mischkollerwalzwerk (Fig. 52). Die Vorzüge dieser Maschine bestehen hauptsächlich darin, daß außer einer äußerst intensiv wirkenden Vermischung und Aufbereitung der Tone sogar harte Steine, Kalk usw. je nach Wahl der Schlitzweite der Walzen zerkleinert und zerpulvert dem Material beigemischt werden. Die in den sonstigen Maschinen, wie Walzwerk, Presse etc., verderblich wirkenden, manchmal nicht aus dem Ton fernzuhaltenden Eisen-, Wurzel- und Holzstücke werden von dem Mischkollerwalzwerk mit Leichtigkeit ausgeschieden, indem die federnd gelagerten Walzen beim Fassen eines dieser Schädlinge augenblicklich auseinanderspringen und so den Fremdkörper aus dem Bereich der Tonverarbeitung bringen. Da die Walzen mit äußerst vielen kleinen, konisch sich nach innen erweiternden Löchern versehen sind und die ersteren sich gegeneinander mit ziemlicher Tourenzahl bewegen, so wird der aufgegebene Ton in äußerst viele dünne Streifen zerrissen und gequetscht, welche durch im Innern der durchlochten Walzen angebrachte Schaber der eigentlichen Formmaschine resp. Strangpresse zugeführt werden. Einen vorzüglichen Dienst erweist das genannte System bei Verarbeitung mehrerer verschiedener Tone. Da beide Walzen mit Schlitzöffnungen versehen sind, die in der einen Walze jedoch enger und kleiner sein können als die in der anderen, so kann das durchgequetschte Material der einen Walze z. B. für die Vollziegel-, das der anderen Walze für die Dachziegelfabrikation Verwendung finden. Beide Walzen arbeiten mit einem kleinen Arbeitsschlitz, wodurch nur eine sehr geringe Abnutzung stattfindet; gleichzeitig kann ein Zuwalzen der Schlitze, wie dies öfter bei Kollergangsrostplatten zu finden ist, nicht eintreten. Um ein gutes Fassen der Tone zu ermöglichen, werden die Walzendurchmesser recht groß gewählt.

Die Hauptteile des Walzwerkes sind die beiden aus einem gitterartigen Stahlgußgerippe bestehenden Walzen, auf welche die eigentlichen mit konischen Schlitzlochungen versehenen zweiteiligen Hartstahlmäntel geschraubt werden. Der Vorteil dieser Skelettanordnung ist der, daß ein Auswechseln irgendeines Mantels ohne Erneuerung der eigentlichen Walze vor sich gehen kann. Ein weiterer Vorzug der Skelettanordnung ist der, daß Mäntel mit sehr kleinen schmalen Schlitzen, deren Herstellung nur bis zu bestimmten Blechstärken möglich ist. und deren Wandstärke mit der Verkleinerung der Löcher abgeschwächt wird, ohne Gefahr, durchgedrückt zu werden, Verwendung finden können. Um das durchgedrückte Material leicht aus dem Innern der Walzen mittels seitlich in die letzteren ragenden Schaber herauszubekommen, wird das besprochene Gerippe einer Walze durch eine mit Naben versehene tellerförmige Bodenscheibe in der Mitte getragen. Diese Bodenscheiben sind auf starke Wellen aufgekeilt, welche letzteren in einem Paar feststehender und einem Paar verschiebbarer Lager laufen, die in gußeisernen auf Eisenrahmen aufgeschraubten Gestellen eingebaut sind. Hinter den verschiebbaren Walzenlagern sind je nach Erfordernis des zu verarbeitenden Tones starke Spiral- oder Pufferfedern regulierbar angeordnet. Vor den genannten Lagern, also zwischen

Fig. 52. Mischkollerwalzwerk. Gebr. Pfeiffer, Kaiserslautern.

den Walzen je einer Seite, befinden sich Stellschrauben, welche es ermöglichen, den Arbeitsschlitz einzustellen und die Walzen bis ca. 1 mm zusammenzubringen. Die Kuppelräder werden meistens gleichgroß gewählt, und laufen daher die Walzen ohne Differentialgeschwindigkeit, was bei dem eigenartigen Verarbeitungsprozeß des Materials nicht von Nöten ist. Bei Anwendung ungleicher Walzengeschwindigkeit steigt die Betriebskraft des Walzwerkes, da der Ton, anstatt nur durch die Schlitze gedrückt zu werden, an dem Mantel der langsamer laufenden Walze vorbeigerissen wird. Der Trieb der Riemenscheibenwelle, welche mit einer als Schwungrad ausgebildeten Festscheibe sowie Losscheibe versehen ist, greift direkt in eins der erwähnten Kuppelräder. Der Trichter besteht aus zwei Seitenschildern, welche an den Rändern der

Walzen einen Abschluß bilden und gegen seitliches Ausweichen von Ton etc. schützen. Auf den Walzenmänteln schleift im Trichter je ein Walzenschaber. Diese Schaber haben dafür zu sorgen, daß die Oberflächen der Walzen zur Aufnahme neuen Materials im Trichter bis zum Arbeitsschlitz immer von dem anhaftenden Ton gereinigt sind. Das gute Funktionieren dieses Walzwerkes hängt von mehreren genau zu beachtenden Einstellungen ab. Die Walzen müssen beide so eng wie möglich zusammenarbeiten, weil der Ton bei größerer Schlitzweite mehr Neigung hat, durch den Arbeitsschlitz hindurchzutreten, als in die vielen kleinen Öffnungen der Walzen hineingezwängt zu werden. Beide Walzen müssen also nur mit einer dünnen Tonschicht behaftet sein. Ferner ist darauf zu achten, daß die auf den Walzen liegenden Schaber so dicht als möglich auf diese arbeiten. Das Arbeiten des Walzwerkes ist ein besseres, wenn der Teil der Walze vom Schaber bis zum Arbeitsschlitz reingeschabt läuft. Auch den Pufferfedern ist Aufmerksamkeit zu schenken, und soll z. B. die federnd gelagerte Walze mit Leichtigkeit selbst den härtesten, aber grubenfeuchten Ton durchdrücken. Sie muß jedoch beim Passieren eines Holz- oder Eisenstückes noch ausfedern können.

Erwähnen möchten wir, daß ein direktes Ausscheiden von Steinen kaum möglich erscheint, da die Federung erstens schon derart stark ist, daß ein Zerkleinern stattfinden muß, zum anderen auch der Stein schon meistens durch die Schwungmassen der Walzen zerpulvert ist, ehe die schwere Walze in ihren Gleitlagern durch die Trägheit der schweren Massen zum Ausweichen kommt. Als weitere Vorteile erwähnen wir noch, daß wohl selten ein Steinchen in der Größe der Schlitze diese letzteren passiert, vielmehr schon im Trichter ein sogenanntes Abscheren einzelner Splitter von größeren Steinen stattfindet. Dies erklärt sich durch den Einzugswinkel der beiden Walzen zueinander. Ferner findet eine teilweise Ausscheidung von Kalk- und Steinpulver statt, die durch die Verarbeitung im Walzwerk selbst hervorgerufen wird. Eine im Ton vorkommende Kalkknolle wird beispielsweise beim Passieren des Arbeitsschlitzes beider Walzen von diesen sofort fein gepulvert auf eine sehr große Fläche verteilt. Die Walzen, deren Umfangsgeschwindigkeit eine ziemlich beträchtliche ist, nehmen nun das erwähnte Kalkpulver mit herum und schleudern, da die Haftfähigkeit des Innern dieses Pulvers eine sehr kleine und lockere ist, einen

Fig. 53. Stufenpresse mit aufmontiertem Mischkollerwalzwerk.

großen Teil desselben von sich ab, indem sie den Ton teilweise reinigen. Bei sehr kalkreichem Material arbeitet das Walzwerk in Verbindung mit einem Feinwalzwerke. Oft wird auch unter den Maschinen ein Verteilungsteller, beispielsweise zum Beschicken mehrerer Pressen, angeordnet.

## Walzwerke.

Unter Walzwerken versteht man Maschinen, welche der Aufschließung und Zerreißung des Tonmaterials dienen. Anwendung finden dieselben fast stets in Verbindung mit anderen Aufbereitungsmaschinen, wie Mischer, Tonschneider usw. Je nach der Art der Tone unterscheidet man Tonbrechwerke, Brech- und Glattwalzwerke. Diese drei Maschinenarten sind noch in vielerlei Abarten in der Praxis eingeführt, und kommt es daher oft vor, daß mehrere Walzwerke aufeinander resp. übereinander gebaut werden. Ist der Ton mit Eisenstücken, wie Schienennägel, Hufeisen oder Laschenschrauben, durchsetzt, und ist das erste Walzwerk ein nicht aussonderndes für diese Teile, so gilt es als eine Hauptbedingung, daß die Walzen sämtlicher Maschinen in ihren Lagern, wenn auch nur nach einer Seite hin, verrückbar angeordnet sind, damit beim Passieren irgendeines der genannten Stücke ein Ausweichen erfolgen kann. Dieses Ausweichen zu ermöglichen, dem selbstverständlich ein sofortiges Wiedereinstellen der Walzen in ihre Ursprungsstellung folgen muß, dienen Gummipuffer, Druck- und Blattfedern sowie Bruchringe, Scheiben und Platten.

## Tonbrechwerke.

Das Tonbrechwerk, auch Schollenbrecher (Fig. 54) genannt, dient namentlich zum Zerkleinern von teilweise ungewinterten, innen harten, außen durch Regen schlüpfrig gewordenen großen Tonklumpen. Gleichzeitig soll es ein besseres Beschicken der unter ihm liegenden Maschinen bewirken. Da der Trichter dieser Maschine sehr groß gebaut werden kann, so ist es möglich, den Inhalt eines Muldenkippers auf einmal in den ersteren zu stürzen.

Die anstatt der Walzen vorhandenen Messer, deren Stellung kreuzweise erfolgt, greifen beim Zusammenarbeiten durch einen äußerst stark gebauten, bis ziemlich auf die Wellen herabreichenden Rost. Es ist wohl einleuchtend, daß größere Steine, welche die Schlitze des Rostes nicht passieren können, der Maschine schädlich sind, da durch die Messer eine Zerkleinerung von Steinen nicht vorgenommen werden kann, und höchstens Holzteile, Wurzeln bei richtiger Lage zum Rost vom gerade durchgehenden Messer zersplittert resp. zerkleinert werden. Da die Leistung des Brechwerkes im Vergleich zum unterliegenden Walzwerk beispielsweise sehr groß ist, so ist die Tourenzahl der Messerwellen eine geringere. Je nach den Tonarten werden diese Maschinen mit einer Welle und Rost und mit zwei Wellen und Rost gebaut. Ist der Hauptwert nur auf die reine Beschickung gelegt, so kann selbst der Rost in Fortfall kommen. Da die Messer das Material richtig erfassen müssen, so ist die Form des Trichters derart, daß die Seitenwände desselben die ersteren bis in ihre senkrechte Oberlage decken. Ist dieses nicht der Fall, so heben die außen nach oben gehenden Messerflügel das Tonmaterial teilweise im Trichter hoch.

Wir geben hiermit eine Beschreibung des Tonbrechwerkes. Dasselbe besteht aus zwei mit kreuzweis aufgesteckten Messern

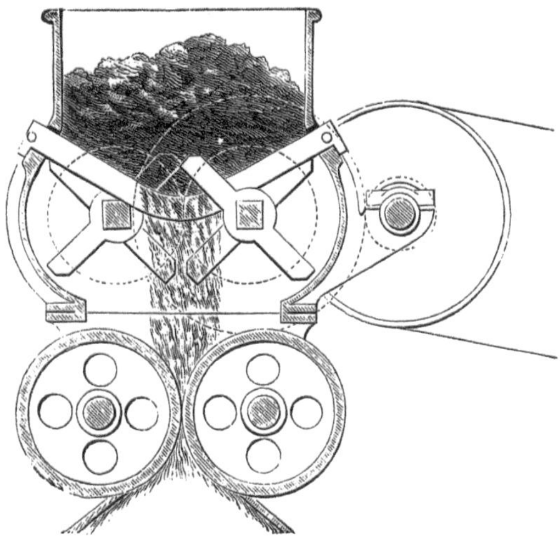

Fig. 54. Tonbrechwerk. H. Bolze & Co., Braunschweig.

armierten Wellen, welche sich gegeneinander drehen, und über denen sich ein Rost aus starkem Flacheisen befindet, durch den jene Messer hindurchgreifen. Damit die Messer in ihrer ganzen Länge zur Wirksamkeit kommen, ist der Rost in der Mitte bis auf ziemlich Wellenmitte gebogen. Das Erfassen der Tonklumpen durch die Messer ist so ein besseres. Die Seitenwände des Trichters überdecken die Messer bis beinahe zu deren senkrechter Stellung. Der Antrieb der einen Messerwelle erfolgt durch Rädervorgelege, während die Messerwellen selbst mittels Kuppelräder untereinander in Verbindung stehen.

## Brechwalzwerke.

Diese Walzwerke (Fig. 55) dienen dazu, knotigen Ton, harte, größere, schwer Wasser aufnehmende Tonstücke sowie größere im Material vorkommende Steine, Tonschieferstücke usw. zu zerkleinern, um dem unter ihm arbeitenden Glattwalzwerke das Fassen und Einziehen resp. das Weiterzerkleinern zu erleichtern. Ist das Material steinfrei, jedoch knotig, dann genügt eine Maschine mit Walzen, deren Riffeln unterbrochen sind. Sind dagegen auch Steine im Ton, so dürften die Maschinen mit Walzen, deren Riffeln keine Unterbrechungen aufweisen, am Platze sein. Die Konstruktion des Brechwalzwerkes ist folgende:

Mittels Rädervorgeleges bekommt die eine der Brechwalzen ihren Antrieb. Beide Walzen stehen mittels langgezahnter Kuppelräder in Eingriff, und arbeiten die ersten meistens mit Differentialgeschwindigkeit. Die äußerst stark dimensionierten Wellen laufen in drehbaren Lagern, wodurch beim einseitigen Ausweichen einer oder beider Walzen, hervorgerufen durch Passieren irgendeines Fremdkörpers, wie Eisen etc., die Achsen sich mit Leichtigkeit schief zueinander stellen können, ohne daß ein Verziehen oder sogar ein Bruch der Wellen stattfinden kann. Die Lager bestehen aus dem drehbaren Mittelstück, dem Lagerfuß und Lagerkopf. Das Mittelstück, die eigentliche Lagerbüchse, ist mittels Zapfen im Lagerfuß und -kopf drehbar. Die letzteren tragen gehobelte, mit Seitenflanschen versehene Flächen, welche in den Führungen der Walzwerkswangen gleiten resp. ausweichen können. Die Wellen, namentlich die der Walzen, sind alleräußerst zu dimensionieren und die Walzenmäntel mittels Bodenscheiben auf den ersteren fest aufzuziehen und zu verkeilen. Zwischenanker halten die Gestellwangen im genauen Abstand, und ist namentlich der Trichter derart einzurichten, daß ein Passieren von ungewalztem Ton nicht möglich ist. Stahlgußschaber, welche durch Bügel genau einzustellen sind, reinigen die Vertiefungen der Walzen. Sämtliche Stehlager, mit starken Rotguß- oder Weißmetallschalen versehen, sind mittels Feder und Nut mit dem Gestell unverschiebbar verbunden. Die Lager je einer der Gestellwangen sind mittels durchgehender Anker verbunden, so daß eine vollständige Entlastung der Gestellmittelteile eintritt. Auf der dem Stirnrade entgegengesetzten Seite befinden sich Bruchscheiben, um das ganze Werk beim Passieren eines Eisenstückes und dergleichen gegen Bruch zu schützen. Ein auf der Riemenscheibenwelle öfter vorkommendes Schwungrad soll mittels des ihm innewohnenden Beharrungsvermögens beim ungleichmäßigen Beschicken das

Fig. 55. Normales Brechwalzwerk.
Sächsische Maschinenfabrik A.-G. vorm. A. Kuhnert & Co., Meißen.

Walzwerk vor augenblicklichem Stillstand bewahren. An Stelle der oft aus einem Stück bestehenden Walzwerksmäntel mit tiefen dreikantigen Riefen, in welche jedesmal ebensolche Erhöhungen des gegenüberliegenden Walzenmantels fassen, werden dieselben öfter aus einzelnen Hart- oder Stahlgußscheiben, welche mit Spitzen oder mit Nocken und daran befindlichen schmalen Rippen versehen sind, zusammengestellt. Bodenplatten halten mittels Anker die beschriebenen Scheiben zusammen, auch werden dieselben häufiger auf vierkantigen Wellen aufgekeilt. Der Vorteil dieser einzelnen Scheiben gegen den aus einem Stück bestehenden Mantel liegt darin, daß nach Ausbruch eines oder mehrerer Zähne nur eine Auswechselung einer oder mehrerer Scheiben erforderlich ist. Anstatt der normalen, den Walzenschlitz bestimmenden Schrauben mit vier- oder sechskantigem Kopf wenden einige Firmen Stellräder an. Andere wieder ersetzen diese Stellräder durch Kettenräder, welche beide durch eine Gelenkkette verbunden sind. Der Vorteil dieser letzten Anordnung ist der, daß beim Verstellen der Schraube einer Gestellwand zur Vergrößerung oder Verkleinerung des Walzenschlitzes auch augenblicklich die Schraube der anderen Gestellwand mitarbeitet, wodurch der erwähnte Schlitz stets parallel zu den Walzenmänteln gehalten werden kann. Für Scherben und ähnliche mürbe Materialien sind die Walzen meistens längsgeriffelt.

Fig. 56. Doppelwalzwerk.

Die Riffeln selbst haben eine dreikantige erhabene Form, und liegen dieselben parallel zur Walzenwelle auf den Mänteln.

Das Nockenwalzwerk. Die Walzen bestehen aus einzelnen Hartgußringen, die in Schlitzen einige auswechselbare, gehärtete, von beiden Seiten zu gebrauchende Stahlnocken festhalten. Das Walzwerk hat Rädervorgelege und auf der Riemenscheibenwelle ein Schwungrad zum Ausgleich der Stöße. Die Maschine soll die Vorteile des Glatt- und Brechwalzwerkes in sich vereinigen, indem sie klumpige und feste Tone dem eventuellen unteren Walzwerk leicht faßbar zuführt und vorkommende Steine zertrümmert. Da die Nocken erhaben sind, so muß dieses Walzwerk mit einem ziemlich beträchtlichen Schlitz arbeiten.

Das Doppelwalzwerk. Um den Raum zweier übereinander zu bauender Walzwerke namentlich in der Höhe auf das äußerste zu beschränken, gleichzeitig aber für beide Maschinen nur einen Antrieb zu bekommen, wählt man öfter das Doppelwalzwerk (Fig. 56). Man hat es bei diesen Maschinen in der Hand, die oberen beiden Walzen als Brechwalzen, die unteren als Glattwalzen und auch alle vier Walzen als Glatt-

Fig. 57. Handwalzwerk.

walzen auszubilden. Tritt jedoch irgendeine Störung bei dem oberen oder unteren Walzenpaar ein, so muß das ganze Walzwerk stillgesetzt werden, da nur ein Vorgelege vorhanden ist.

Das Handwalzwerk. Für kleine Ziegeleien kommt öfter zur Erzielung besserer Ware das Handwalzwerk (Fig. 57) in Betracht. Die Walzen können glatt oder geriffelt sein, und ist die Bauart derselben den größeren Maschinen für Kraftbetrieb nachgebildet. Was die Leistung betrifft, so hängt diese nicht nur von dem Arbeitsschlitz der Walzen ab, sondern auch von der Willigkeit des die Maschine bedienenden Arbeiters. Gewöhnlich stehen die kleinen Walzwerke auf gußeisernen Füßen, um auf diese Weise das Handwalzwerk an jedem Orte gebrauchen zu können.

## Glattwalzwerke.

Von den normalen Maschinen dieser Art hat man zu unterscheiden die zylindrischen (Fig. 58) und die konischen Glattwalzwerke, ferner die mit rohen Walzenmänteln, welche mehr als Vorwalzwerke dienen (Schlitzweite bis ca. 5 mm), und die mit geschliffenen Walzenmänteln, welche, da mit denselben der höchste Feinheitsgrad des zu walzenden Materials erreicht wird, als sogenannte Feinwalzwerke bezeichnet werden (Schlitzweite ca. $^1/_2$—1 mm). Da die Walzen mit geschliffenen Mänteln oft nachgeschliffen werden müssen, so zieht man die zylindrischen den konischen vor und wählt dabei recht große Walzendurchmesser bei kleineren Breiten. Auch hat man besondere Schleifapparate gebaut, die es gestatten, die Walzen ohne Demontage direkt im Walzwerksgestell nachzuschleifen. Dienen die Glattwalzwerke als Vorwalzwerke bei einer Schlitzweite bis ca. 5 mm, so wählt man oft eine gleiche Tourenzahl der Walzen. Das Material wird hierdurch nur zerquetscht, und ist der Kraftbedarf ein geringerer. Dient das Walzwerk dagegen als sogenanntes Feinwalzwerk (Schlitzweite ca. $^1/_2$ bis 1 mm) z. B. zur Verarbeitung kalkhaltigen Tones etc., so wählt man Differentialgeschwindigkeit zwischen den Walzen. Durch die letztere schleifen die Walzen nicht so leicht aus, und wird das Material nicht nur gequetscht sondern auch verrieben. Wenngleich die konischen Glattwalzwerke wegen ihrer großen Differentialgeschwindigkeit die einzelnen Tone besser einziehen, so ist die Verwendung gegenüber den zylindrischen doch eine beschränktere, da es viele Werke gibt, die den durch das Zusammenarbeiten zweier konischer Walzen auftretenden Seitendruck durch seitlich angebrachte Druck- und Versteifungsringe nicht genügend beachteten, wodurch sich leicht der Schlitz vergrößern kann. Die Leistung eines Walzwerkes hängt von der Tourenzahl der Walzen, der Schlitzgröße und der gleichmäßigen Beschickung ab. Gefahrbringend ist für jedes Glattwalzwerk, namentlich für solches, welches mit Gummi- oder Holzpuffer arbeitet, das Passieren von Metallstücken, Schrauben usw., sogar das einer Schaufel nassen Sandes. Trotz aller Ausweichelemente, wie die genannten Puffer etc., tut man gut, den Schlitz nach dem Durchgang einer der erwähnten nicht in den Ton gehörenden Teile nachzuprüfen, und ist dies beispielsweise bei Verarbeitung kalkreichen Materials geradezu Bedingung zur Erzielung

Fig. 58. Zylindrisches Glattwalzwerk.
Sächsische Maschinenfabrik A.-G. vorm. A. Kuhnert & Co., Meißen.

eines guten Steines. Die Anordnung der Schaber, welche in der Praxis gewöhnlich nicht die Beachtung finden, welche man ihnen zukommen lassen sollte, ist derart zu treffen, daß dieselben nicht durch Gewichte gegen die Walzenmäntel drücken, sondern mittels Schrauben an besonderen Schaberbügeln festgelegt und eingestellt werden. Bewährt hat es sich in der Praxis als gut, die Schaber mit ein wenig Luft gegen die Mäntel der Walzen einzustellen, da hierdurch die Mäntel geschont werden und sich mit einer ganz dünnen Tonhaut belegen, welche dem Einziehen des zu verarbeitenden Materials Vorschub leistet. Die heutige Ansicht über die

Dimensionen der Walzen ist die, den Durchmesser derselben recht groß bei ungefähr der halben Breite des Durchmessers zu wählen. Den Vorwalzwerken schaltet man fast stets ein Rädervorgelege vor, während dies bei Feinwalzwerken oft in Fortfall kommt und der Antrieb direkt auf einer der beiden Walzenwellen erfolgt. Neuerdings läßt man bei etlichen Abarten sogar Kuppelräder fort und hat für jede Walze auch einen besonderen Antrieb. Der Vorteil dieser Anordnung liegt darin, daß außer dem Fortfall des Geräusches, das jedes zusammenarbeitende Zahnradpaar verursacht, die Differentialgeschwindigkeit sich in jedem Falle nach den zu verarbeitenden Tonen richten kann. Um den Arbeitsschlitz auf dem genau eingestellten Maß zu halten, wendet man gewöhnlich bei den Vorwalzwerken Federn oder Gummipuffer, bei den Feinwalzwerken Bruchscheiben und -platten sowie Zerreißbolzen als Sicherheitsorgane an.

Die Konstruktion des Glattwalzwerkes ist folgende. Gestellwangen, Vorgelege, Lager usw. sind genau dieselben, wie bereits beim Brechwalzwerk beschrieben. Einen Unterschied gegen das letztere bilden die Walzen selbst, welche wohl meistens mit auswechselbaren Coquillenhartgußmänteln besetzt sind. Die Befestigung der Mäntel geschieht auf Bodenscheiben, welche wiederum mittels Federn und Keilen auf den stark dimensionierten Wellen befestigt sind. Bei den Glattwalzwerken, namentlich den Feinwalzwerken sind die Wellendurchmesser gegen eventuelles Durchfedern alleräußerst zu wählen. Die Lager selbst sind gegen Eindringen von Schmutz und Ton mit Schutzringen versehen, und weist der Trichter der Abnutzung halber oft Seitenwandbeläge aus Stahl auf. Große Obacht ist dem sicheren und dichten Schluß des Trichters auf den Walzen zu geben, da sonst unverarbeiteter Ton durch das Walzwerk geht. Anstatt der drehbaren Lager findet man in der Praxis öfter feste, als sogenannte Ölkammerlager ausgebildete Wellenlager. Die Seitenwandungen des Trichters sind bei etlichen Walzwerkstypen einstellbare, bewegliche Hartgußplatten, um so einem möglicherweise auftretenden Verschleiß entgegenzutreten. Vielfach werden die Gestellwangen derart eingerichtet, daß dieselben direkt auf die Ziegelstrangpresse montiert werden können, auch passen dann zum Aufbau mehrerer Walzwerke übereinander die Wangen unter sich.

Das Wellenwalzwerk der Firma Gelsenkirchener Gußstahl- und Eisenwerke vorm. H. Munscheid & Co., Gelsenkirchen. Das Wellenwalzwerk mit Einzugsvorrichtung (Fig. 59) soll das Schleifen der Tone auf den Walzen verhindern. Die Walzen bestehen aus mehreren Hartgußringen und den dazugehörigen Walzendeckeln. Die zusammengesetzten Ringe zu vollständigen Walzen zeigen anstatt einer geraden Linie wie bei zylindrischen Walzen eine wellenförmige Gestalt. Auf den konvexen Ringen sind Einzugs-

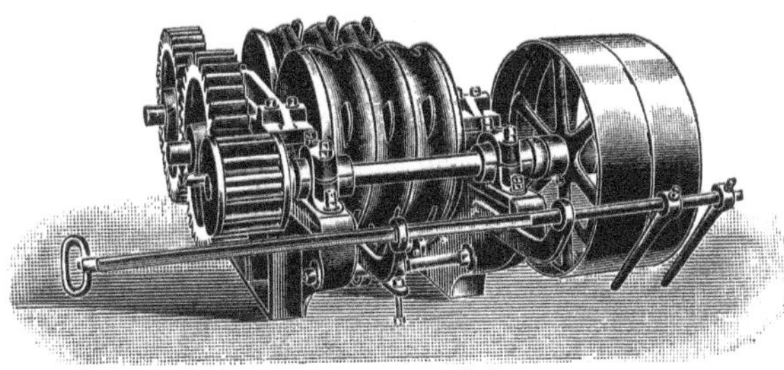

Fig. 59. Wellenwalzwerk. Gelsenkirchener Gußstahl- und Eisenwerke vorm. H. Munscheid & Co., Gelsenkirchen.

körper in Form ähnlich einer Sperrklinke angebracht, welche beim Drehen der Walzen in Schlitze der konkaven Ringe eingreifen. Selbstverständlich müssen die Kuppelräder der beiden gleichgroßen Walzen gleiche Zähnezahlen aufweisen. Der dem Trichter der Maschine aufgegebene Ton wird von den über den Walzenoberflächen hervorstehenden Einzugskörpern ohne Hilfe erfaßt, wodurch er an die gegenüberliegende Walze gedrückt wird, um von letzterer sofort eingezogen und zerkleinert zu werden. Das Walzwerk kann selbst großstückigen, harten oder schlüpfrigen Ton einziehen und auswalzen.

Das Präzisions-Differential-Feinwalzwerk der Firma Eisen- und Hartgußwerk Concordia, Hameln a. W. Die Walzen weisen einen äußerst großen Durchmesser auf und werden jede für sich mittels Fest- und Losscheibe angetrieben. Die abnehmbaren Walzenmäntel sind geschliffen und laufen mit ca. $^1/_2$—1 mm Arbeitsschlitz (Fig. 60). Fest- und Losscheibe haben ebenfalls große Durchmesser, und sind die Festscheiben als sogenannte Schwungradriemenscheiben ausgebildet. Die Losscheiben laufen wie üblich auf Leerlaufbüchsen. Die Walzwerkswangen weisen eine äußerst starke Konstruktion und Bauart auf, während die Lager als Ölkammerlager ausgebildet sind. In der Praxis finden sich diese Walzwerke namentlich zur Verarbeitung kalkreichen Materials, welches die großen Walzen sehr leicht einzuziehen

Fig. 60. Präzisions-Feinwalzwerk.
Eisen- und Hartgußwerk Concordia, Hameln a. W.

imstande sind. Die Abstreicher sind meistens federnd und durch Handräder einstellbar.

Das Dreiläufer-Walzwerk der soeben genannten Firma weist dieselbe Bauart wie das vorstehend beschriebene Präzisions-Feinwalzwerk auf. Oberhalb des Walzengestells ist jedoch noch eine sogenannte Speisewalze, die mittels Riemen direkt angetrieben wird, gelagert. Der Lauf und die Arbeit des Walzwerkes (Fig. 61) sollen dadurch gleichmäßiger sein, da der Ton seitwärts zugeführt wird und daher nicht das Bestreben vorliegt, das ganze zwischen den Hauptwalzen liegende Material mit einem Ruck durch die Walzen zu ziehen. Der Ton wird den beiden großen Feinwalzen gleichmäßig zugeführt.

Das Exzenter-Walzwerk der Firma Gebr. Pfeiffer, Kaiserslautern. Diese Maschine weist Walzen auf, welche aus einzelnen, exzentrisch auf die Wellen aufgekeilten Scheiben zusammengestellt sind, und zwar sind die letzteren immer abwechselnd einmal erhaben, einmal vertieft aufgesetzt. Der eigentliche Arbeitsschlitz hat demnach flachgängig, zickzackähnliche Form, und gehört dies Walzwerk, da der erwähnte Schlitz nicht allzu eng gestellt werden kann, zu den Vorwalzwerken. Da nun durch die exzentrische Bohrung einer Scheibe die Umfangsgeschwindigkeit bei jeder Umdrehung eine größere und eine kleinere ist, so arbeiten die Walzen gegeneinander,

Fig. 61. Dreiläufer-Walzwerk.
Eisen- und Hartgußwerk Concordia, Hameln a. W.

einmal mit Differentialgeschwindigkeit, einmal ohne diese, was für das gute Toneinziehen und gute Materialverarbeiten von großem Vorteil ist. Die Maschine findet sich in der Praxis trotz der ersichtlichen Vorzüge wohl sehr wenig vor. Die Scheiben sind keilförmig auf ihren Flächen abgeschrägt, was zur Folge hat, daß der Spalt der Walzen fortwährend wechselt.

Das Ideal-Feinwalzwerk (System Kuhnert) der Aktiengesellschaft vorm. A. Kuhnert & Co., Meißen. Zur Verarbeitung kalkreichen Materials, in welchem der Kalk auf das äußerste zerrieben werden muß, wendet man sehr eng gestellte, zylindrische Glattwalzwerke an, deren Walzenmäntel geschliffen sind und bei denen, wie z. B. bei dem genannten System (Fig. 62), bei jeder Umdrehung die Walzen parallel zueinander in achsialer Richtung durch eine mit kurvenähnlicher Vertiefung versehene Scheibe und darin gleitendem Nocken im Walzengestell hin und her geführt werden. Selbstverständlich hilft die angewandte Differentialgeschwindigkeit, hervorgerufen durch verschieden gewählte Durchmesser der Walzen, das Material zerreiben. Um auftretende Stöße zu verhindern, besitzt die Riemenscheibenwelle ein Schwungrad.

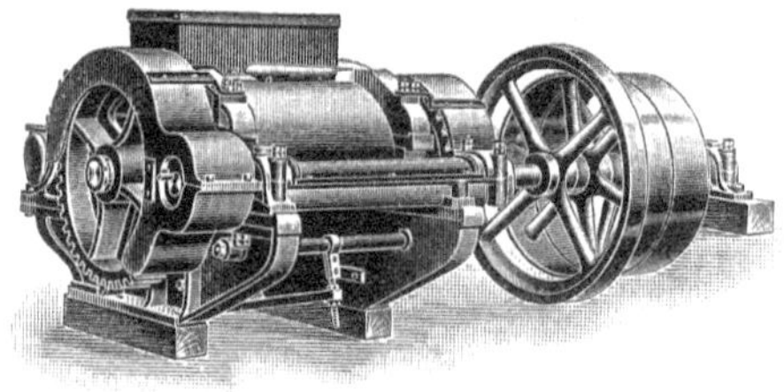

Fig. 62. Ideal-Feinwalzwerk (System Kuhnert).
Sächsische Maschinenfabrik A.-G. vorm. A. Kuhnert & Co., Meißen.

Das Walzwerk D.R.P. 195955 (System Nils Fredriksson) der Firma Nils Fredriksson, Svedala, Schweden. Walzwerke mit abgeschliffenen zylindrischen Walzen, bei welchen die eine dieser Walzen im Gestell fest gelagert ist, während die andere durch eine schräggestellte Führungsscheibe, welche in einer doppelflanschigen Nutenscheibe arbeitet, in achsialer Richtung hin und her bewegt wird, dienen gleichfalls zur feineren Verreibung des Kalkes und anderer schädlicher Beimengungen im Tone. Zur Entlastung der Walzwerkswangen von dem durch die seitliche Hin- und Herschiebung der Walzen auftretenden ziemlich bedeutenden Druck hat man beide Walzenwellen durch einen doppelarmigen Hebel, dessen Drehpunkt an der einen äußeren Gestellwand liegt, verbunden. Da nun die eine Walzenwelle die erwähnte schräg aufgekeilte Führungsscheibe, die andere die Nutenscheibe, in welcher sich die erstgenannte Scheibe gewissermaßen abwickelt, resp. gleitet, trägt, so müssen beide

Walzen sich in entgegengesetzter achsialer Richtung hin und her bewegen, wobei sie stets den auftretenden Druck direkt auf die andere Walze abgeben. Bei der dritten Anordnung fallen Führungs- und Nutenscheibe fort, dafür ist die eine Walze mit Seitenflanschen versehen. Da nun die zweite Walze schrägliegende, parallele Stirnflächen aufweist und diese sich in den erwähnten Flanschen abwickeln resp. gleiten, so muß die letztgenannte Walze eine hin und her gehende Bewegung annehmen.

Das Feinwalzwerk System Döhler. Die beschriebenen Mittel zur Hervorbringung der seitlichen Bewegung der Walzen sind bei den zuletzt beschriebenen Walzwerkstypen mit den Walzenwellen fest verbunden, und wird hierdurch bedingt, daß die Walzen während einer Umdrehung auch eine seitliche Bewegung machen müssen. Das zu beschreibende System bildet ein Walzwerk, bei welchem mittels einer auf einer im Walzengestell gelagerten Welle befestigten Nutenscheibe ein am Gestell drehbar gelagerter Hebel in pendelnde Bewegung versetzt wird. Dieser Hebel greift mittels Rollen in eine auf der Welle der zu verschiebenden Walze befestigte Nutenscheibe ein. Der Antrieb der Nutenscheibe geschieht mittels Kette von einer der Walzenwellen aus. Die seitliche Verschiebung ist durch die Führungswelle, auf der Walzenwelle einstellbar. Um ein besseres Einziehen resp. Fassen des Materials zu erlangen, sind auch Glattwalzwerke mit zylindrischen Walzen gebaut worden, deren Oberflächen durch halbkugelförmige Vertiefungen unterbrochen sind. Das zu walzende Material setzt sich in diesen Öffnungen fest und bildet so eine rauhere Fläche. Zu erwähnen wären hier noch die zum Abschleifen der Walzen benötigten Schleifapparate, welche, um eine Demontage der Walzen zu verhüten, meist direkt über den Walzwerken oder seitlich von diesen angebracht werden. Sie bestehen aus dem Vorgelege nebst Trommel, dem Support mit Schlittenführung und der Schmirgelscheibe. Die zum Abschleifen benötigte Zeitdauer richtet sich nach der vorhandenen Abnutzung der Walzen, und sollte das Abschleifen recht oft vorgenommen werden, damit die anfänglich eingestellte Schlitzweite dauernd eingehalten werden kann.

---

## Tonschneider.

Für diese Maschinen, welche zu den liegenden und stehenden Schneckenstrangpressen zu zählen sind, werden in der Praxis oft die normalen an anderer Stelle beschriebenen Ziegelstrangpressen, jedoch mit anders geformtem Mundstück, verwendet. Sie dienen namentlich zum Mischen und Homogenisieren von vorzerkleinerten, verschiedenartigen und farbigen Tonen, und die Aufstellung der Tonschneider geschieht fast stets zwischen Walzwerken und sonstigen Vorzerkleinerungs-

Fig. 63. Tonschneider. Rixdorfer Maschinenfabrik.

maschinen resp. zwischen Walzwerken und Pressen. Anwendung finden die Tonschneider überall dort, wo feinere Waren hergestellt werden und wo das Rohmaterial dementsprechend äußerst intensiv vermischt werden muß. Die Tonschneider werden mit gußeisernen und schmiedeeisernen, teilweise zweiteiligen, meist langen Zylindern angefertigt, und besitzen diese zum Reinigen diverse schnell zu öffnende Reinigungsklappen. Man findet diese Maschinen öfters ohne Speisewalzen, jedoch ist die Anordnung mit einer, oft auch zwei Walzen zweckentsprechender. Die Mischwelle besteht aus bestem Stahl und geht größtenteils durch die mit einer seitlichen, oft auch unten liegenden oder hinteren Öffnung versehenen Stirnwand hindurch, um vor der Austrittsöffnung des Zylinders ein mitrotierendes Abschneidemesser zu tragen. Dieses Messer zerlegt den Strang in Scheiben, die von den folgenden Maschinen williger aufgenommen werden als größere Tonstücke. Im offenen Teil, also dem Preßrumpf, befinden sich meistens Treibmesser, im geschlossenen Teil, also dem Preßzylinder, eine größere Anzahl geschmiedeter schmaler Mischmesser. Die Welle selbst ist außerhalb des Zylinders mehrfach gelagert, so daß der Ton nicht in die Lager dringen kann. Als Mundstück findet man bei Verwendung normaler Pressen oft eine konische Preßröhre. Zur Verdichtung des Materials kommt auch ein vorgeschalteter Krümmer öfters zur Anwendung. Vorgelege, Rumpf und dergleichen sind den normalen Ziegelpressen nachgebaut. Selbstverständlich kommen auch die stehenden Pressen oft als Tonschneider in der Praxis vor, und geschieht der Antrieb durch direkte tierische sowie maschinelle Kraft. Die Tonverarbeitung ist jedoch auf den liegenden Maschinen eine bedeutend bessere, und sind diese selbstverständlich vorzuziehen.

---

## Ziegelmaschinen.

Wenn wir unter dem Sammelnamen »Ziegelmaschinen« den lediglich der Tonpräparation dienenden Vorbereitungsmaschinen, die generell als Ziegeleimaschinen bezeichnet zu werden pflegen, keinen Raum gewähren, so bedarf es gewissermaßen eines kurzen Kommentars, um die Beweggründe für unser Vorgehen darzutun. Man unterscheide die Worte »Ziegelmaschinen« und »Ziegeleimaschinen« voneinander. Nur den ersteren, lediglich dem Zwecke der Formgebung gewidmeten Maschinen gilt unsere folgende Betrachtung, und zwar in weiterem Sinne zum Unterschiede von denjenigen Ziegeleimaschinen, welche bestimmt sind, der Ziegelmaschine oder Ziegelpresse das Tonmaterial verdaulicher zu machen. Unser nachfolgendes Thema gilt also den Ziegelmaschinen, welche man gewöhnlichhin als Ziegelpressen bezeichnet. Ziegelpressen sind aber grundverschieden in Bauart, Anwendung und Wirkung. Will man diese Hauptmerkmale zum Allgemeinverständnis bringen, so wird man die Ziegelpressen hiernach zu unterscheiden haben. Ziegelpressen werden als Trockenpressen, Halbtrockenpressen und Naßpressen gebaut. Der Naßpresse gehört das größere Verwendungsgebiet in der Ziegelindustrie, insbesondere der Schneckenstrangpresse, welche vertikal und horizontal gebaut, einmal lediglich als Formmaschine, dann als Form- und Mischmaschine, und endlich als Form-, Misch- und Zerkleinerungsmaschine in den Handel kommt. Zu den Formmaschinen zählt man auch die hängenden Strangpressen, welche als Rohrpressen sehr begehrt sind. Ihnen reihen sich die Walzenstrangpressen und die Kolbenstrangpressen an. Ziegelpressen dienen aber auch neben der Formgebung der Homogenisierung des Tones und wirken solchenfalls als Streichmaschinen. Diese sind gewissermaßen die Vorläufer des Handstrichverfahrens sowie der Nachpressen und Falzziegelpressen, bei welchen der sogenannte Stempeldruck die formgebende Wirkung des Schneckenmechanismus ersetzt. Haben wir damit die Verschiedenart der Ziegelpressen gekennzeichnet, so bitten wir, unser Beginnen nicht zu unterschätzen, wenn wir die weiteren technischen Ausführungen nach dem Vorhingesagten, logisch geordnet, folgen lassen.

## Trockenpressen.

Im Gegensatz zu den Naßpressen wird bei diesen Pressenarten das Material nicht in plastisch feuchtem, sondern in lufttrockenem Zustande zu Ziegeln verarbeitet. Der Ton muß sehr fein durch Trockenkollergänge oder andere Maschinen zermahlen und abgesiebt zu den einzelnen Pressen gelangen. Das Tonmehl wird alsdann in besonderen Formen unter starkem Druck bei teilweiser Entlüftung gepreßt. Die letztere bietet bei den einzelnen Materialien verschiedene Schwierigkeiten, und findet man daraufhin in der Praxis verschiedenartig gebaute und konstruierte Pressenarten. Eine der Hauptbedingungen zur guten Trockenpressung ist, daß das Material stets mit gleichem Feuchtigkeitsgehalt zu den Pressen kommt, da mit demselben sich auch das spezifische Gewicht der zu verpressenden Tone ändert. Ferner ist stets auf gute gleichmäßige Vermahlung zu achten, was durch Schüttel- oder Trommelsiebe, deren Rückstände wieder dem Koller zulaufen, leicht zu erreichen ist. Durch rationelles Trocknen der Tone vor der Verarbeitung im Trockenschuppen oder in sonstigen Trockenanlagen kann man bei einigermaßen gutem Beobachten auch den Feuchtigkeitsgehalt stets auf ungefähr gleicher Höhe halten. Die Pressen sind teils hydraulische, teils Kniehebel- und Fallpressen. Die ersteren haben trotz ihrer Vorzüge wegen ihrer Minderleistung gegenüber den Fall- und Kniehebelpressen, wenigstens zur Vollsteinerzeugung, wenig Verbreitung gefunden. Man hat jedoch in letzterer Zeit die Vorzüge der hydraulischen und Kniehebelpressen vereinigt, und so sind die kombinierten Pressen entstanden. Das vermahlene Tonpulver wird mechanisch in diverse Formen, deren Anzahl sich nach der Größe der Presse richtet, eingeschüttet, und erfolgt die Pressung so, daß Unter- und Oberstempel gleichzeitig gegen das Material der Form vorarbeiten. In der engsten Stellung bleiben die beiden erwähnten Stempel eine kurze Zeit stehen und gehen dann gleichzeitig und gleichmäßig nach oben. Hat der Oberstempel die Form verlassen, so geht er schneller in die Höhe als der Unterstempel, welcher sich bis zur Höhe des Preßtisches hebt. Ein Schieber, welcher einen oben und unten offenen Kasten darstellt, stößt alsdann den fertiggepreßten Stein vor. Der erwähnte Schieber, mit neuem Material gefüllt, kommt beim Vordrücken des fertigen Steines über den Unterstempel zu stehen, welcher letztere alsdann sich senkt und so das Tonpulver in die Form einsaugt. Der Schieberkasten geht zu neuer Füllung zurück, und die Pressung beginnt, wie anfänglich beschrieben, von neuem. Gegenüber dem Naßpressen bietet das Trockenpressen verschiedene Vorteile, wenngleich ein naßgepreßter Stein wegen seines gleichmäßigen Gefüges den Vorzug verdient. Trockenschuppen und -anlagen kommen teilweise in Fortfall, da die trockenen Steine sofort in den Ringofen verkarrt werden können; selbstverständlich reduzieren sich auch hierdurch die Löhne, und ist das erforderliche Anlagekapital der Gesamtanlage ein kleineres. Da die Steine eine absolut gleiche Form und Größe erhalten, ist auch der oft unvermeidliche Bruch ein kleinerer, zumal die Formlinge nicht erst durch öfteres Umstellen im Trockenschuppen zu leiden haben. Am zweckmäßigsten bekommt die Trockenpreßanlage ihre Aufstellung in der Nähe des Ringofens, da hierdurch oft weite Wege und unnützer Transport in Fortfall kommen. Wenngleich sich die Herstellung von Vollsteinen sowie von Steinen mit Ornamenten etc. billiger stellt als beim Naßpressen, so bietet die Fabrikation von Loch- und Deckensteinen, Röhren usw. große Schwierigkeiten, so daß man bei eventueller Herstellung solcher Steine trotzdem gezwungen ist, noch irgendeine Naßpresse in Betrieb zu halten. Der Druck oder Schlag auf den trocken zu pressenden Formling ist ein mehrere hundertmal größerer als der beim Naßpressen, weshalb auch der trocken gepreßte Stein, dessen Oberfläche sehr hart, manchmal sogar glänzend ist, hauptsächlich an den vier Seitenflächen einen Glanz, die Folge der Reibung beim Pressen und Ausstoßen des Steines aus der Form, aufweist. Daß an diesen Flächen die Poren verschwunden sein müssen, ist klar; daher kommt dann auch die ungewöhnlich langsame Entlüftung und das noch langsamere Austreten der eingeschlossenen Feuchtigkeit. Als Material zur Trockenpressung kommt meist Tonschiefer, welcher zur besseren Bindefähigkeit oft noch einen Zusatz von fetterem Lehm erhält, in Betracht, und findet man wohl die meisten dieser Anlagen durch das Vorkommen der erwähnten Tonart in Rheinland und Westfalen, England und Amerika. Diese Maschinen sichern aber nicht immer einen gleichstarken Formling, da das Material durch den verschiedenen Feuchtigkeitsgehalt nicht immer spezifisch gleich ist. Die Schlagpressen lassen nur eine ungenügende Entlüftung des zu pressenden Tonpulvers zu. Die Einzelteilchen der gepreßten Ziegel haben vor dem Brande noch keine Kohäsion, sondern nur eine bestimmte Adhäsion. Einen festen inneren Zusammenhang erhalten die trocken gepreßten Ziegel erst durch die Brennprozedur, und zwar nur durch einen scharfen, klinkerartigen Brand. Ist der Brand nur schwach, was bei naßgepreßten Steinen keine größeren Nachteile nach sich zieht, so zeigen die trocken gepreßten Formlinge eine so geringe Festigkeit, daß dieselben klapprig zu nennen sind und überhaupt den Namen »Ziegel« nicht beanspruchen dürfen. Ein trocken gepreßter und scharf gebrannter Stein erreicht jedoch nicht selten die Güte eines naß gepreßten Ziegels. Voraussetzung dabei ist jedoch, daß die Entlüftung beim Pressen eine vollkommene ist, da sonst die eingeschlossene Luft im Stein durch Expandieren denselben beim Brennen

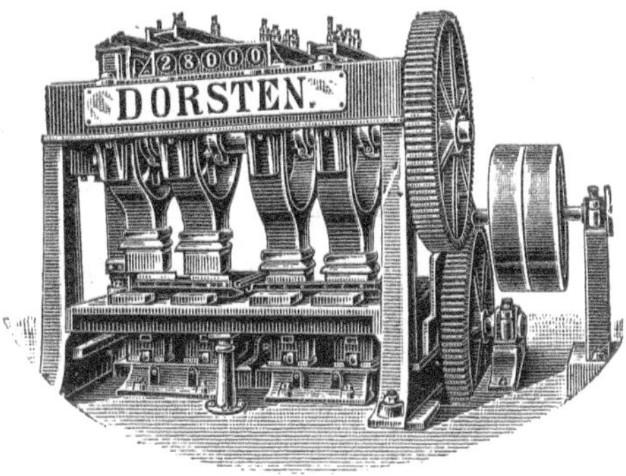


Fig. 64. Vierstempelige Steinpresse.
Dorstener Eisengießerei und Maschinenfabrik A.-G., Hervest-Dorsten i. W.

mürbe macht. Der zum Pressen benötigte Druck spielt zwischen 200—300 Atm. Bei der Fabrikation werden sowohl Stempel wie Ausheber und Formen angewärmt.

Die Fall- resp. Schlagpresse der Dorstener Eisengießerei und Maschinenfabrik zu Hervest-Dorsten. Diese Art Pressen (Fig. 64) hat in den Provinzen Rheinland und Westfalen eine große Verbreitung gefunden, was durch das ofte Vorkommen des sehr harten, teilweise steinigen Materials, das sich gar nicht oder nur sehr schwer mit Wasser zu einem plastischen Körper gestaltet, erklärt wird. Bei ihnen wird die Pressung mittels mehrerer frei fallender Stempel erreicht, die durch Hebedaumen etc. gehoben werden.

Die Presse ist derart eingerichtet, daß die Kraftäußerung derselben unter Anwendung des freien Falles erfolgt. Jeder Preßstempel arbeitet mit besonderen Hebedaumen, unabhängig von den übrigen Stempeln. Die Fallwirkung selbst kann durch aufzulegende Gewichte beliebig geregelt werden. Da der Stempel direkt vom Daumenstern, welcher dreiflügelig ist, in der Mitte gehoben wird, so verursacht derselbe keinen einseitigen Verschleiß der Führungen. Die Aufgabe des Tonpulvers geschieht meist mittels Schurre vom Sieb aus, auch findet man Transportschnecken, Schüttelrinnen und dergleichen zur Heranschaffung des Materials. Der für zwei Stempel gemeinsam gebaute Einschütttrichter gabelt sich nach unten in zwei Einzelkanäle, und führen diese das Pulver nach vorn in die Preßkästen. Die Leistung dieser Trockenpressen ist die ungefähre der Naßpressen mittlerer Größe. Starke Rädervorgelege besorgen den Antrieb der Daumenwelle, sowie den unten im Maschinengestell gelagerten Ausstoßmechanismus. Die Funktion der Presse ist folgende: Daumenwelle sowohl wie Antriebswelle des erwähnten Ausstoßmechanismus werden gleichzeitig von demselben Zahntrieb mittels Fest- und Losscheibe angetrieben. Für jeden Stempel, von welchem meistens vier Stück vorhanden sind, ist ein dreiflügeliger Daumenstern auf der oberen Antriebswelle aufgekeilt. Die Arme dieses Sternes haben verschiedene Länge, so daß auch die Fallhöhe des Stempels eine verschiedene ist. Der untere Querschnitt des Stempels ist genau der Form angepaßt, also rechteckig, und fällt derselbe bei einer Umdrehung der Daumenwelle durch den dreiarmigen Stern auch dreimal, und zwar aus verschiedener Fallhöhe, in den unter ihm liegenden Formkasten. Die Stempel haben ein Gewicht von je ca. 400 kg, und kann dieses je nach Wahl noch durch besondere Gewichte erhöht werden. Ist der Stempel zum dritten Male auf das Material gefallen, der Stein also vollständig fest, so wird letzterer durch einen Ausstoßer in die Höhe gehoben und sofort durch die Vorderfläche des hinterherrückenden, mit neuem Material gefüllten Schiebers nach vorn auf die Tischplatte geschoben, um von dort abgenommen zu werden. Die Ausstoßung des Steines sowie die Bewegung des Schiebers geschieht mittels Vorrichtungen, welche durch die untere Welle in Bewegung gesetzt werden.

Die Kniehebelpresse der Firma Maschinenfabrik A.-G. Tigler, Meiderich, Rheinland. Diese Presse arbeitet, was Quantität anbetrifft, ziemlich günstig, auch die Ziegelstärke bleibt immer gleichförmig. Ein Nachteil ist aber der, daß sie, je nach dem Feuchtigkeitsgrade des Tonpulvers, mit verschiedenem Druck arbeitet, und sind daher die Ziegel manchmal zu stark, manchmal zu schwach gepreßt. Es gibt Kniehebelpressen mit kreisendem Tisch, welche fast stets nur mit einseitigem Druck arbeiten, weshalb der Preßling, da der Druck sich nicht gleichmäßig auf das Gesamtgefüge des Steines fortpflanzt, nicht so gleichwertig gut wie der von den Trockenpressen mit zweiseitigem Druck ist. Anstatt der bei den Fall- resp. Schlagpressen erwähnten und beschriebenen Fall- resp. Schlagstempel treten hier Doppelkniehebel, welche derart wirken, daß nicht nur der Oberstempel sondern auch der Unterstempel zur Pressung kommen. Durch besondere Mechanismen werden die Stempel seitens der Kniehebel nicht nur einmal auf den Formling wirken sondern es tritt teilweise eine viermalige Druckerhöhung und Schwächung ein, wodurch der im losen Tonpulver enthaltenen Luft ein freier Abzug gewährt werden soll.

Die hydraulische resp. Spindelpresse. Diese Presse arbeitet, was die Qualität der Ziegel anbelangt, am besten, jedoch weist sie gegenüber den Fall- und Kniehebelpressen eine bedeutend geringere Leistung auf. Da es in der Praxis aber nicht darauf ankommt, ob die Vollsteine, welche eine größere Tonmenge darstellen, genau ein und dasselbe Gefüge aufweisen, so zieht man zur Fabrikation dieser mehr die erstgenannten Pressentypen vor. Die hydraulische Presse behauptet jedoch bei Herstellung von Verblendern, dekorierten Platten etc. vollständig ihre Gebrauchsmöglichkeit. Während bei den Kniehebelpressen die stärkste Pressung in dem Moment, in welchem die Schenkel des den Druck hervorrufenden Kniehebels eine gerade Linie bilden, eintritt, so erfolgt bei den Spindel- und hydraulischen Pressen der größte Druck, sobald die in die Form eingefüllte Masse ihre größte Zusammenpressung erreicht hat. Die letztgenannten Pressentypen erfordern im Moment der Fertigpressung die größte Kraftanstrengung, während bei den Kniehebelpressen zur Fertigpressung die geringste Kraft erforderlich ist, da die Schenkel des Kniehebels in dem Augenblick der Fertigpressung eine gerade Linie bilden. Wie bereits erwähnt, eignen sich die hydraulischen und Spindelpressen mehr für die Plattenfabrikation; es ist dies durch die konstante Zunahme des Druckes bis zur vollendeten Pressung bedingt. Dadurch werden auch diejenigen Platten noch hinreichend dicht gepreßt, bei welchen etwas mehr oder weniger Material in die Form gelangt. Die größere oder geringere Menge von eingegebenem Material bedingt bei dieser Art Pressen immer eine etwas mehr oder weniger starke Platte, welcher Unterschied jedoch bei der an und für sich geringen Menge Material, das jeweilig eingegeben wird, nur Unterschiede der Stärke ergeben wird, die unbeachtet gelassen werden können.

Diese Pressen sind, ähnlich den in der Praxis vorkommenden Maschinen, zur Erzeugung hohen Druckes gebaut. Der Zylinder besteht aus Siemens-Martin-Stahl. Er trägt in zwei langen Seitenaugen die beiden, oben durch den sehr starken, ebenfalls mit Rücksicht auf die Zugbeanspruchung aus Stahl hergestellten Holm verbundenen Säulen. Diese sind so stark bemessen, daß selbst bei der Höchstbelastung durch den Betriebsdruck die Elastizitätsgrenze nicht erreicht wird. Auch die Formen sind sehr kräftig aus Stahl hergestellt und werden noch außerdem wegen auftretenden Verschleißes mit auswechselbaren Stahlblechen ausgekleidet. Die Zuführung der Druckflüssigkeit von der Pumpe aus in den Zylinder geschieht von unten her, ebenso der Ablauf. Auf Erzielung eines besonders schnellen Rückganges des Preßkolbens ist großer Wert gelegt. Die Pumpen, welche meistens drei Plunger aufweisen, sind sehr kräftig gebaut. Die drei Kolben arbeiten zunächst gemeinsam; dadurch wird sehr schnell ein Druck von ca. 30 Atm. erzielt. Dann schaltet sich der Niederdruckkolben selbsttätig aus, und es arbeiten nur zwei Kolben weiter bis auf etwa 70 Atm. Die Steigerung des Druckes auf das gewünschte Endmaß endlich wird durch den dritten kleinsten

Kolben geschafft. Sobald der gewünschte Druck erreicht wird, löst sich die Pumpe selbsttätig aus. Zwischen Pumpe und Presse sind noch diverse Steuerorgane, Sicherheitsventile etc. nötig; oft findet man auch in die Preßleitung einen Akkumulator eingeschaltet, dessen Beschreibung hier wohl unterbleiben kann.

Die kombinierte Presse (System Czerny) der Firma C. Czerny, Wien I. Die besten Pressen, welche

Fig. 65. Kombinierte Presse (System Czerny). C. Czerny, Wien I.

die Vorteile der hydraulischen sowohl wie Kniehebelpressung vereinigen, sind die zu dieser Kategorie gehörigen Maschinen (Fig. 65). Sie arbeiten stets mit demselben Druck. Der Kniehebeldruck wird bei diesen Pressen voll ausgenutzt, ohne daß ein Bruch der Einzelteile eintritt. Mittels eines Kniehebels kann ein äußerst großer Druck ausgeübt werden. Er wächst bei etwas stärkerer und sinkt bei abnehmender Füllung des Formkastens. Gleichmäßig die Formen zu füllen und einen stets gleichhohen Druck auszuüben, ist daher das Grundgesetz einer vollkommenen Kniehebel- und hydraulischen Presse. Beides weist die sogenannte Mannheimer Presse (Bauart Czerny) auf. Der Unterstempel steht unter einem stets gleichhohen hydraulischen Gegendruck, der selbsttätig durch die Presse erzeugt wird und einstellbar ist. Der Druck des Kniehebels kann nie ein größerer sein, als es der eingestellte Regulator resp. das Sicherheitsventil zuläßt. Die Einzelteile, welche sich den bereits beschriebenen Maschinen teilweise anschmiegen, bedürfen keiner weiteren Erläuterung. Zu erwähnen wäre noch, daß der obere Teil der Pressen, d. h. der obere Preßstempel, wie eine Kniehebelpresse gebaut, während der untere Teil als hydraulische Presse ausgeführt ist.

## Halbtrockenpressen.

Die Maschinen dieser Art ähneln sehr den eigentlichen Trockenpressen, weshalb die Unterschiede beider Typen nicht streng auseinander zu halten sind. Die Bauart ist jedoch durch die Verarbeitung einer immerhin schon plastisch zu nennenden Masse (der Wassergehalt ist im Maximum ca. 14 %) eine schwächere. Zu finden sind derlei Maschinen oft in England und Amerika, und haben diese dortselbst auch ganz nennenswerte Erfolge gezeitigt. Bei der Pressung von 50 bis 100 Atm., die für diesen Feuchtigkeitsgrad zulässig ist, werden die Tonteilchen, welche nicht so fein gemahlen zu sein brauchen als bei der Trockenpressung, nicht so stark zusammengepreßt wie beim Trockenpressen, so daß die Luft nicht so intensiv verdrängt wird. Das Wasser hat den Ton so vorbereitet, daß beim Pressen die Kohäsionskraft mehr zur Geltung kommen kann, ähnlich wie bei naßgepreßten Steinen. Der Formling erhält einen größeren Zusammenhang, was besonders beim Brennen von Vorteil ist. Durch den Druck, der auf dem Stein zu lasten kommt, wird das Wasser verdrängt, dabei ganz feine Haarrisse und Poren zurücklassend, welche der eingeschlossenen Luft ein Entweichen ermöglichen.

Die Halbtrockenpresse der Firma Amandus Kahl, Maschinenfabrik, Hamburg. Bei diesen Maschinen (Fig. 66) ist versucht worden, zur Herstellung von Vollsteinen etc. nicht nur Tonschiefer und dergleichen zu verwenden, sondern auch Lehm und andere Tonarten als Rohmaterial zur Fabrikation mit heranzuziehen. Es ist, wie schon an anderer Stelle dieses Leitfadens nachgewiesen, verständlich, daß die Verbilligung der Herstellungskosten im Zieglergewerbe eine große Rolle spielt, weshalb man schon seit langer Zeit versucht, den Ton direkt aus der Grube zu verarbeiten, so daß also das Sommern und Wintern in Fortfall kommt. Da der Feuchtigkeitsgrad der Tone im grubenfeuchten Zustande zwischen 5—15 % schwankt, man aber jede Nebenarbeit, wie das Trocknen und Sumpfen des Materials, ersparen will, so mußte sich die Bauart dieser Presse den Eigenschaften der Tone anpassen. Die gepreßten Steine

Fig. 66. Halbtrockenpresse. Amandus Kahl, Maschinenfabrik Hamburg.

können bis zu 10 Stück und mehr aufeinander gesetzt werden. Die Arbeitsweise ist eine sehr einfache und zweckmäßige. Das Material, welches aus dem Stich kommt, wird in grubenfeuchtem Zustand dem Trichter des horizontal liegenden Mischtroges zugeführt, in welchem eine Messerwelle die Durchmischung und Knetung besorgt. Das Material wird durch die Messerwelle langsam vorgedrückt, bis es von einer Schnecke erfaßt wird, die es mit großer Gewalt langsam in die Formen des Vorformzylinders preßt, wobei alle Luft entweichen muß. Nach jeder Füllung einer Form wird der Zylinder automatisch um eine Form weiter geschaltet. Während auf der vorderen Seite des Zylinders eine Form gefüllt wird, wird auf der entgegengesetzten ein dichter harter Stein ausgestoßen, der nun automatisch in die Exzenterpresse fällt. Hier unterliegt er einem nochmaligen scharfen Druck und bekommt eine genau mit scharfen Kanten versehene Form. Die Flächen sind glatt, und kann der Stein eventuell mit Stempelung, Vertiefung etc. versehen werden. Die Bauart der Presse ist eine sehr stabile, und ist der Knettrog mit der Exzenterpresse zu einer Maschine vereinigt, wodurch auch nur ein Antrieb erforderlich wird. Gewöhnlich werden die Steine direkt nach dem Ringofen gebracht, wo sie sofort aufgestapelt werden. Für besonders gute Ware gebraucht man noch eine weitere Nachpresse. Die Leistung der beschriebenen Pressenart ist die der mittleren Schneckenstrangpressen.

Die Stanleypresse. Auch diese Maschine formt zerriebenes Material mit einem geringen Grad Feuchtigkeit in befriedigender Weise zu Ziegeln. Da der Druck mittels Hebedaumräder, die auf einem über die Formen hinweggehenden Kreuzwellenbaum befestigt sind, geschieht, so wird die Tonerde während der ganzen Dauer des auf sie ausgeübten Druckes in steter Bewegung erhalten. Die Stanleypressen arbeiten mit doppeltem Druck. Die Maschine wird mittels Fest- und Losscheibe in Bewegung gesetzt und der Druck bis zu einem gewissen Punkt mittels des extra dazu eingerichteten Vorgeleges nur langsam ausgeübt und dabei hauptsächlich der Luft genügend Zeit zum Entweichen gelassen. Hierauf senkt sich die die Tonerde enthaltende Form mit dem oberen Kolben zusammen auf den unteren Kolben hinab, was dem Ziegel einen Stoß aufwärts gibt und dieselbe Wirkung erzeugt, als wenn der untere Kolben behufs Ausübung eines Druckes gehoben wird. Die Daumenwelle ist mit einer kleinen Erhöhung versehen, welche einen zweiten d. h. wiederholten Druck kurz ausübt, der tiefer als der erste wirkt. Zu diesen Halbtrockenpressen sind noch mehrere zu zählen, wie z. B. die Steinpresse von A. Hütwohl, die Plattpresse, die Präsidentpresse usw.

Für Schiefertone oder Materialien, die einen großen Prozentsatz von Feuchtigkeit enthalten, braucht man Maschinen, welche für eine zweifache Bearbeitung eingerichtet sind. Die erste gibt die rohe Ziegelform, die zweite durch Nachpressung die scharfkantige Schlußform. Diesen Zwecken entsprechen die Fanscett- und Sheffield-Maschinen, welche mit Rotationszylindern und sechs Ziegelformen arbeiten. Sie stehen größtenteils in Großbritannien in Gebrauch.

## Nafspressen.

Die stehende Schneckenstrangpresse für direkten Tierbetrieb. Diese Pressen (Fig. 67) eignen sich für kleinere Ziegeleien, welche zwar Dampfbetrieb noch nicht

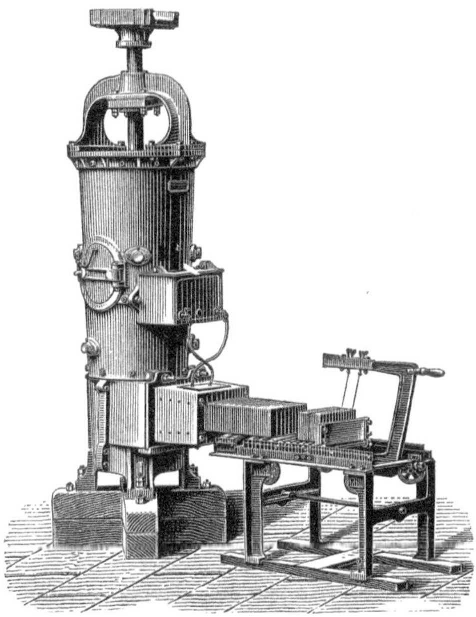

Fig. 67. Stehende Schneckenstrangpresse für direkten Tierbetrieb.

eingerichtet haben, aber dennoch auf die Herstellung sauberer Maschinenziegel Gewicht legen. Zur Verarbeitung kommt nur gut gesumpftes Rohmaterial, weshalb um die Presse Sümpfe angelegt werden. Auch finden diese Pressen dort Verwendung, wo periodenhaft Steine in kleineren Mengen erzeugt werden sollen. Der Bottich besteht aus Eisen oder Holz und wird derselbe mittels Anker auf einen gemauerten Fundamentsockel oder auf ein Balkenkreuz aufmontiert. Am oberen Ende der Schneckenwelle befindet sich ein Balkenschuh, auf welchem ein Zugbalken mittels zweier Bügel eingelegt und befestigt wird. Die Messerwelle läuft unten mittels Stahlzapfen in dem vor Schmutz geschützten Spurlager der Grundplatte, oben wird die Messerwelle durch ein starkes Halslager gehalten. Die Welle trägt im Zylinder Messer, die mit Stellschrauben oder Federn auf der ersteren befestigt werden. Im Zylinder sitzen Gegenmesser, die ein gutes Durcharbeiten bewirken sowie ein eventuelles Mitdrehen des Tones verhindern. Reinigungsklappen gestatten ein schnelles Reinigen der ganzen Maschine.

Die stehende Schneckenstrangpresse für maschinellen oberen Antrieb. Pressen, wie soeben beschrieben, bekommen oft, um größere Leistungen zu erzielen, nach Jahren anstatt des Pferdebetriebes einen maschinellen Antrieb. Zu diesem Zwecke wird an Stelle des Balkenschuhes ein konisches Zahnrad auf die Messerwelle gesetzt. Riemenscheiben, Stirnradvorgelege und konischer Trieb leiten die Bewegung ein. Es ist einleuchtend, daß der obere Teil der Presse zur Aufnahme der notwendig werdenden Lagerteile äußerst stark gebaut sein muß.

Die stehende Schneckenstrangpresse für maschinellen unteren Antrieb. Hierher gehören Pressen, welche namentlich in früheren Jahren die liegenden Maschinen voll und ganz ersetzen mußten. Auch heute ist das Arbeiten, namentlich der größeren Pressenarten, bei Vorkommen guten, stein- und mergelfreien Materials noch ein sehr günstiges, zumal die Formung nach zwei Seiten und senkrecht zur Messerwelle, daher strukturfrei erfolgt. Die Pressung und Tonverarbeitung ist bei diesen Maschinen gegenüber den liegenden Arten eine geringere. Der Ton, welcher in Richtung seiner Schwere durch die Messer der Presse nach unten gepreßt wird, erfährt nicht die in liegenden Zylindern übliche Mischung, da das Verbleiben des Materials im stehenden Zylinder eine kürzere Zeit währt als im liegenden. Auch dürfte an vielen Stellen das Aufgeben des Materials wegen der Maschinenhöhe sowie die Anbringung des unteren Vorgeleges wegen eventuellen Vorkommens von Grundwasser mit Schwierigkeit verbunden sein. Auf einem äußerst stark dimensionierten gußeisernen Untergestell ruht der eigentliche ein- auch zweiteilige Misch- und Preßzylinder. Die Messerwelle, durch starke Rädervorgelege angetrieben, läuft unten im Spurlager, tritt durch den Boden des Preßzylinders hindurch und trägt im oberen Teil die zum Mischen und Kneten

Fig. 68. Stehende Schneckenstrangpresse für maschinellen unteren Antrieb.

benötigten Messer. Gegenstäbe verhindern ein Mitdrehen des Materials und beschleunigen den Mischprozeß. Am Zylinder selbst befinden sich mehrere Verschlußklappen, die ein leichtes Reinigen und Kontrollieren der ganzen Presse ermöglichen. Die Vorgelege werden wegen des zum Abschneiden der Formlinge benötigten Raumes am besten unter dem Fußboden gelagert.

## Liegende Schneckenstrangpressen.

Diese Maschinen, welche heute wohl über die ganze Erde Verbreitung gefunden haben, möchten wir, um einen gut durchgearbeiteten und homogenen Strang zu erzielen, von den folgenden Gesichtspunkten aus betrachten:

Presse als Formmaschine. Verarbeitung von durch Walzwerke und Mischer gut vorbereitetem Tonmaterial oder Ton, welcher, wie z. B. Schluffton, von Natur ziemlich gleichmäßig stein- und mergelfrei direkt zur Presse kommt. Hierzu gehören die Pressen, welche keine oder nur eine Speisewalze aufweisen. Diese Art Maschinen nehmen harte, weiche, größere und kleinere Tonklumpenstücke auf und werden letztere von den Messern gegriffen, geknetet, vorgeschoben und ausgepreßt. Die Mischung, Knetung und Pressung beginnt erst in dem geschlossenen kurzen Zylinder zwischen Trichter und Preßform, kann also nur homogene Ziegel ergeben, wenn der Ton die oben erwähnte Verarbeitung gefunden hat. Ungleichheiten in der Steifheit und sonstigen Beschaffenheit des Tones sind bei Maschinen mit einer oder keiner Speisewalze ungefährlich für diese. Auch ist die Presse bei ungleichmäßiger Beschickung weniger empfindlich, da das von den Messern nicht erfaßte Material sich in dem ziemlich großen Preßrumpf sammeln und auftürmen kann. Die Speisewalze dient hier nur dazu, das von den Messern durch die Drehrichtung der Welle nach der einen Seite gedrängte Material wieder den Schnecken zuzuführen.

Auf einem sehr starken Maschinenuntergestell ruht der Preßrumpf mit dem daran angeschraubten Preßzylinder. Der letztere, welcher Reinigungsklappen enthält, ist meistens zweiteilig, nach oben, seitlich oder nach unten aufklappbar. Im Preßrumpf ist eine Hartgußspeisewalze eingebaut, welche von der Messerwelle aus durch Zahnräder angetrieben wird. Während der Preßrumpf größtenteils mit seitlichen Schutzblechen belegt wird, erhält der Preßzylinder Stahl- oder Hartgußschutzmäntel gegen auftretenden Verschleiß. Die Zweiteiligkeit des Preßzylinders ermöglicht im Falle der

Not ein leichtes und schnelles Auseinandernehmen der ersteren und Bloßlegen des Messersystems in kürzester Zeit. Der Preßkopf, an den Preßzylinder angeschraubt, bezweckt ein Verdichten des von den Messern vorbereiteten Materials, bevor es in das Mundstück gelangt. Länge und Form des genannten Kopfes richtet sich nach der Beschaffenheit des zur Verarbeitung kommenden Tones. Die größte Anzahl der bestehenden Pressenarten hat auch am Preßkopf selbst Reinigungsklappen, um ein schnelles Ausstechen resp. Reinigen bei versetztem Ton zu gestatten. Die Rädervorgelege sind sowohl einfach

Fig. 69. Ziegelpresse mit aufmontiertem Glattwalzwerk.

als doppelt und wählt man letztere bei größeren Pressenarten. Um einem schnellen Verschleiß vorzubeugen, werden größtenteils die Triebe wenigstens aus Stahlguß gefertigt. Betreffs der Verzahnung findet man normale Stirn- wie Winkelverzahnung. Letztere hat wohl den Vorzug, daß der Lauf der Räder, da die Übertragung der Kraft allmählicher geschieht, ein ruhigerer ist, wenngleich der Einbau resp. das Auswechseln eines solchen Rades gegen ein solches mit geraden Zähnen sich schwieriger gestalten dürfte. Als Lagerung der Vorgelege-, Riemenscheiben- und Messerwelle dienen gußeiserne oder gußeiserne mit Rotguß- oder Weißmetallschalen versehene Lager, häufiger auch sogenannte Ölkammer- oder Ringschmierlager. Die erwähnte Messerwelle hat im Preßzylinder teilweise runden, vier-, sechs- auch achtkantigen Querschnitt und geschieht die Befestigung der Messer bei den runden Wellen mittels Messerstellschrauben, oft auch mittels Federn. Die Messer der vier-, sechs- und achtkantigen Wellen werden einfach mit ihren gleichgeformten Bohrungen auf die ersteren geschoben und am Ende durch die Endschnecken oder mittels sonstiger Befestigungen am Heruntergleiten gehindert. So praktisch diese Befestigungsart an und für sich ist (man ist z. B. imstande, die Messer selbst in $^1/_4$-, $^1/_6$- oder $^1/_8$-Drehung mit Leichtigkeit zu stellen), so haften dieser Anordnung doch verschiedene Mängel an. Ein im Preßzylinder festgeklemmter Stein oder sonst dergleichen hält das betreffende Messer fest, und die Messerwelle kommt zur Verdrehung. Bei Messern, die mit Messerstellschrauben auf runder Welle befestigt sind, reißt einfach die Spitze der erwähnten Schraube und ist die letztere leicht und schnell durch eine neue zu ersetzen. Die Messer selbst dienen nicht nur dem Transport, sondern auch der Mischung des Ziegelgutes und wird dem auftretenden Verschleiß durch Aufsetzung von Hartguß- und Stahlbelägen entgegengearbeitet. Um ein Materialmitdrehen mit den Messern zu verhüten, sind im Innern des Preßzylinders Gegenstäbe angeordnet. Die Form der Messer ist größtenteils die der halben Schnecken sowie der schmalen und breiten Doppelmesser. Die Riemenscheiben sind möglichst groß zu dimensionieren und soll die Losscheibe mit Leerlaufbüchse ausgerüstet sein. Sämtliche Schmierstellen sind leicht zugänglich zu halten, so daß selbst im Betrieb ein Nachschmieren möglich ist. Den Lagerungen sämtlicher Wellen, namentlich der Messerwelle, ist größte Aufmerksamkeit zu schenken. Die Messerwelle muß, um den durch die Messer erzeugten Gegendruck auf das Maschinengestell zu übertragen, gegen eine gehärtete Stahlpfanne oder eine solche aus härtester Phosphorbronze laufen. Großes Gewicht ist auch auf die den Ton vom Äußern der Presse absperrenden Schaber zu legen und namentlich die Messerwelle am Preßrumpf und die Speisewalze an den Seiten gut abzudichten. Die Lager der erwähnten Walze sind mittels Schutz- und Überkapselungsringe vor Verschmutzung zu sichern. Daß namentlich die Messerwelle aus Stahl sowie sämtliche Teile der gesamten Presse der hohen Beanspruchung wegen aus besten Materialien bestehen müssen, ist wohl einleuchtend.

Dieselbe Presse als Form- und Mischmaschine dient der Verarbeitung von durch Walzwerke vorbereitetem, steinigen Tonmaterial oder von Ton, welcher klebrig, gleichmäßig gesumpft, großstückig und kantig direkt zur Presse kommt.

Hierzu gehören die Pressen, welche zwei Speisewalzen aufweisen, auch dürften die diesem

Fig. 70. Ziegelpresse mit Riffelspeisewalzen. Rixdorfer Maschinenfabrik.

Kapitel angereihten Pressentypen hierher zu zählen sein. Diese Art Maschinen nehmen bei glatten Speisewalzen klebrigen, frisch gewalzten, gleichmäßig gesumpften Ton, bei geriffelten Speisewalzen (Fig. 70) kantigen, schlüpfrigen, großstückigen, äußerlich angetrockneten Ton zur Verarbeitung auf. Die Misch- und Preßwirkung beginnt also im Trichter schon über dem Walzendurchlaß und steht von da ab aller Ton in der Maschine bis zum Austritt aus dem Mundstück unter der Preß- und Mischwirkung der Speisewalzen. Da der geschlossene Arbeitsraum in diesem Falle ungefähr doppelt so lang ist wie bei den Maschinen mit einer Speisewalze, so ist namentlich die Mischwirkung bei jenen mit zwei Speisewalzen natürlich eine viel größere als bei denen mit einer Walze. Der Durchmesser der Speisewalzen ist annähernd gleich dem der Treibschnecken und stehen die Walzen je nach der Größe der Maschinen 6—30 mm auseinander, um genügend Material aufnehmen und in die Schnecken hineindrücken zu können.

Anstatt der einen Speisewalze, welche im Preßrumpf oder im Trichter der bereits beschriebenen Maschine gelagert ist, sind bei diesen Pressen zwei Walzen vorgesehen. Die letzteren sind entweder glatt, dem Umfange entsprechend gerillt, horizontal oder schräg horizontal, sowohl erhaben wie vertieft

Fig. 71. Liegende Schneckenstrangpresse mit stehendem Tonschneider.

geriffelt. Die Lager genannter Walzen sind dem gewünschten Einzugschlitz entsprechend verstellbar und bestehen erstere wegen der geringen Umdrehungen der Walzen meistenteils aus Gußeisen. Man hat es leicht in der Hand, beide Walzen mit Differentialgeschwindigkeit gegeneinander arbeiten zu lassen. Die Kuppelräder bestehen aus Stahlguß und bekommt eines derselben bei den meisten Pressenkonstruktionen seinen Antrieb direkt von dem auf der Messerwelle sitzenden Stirnrade oder vom am Messerwellenrad direkt befestigten Zahnkranz. Dieselbe Verarbeitung und Verformung des Tonmaterials dürften auch die folgenden Maschinentypen aufweisen.

Liegende Schneckenstrangpresse mit stehendem Tonschneider der Firma A.-G. vorm. A. Kuhnert

& Co., Meißen. Diese Art Maschinen (Fig. 71) hat anstatt Speisewalzen über dem Preßrumpf einen stehenden Tonschneider. Der Antrieb der Welle des letzteren und der Messerwelle des eigentlichen liegenden Preßzylinders geschieht mittels Zahnräder, welche einen Gesamtantrieb aufweisen.

Nach dem D. R. P. 207470 ist eine Erfindung der Firma Griesemann & Co., Magdeburg, geschützt, welche bezweckt, das Ziegelgut im Preßrumpf der liegenden Presse durch Mischmesser, welche eine bedeutend größere Geschwindigkeit aufweisen als die eigentlichen im Preßzylinder liegenden Misch- und Preßmesser der Messerwelle, aufzubereiten. Zu diesem Zwecke sind auf der Messerwelle nur im eigentlichen Preßzylinder Messer befestigt, während auf

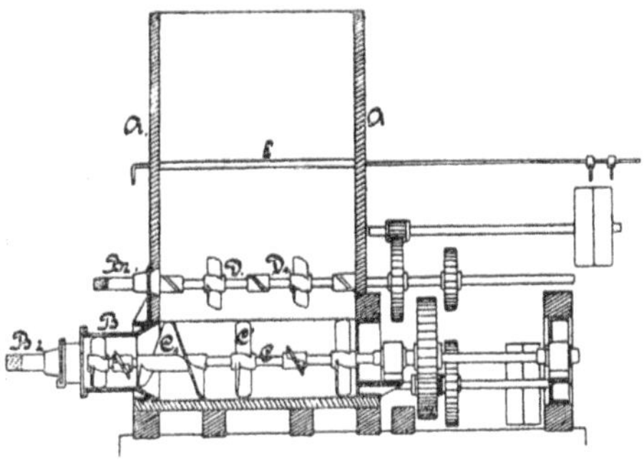

Fig. 72. Sumpfpresse. C. Schlickeysen.

den Teil der ersteren, welcher im Preßrumpf der Maschine arbeitet, eine mit besonderem, außerhalb des erwähnten Rumpfes liegenden Antriebe versehene Hülse geschoben ist. Diese Hülse, welche natürlich eine ganz verschiedene Geschwindigkeit zur normalen der Messerwelle haben kann, ist mit den anfänglich erwähnten Mischmessern versehen.

Die trotz ihrer sofort in die Augen springenden Vorteile seitens der früheren Firma C. Schlickeysen gebaute, später jedoch wenig in Aufnahme gekommene Sumpfpresse (Fig. 72) dürfte ebenfalls hierher gehören. An Stelle der Speisewalzen einer normalen Presse treten hier Misch- und Zerkleinerungsschnecken, welche im Preßrumpf über der eigentlichen Messerwelle parallel zu dieser gelagert sind. Die Drehungsrichtung der letzteren ist die der sonstigen Speisewalzen. Die Mischwirkung, welche durch das Zusammenarbeiten der Speiseschnecken mit der Preßschnecke erzielt wird, ist ganz bedeutend, zumal man die Geschwindigkeit der drei Schnecken zueinander derart wählen kann, daß das Material von jeder einzelnen zerrissen und zerknetet wird.

Ferner bringt die liegende Strangpresse, deren Zylinder im Innern mit den erst in neuerer Zeit bekannt gewordenen Schlickeysen'schen Ringen (Fig. 73) eine gute Mischwirkung hervor, wenn natürlich auch der Kraftbedarf ein größerer als bei glattwandigen Zylindern ist. Durch die im Innern zacken-

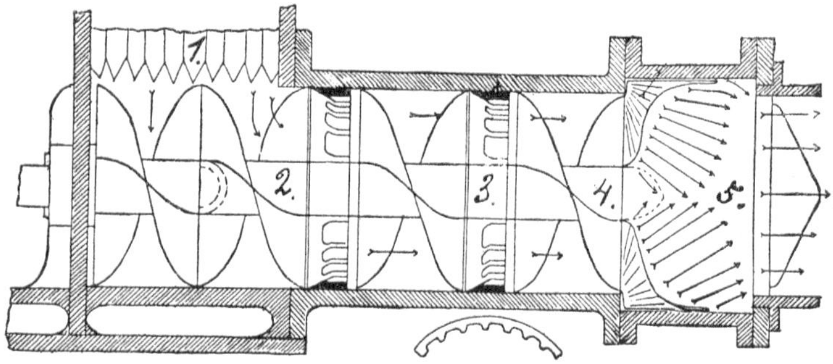


Fig. 73. Schlickeysen'sche Ringe.

förmig ausgestalteten Ringe soll ein Kneten und Mischen hervorgerufen werden. Gleichzeitig sollen die erwähnten Ringe das von den Messern vorwärts zu schiebende Material am Mitdrehen hindern.

Die Firma Ed. Laeis & Co., Trier, baut zwecks Erzielung guter Materialmischung Schneckenstrangpressen mit am Preßkopf liegendem Antrieb (Fig. 74). Die gute Mischwirkung hängt vielfach von der Länge des eigentlichen Preßzylinders sowie vom Austritt des Tonstranges ab. Durch Verlegung des Antriebes nach der Mundstückseite kann der Tonstrangaustritt rationell nur seitlich erfolgen, weshalb eine große Pressung im Innern des Zylinders stattfindet. Ebenfalls bedingt der lange Preßzylinder auch eine lange Misch- und

Preßschnecke, deren Welle ihrer Stabilität halber am vorderen Ende noch einmal gelagert ist.

Zu zählen wären ferner hierher: Die Presse mit dem Parallelschneckensystem der Maschinenbau-A.-G. vorm. Breitfeld, Danek & Co., Schlan (Böhmen). Diese Doppelschneckenpresse (Fig. 75) ist dadurch gekennzeichnet, daß in einem gemeinsamen, ein einziges Mundstück tragenden Zylinder zwei gegenläufig wirkende Preßschnecken angeordnet sind. Die Vorteile, welche durch diese Anordnung

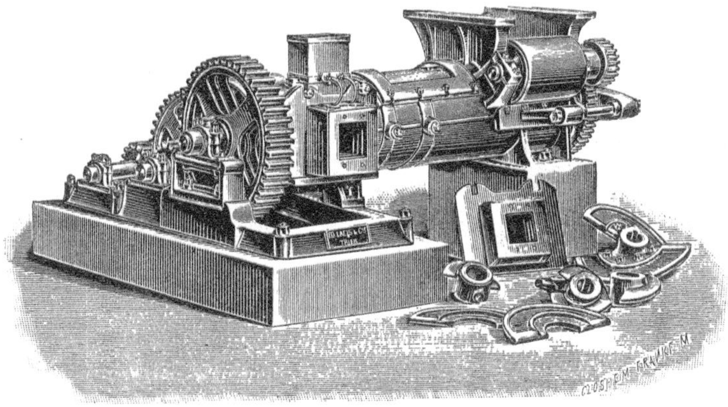

Fig. 74. Schneckenstrangpresse mit am Preßkopf liegendem Antrieb. Ed. Laeis & Co., Trier.

erreicht werden, liegen in erster Linie darin, daß das Material infolge der gleichförmigen Verteilung des Druckes und durch die gute Mischwirkung auf allen Punkten des Querschnittes vollkommen gleichmäßig aus dem Mundstück tritt.

Die amerikanische Presse der Chambers Brothers Company in Philadelphia hat einen nach dem Mundstück hin konisch sich verjüngenden Preßzylinder, an welchen sich der noch konischer gebaute Preßkopf anschließt. Im ersteren Teil, welcher als Tonschneider wirken soll, ist die Messerwelle mit Stahlmessern, ähnlich den Messern in den Zentraltonschneidern, welche spiralförmig angeordnet sind, besetzt. In dem sehr konisch gehaltenen Preßkopf ist die Messerwelle zu einer kegelförmigen Schraube, ähnlich einer

Holzschraube, ausgebildet. Diese Schraube soll die von den Tonschneiderflügeln vorgemischte und zerkleinerte Masse erfassen und verdichten, bis der Ton in das dem Preßkopfe vorgeschaltete Mundstück gedrückt ist. Die Innenseite der Zylinder ist mit Längsrippen entgegen der Schraubenrichtung versehen, um dadurch eine Materialmitdrehung zu verhüten.

Zum Schlusse führen wir noch, als hierher gehörend, die seitens der Firma F. A. Smith, Reading, England, gebaute Presse auf. Diese Maschine ist eine Kombination der liegenden Schneckenstrangpresse mit einer Walzenpresse.

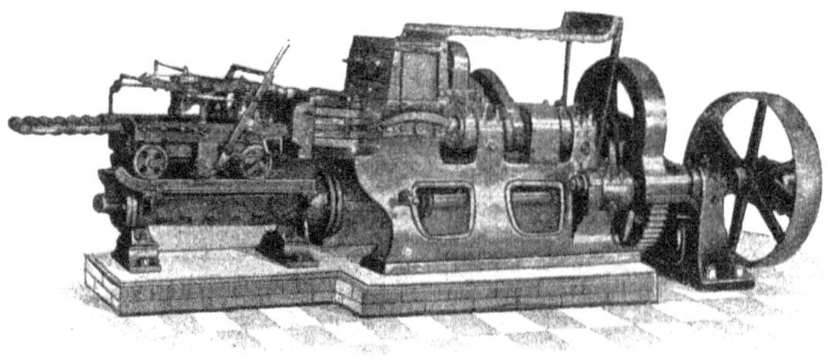

Fig. 75. Parallelschneckenpresse.
Maschinenbau-A.-G. vorm. Breitfeld, Danek & Co., Schlan (Böhmen).

Die erstere mit zwei Speisewalzen dient zum Mischen des Tones, die letztere zum Formen desselben.

Presse als Form-, Misch- und Zerkleinerungs-Maschine. Zweck: die Verarbeitung von teilweise direkt aus der Grube kommendem, steinigen und Mergel enthaltenden feuchten Tonmaterial oder von mehreren Tonsorten zu einer homogenen Masse.

Hierzu gehört die Patent-Knetwalzen-Ziegelstrangpresse. Diese Maschine (Fig. 76) nimmt direkt grubenfeuchten, teilweise angetrockneten Ton, welchem zur eventuellen Magerung noch Sand oder Ziegelmehl zugesetzt werden kann, auf. Ferner mischt sie mehrere verschiedenfarbige Tone zu einer einzigen homogenen Masse. Auch kalkreiches und mit Steinen bis Haselnußgröße versetztes Material wird durch diesen Pressentyp vollständig zur Fabrikation von Voll- und sonstigen Steinen geeignet gemacht. Die konstruktive Eigenart und die Wirkungsweise dieser Maschine ist in Nr. 16 der Deutschen Töpfer- und Ziegler-Zeitung (Jahrgang 1908) ausführlich beschrieben worden. Wir haben den betreffenden Zeitungsartikel in diesem Werke unter dem Sonder-

Fig. 76. Patent-Knetwalzen-Ziegelmaschine. Rixdorfer Maschinenfabrik.

abschnitt »Die Ziegelmaschinenpraxis und ihre Betriebsergebnisse« wörtlich zum Abdruck gebracht und diese Abhandlung mit einzelnen fachmännischen Gutachten verbunden. Wir möchten nicht unterlassen, auf das in dem Sonderabschnitte unseres vorliegenden Werkes Gesagte hinzuweisen.

Die beschriebenen Pressenarten kommen in der Praxis meistens von 200—600 mm lichtem Zylinderdurchmesser vor, und dienen die kleineren, bis 300 mm, zur rationellen Dach-, Lochziegel- sowie Rohrfabrikation, die größeren Typen vorwiegend zur Vollsteinfabrikation. — Als besondere Typen sind noch die Strangpressen zu erwähnen, welche, der Belegung der Trockenschuppen folgend, nicht auf einem Flecke feststehend, sondern fahrbar eingerichtet sind. Selbstverständlich können die

Antriebe dieser Maschinen auf jedmögliche Art und Weise geschehen. Besonders hervorgehoben seien hier drei Arten:

Die fahrbare Ziegelpresse, mit einer Dampfmaschine direkt gekuppelt. Auf einem Fahrplateau sind Maschine, Kessel und Presse vereinigt montiert. Die Anlage ist namentlich für Gegenden bestimmt, welche nur wenige Ziegel gebrauchen, auch sind die Anlagekosten auf ein Minimum beschränkt. Ein weiterer Vorzug dieser Anlage ist der, daß sie z. B. in den Kolonien, weit entfernt von Maschinenwerkstätten ohne Fundamente rationell arbeiten kann.

Die fahrbare Ziegelpresse mit einem Elektromotor direkt gekuppelt. Die Presse ist, wie soeben beschrieben, auf einem Fahrplateau mit einem Motor direkt gekuppelt. Mittels Steckdosen wird der elektrische Strom von der am Trockenschuppen entlang gelegten Stromleitung in einzelnen Entfernungen von der letzteren abgenommen und dem Motor zum Betriebe zugeführt.

Die fahrbare Ziegelpresse mit direktem Seilantrieb. Zwischen den Endpunkten des Trockenschuppens läuft ein von einem der erwähnten Punkte angetriebenes Seil. Das letztere läuft über am Fahrplateau der Maschine befestigten Knickpunktrollen um die eigentliche Antriebsseilscheibe der Presse. Mittels konischen Rädervorgeleges wird die Bewegung auf die Messerwelle der Presse direkt übertragen. Es ist leicht einzusehen, daß die Presse an jedem beliebigen Punkte, welcher im Bereiche des erwähnten Seiles liegt, arbeitet. Als Fabrikation dürften bei diesen transportablen Anlagen wohl nur Dachziegel und sehr empfindliche, einen Transport kaum aushaltende Artikel in Frage kommen. Erwähnt sei noch, daß von mehreren Werken Doppelpressen mit einem einzigen Antrieb gebaut werden, jedoch dürfte diese Abart kaum Eingang in die Praxis gefunden haben. Interessehalber bemerken wir noch, daß in Wassermühlen mit Wasserradantrieb die Schneckenwellen der Strangpressen direkt mit den Wasserradwellen gekuppelt werden. Das Arbeiten der Presse ist, da sämtliche Stirnräder, Riemen und Vorgelege in Fortfall kommen, ein äußerst ruhiges.

Die Verschiedenheit der einzelnen Teile der liegenden Strangpressen bei den einzelnen Bauarten und Typen.

Der Preßrumpf. Dieser, der Materialaufnahme dienende Teil, in welchem fast stets die Speisewalzen angeordnet sind, wird je nach Ansicht, mit seitlichen Rippen und Verstärkungen derart ausgerüstet, daß Walzwerke etc. direkt auf demselben aufmontiert werden können. Eine Reinigung des Rumpfes sowie ein Kontrollieren der darunter sich befindlichen Schnecke ist jedoch meist nur bei Anordnung von einer Speisewalze möglich, da hier der leer bleibende Raum der zweiten Walze obigem Zwecke dienen muß. Sind zwei

Fig. 77. Liegende Ziegelstrangpresse. Richard Raupach, G. m. b. H., Görlitz.

Speisewalzen angeordnet, so ist es der leichten Messerkontrolle halber richtiger, das überzubauende Walzwerk mit einem bestimmten Abstand auf einem eigenen Podest oder Boden aufzustellen. Bei dieser Anordnung ist es etwas leichtes, den Trichter des Preßrumpfes, der dann meistens aus dem unteren halben Zylinder und dem auf diesen aufgeschraubten Speisewalzentrichter besteht, abzukippen und auf diese Art die Messerwelle bloßzulegen.

Der Preßzylinder. Dieser, der Ummantelung der Schnecke dienende, je nachdem mit einem Stahlblech- oder Hartgußmantel ausgekleidete Teil der Presse zeigt die verschiedensten Formen. Es kommen vor: konische, nach dem Mundstück sich verjüngende und umgekehrt konische (wie z. B. in England), vom Preßrumpf sich erweiternde Formen.

Die zylindrischen oder sehr schwach konischen Zylinder sind wohl die gangbarsten, da bei dieser die einzelnen Messer teilweise gleich gestaltet sein können und ein Versetzen derselben sehr leicht möglich ist. Auch sind stufenförmige Zylinder (Fig. 78, 79), welche im Innern anstatt Gegenmesser mit angegossenen Nocken oder Schraubenköpfen versehen sind, sehr in Aufnahme gekommen. Um den Verschleiß der Messer auszugleichen, werden in dem Stufenzylinder auch von außen nachstellbare Schrauben, mittels welcher man imstande ist, der Abnutzung der Messer zu folgen, angeordnet. Die stufenförmige Bahn soll ein Zurückstauen des bereits vorgepreßten, jedoch nur unter Druckerzeugung in das Mundstück tretenden Tones bewirken. Bei Anordnung zweier Speisewalzen im Preßrumpf resp. Trichter ist jedoch die Anwendung eines

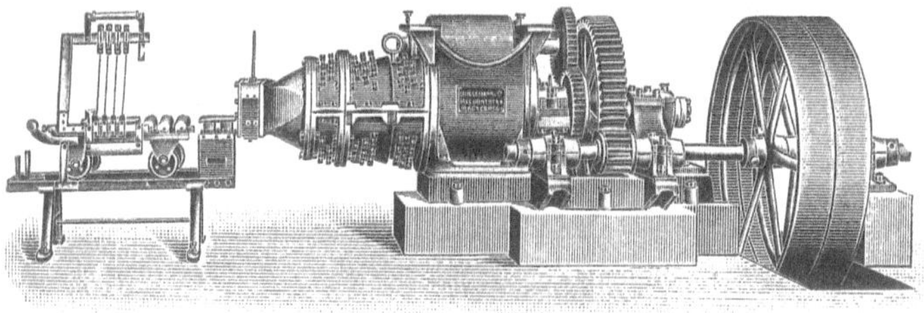

Fig. 78. Stufenpresse. Griesemann & Co., Magdeburg.

stufenförmigen Zylinders vollständig unnötig, und erreicht man durch die genannten Walzen sogar noch einen intensiveren Mischprozeß des aufzugebenden Tones. Da öfter ein Versetzen des Tones bei ungleich angefeuchtetem Material, ferner ein Trockenwerden des Inhaltes bei Unachtsamkeit der die Maschine bedienenden Mannschaft eintritt, auch die Messer von Zeit zu Zeit kontrolliert werden müssen, so ist der Preßzylinder seitens der Ziegelpressen bauenden Firmen auf alle erdenkliche Art zum Reinigen konstruiert worden. Nicht nur mehrere in einer Reihe angeordnete, mit Verschlußknebel versehene Reinigungsklappen sondern auch die oft angewandte Zweiteiligkeit des Zylinders, dessen obere Hälfte alsdann Bügel oder Ösen zum Einlegen des Flaschenzuges aufweist, sorgen für die Möglichkeit einer schnellen Kontrolle.

Wir finden ferner Zylinder, deren oberer und unterer halber Mantel zu Klappen mit Scharnieren ausgebildet und welche auf Traversen parallel zur Messerwelle nach oben und unten abzuklappen sind, dadurch die Messerwelle vollständig freilegend. Eine andere Konstruktion zeitigt eine Presse mit seitlich aufklappbarem, senkrecht geteilten Zylinder. Schnelle und bequeme innere Revision und Reinigung ohne nennenswerte Demontage ist auch hier möglich. Da die eine Zylinderhälfte nach links, die andere nach rechts um starke Scharniere herum geschwenkt wird, die Gewichte jedoch der als Frei-

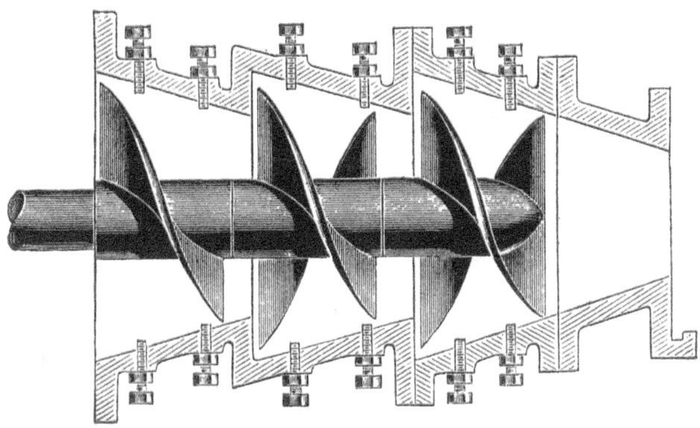

Fig. 79. Stufenzylinder.

träger wirkenden Hälften ziemlich beträchtlich sind, so ruht der vordere Teil, wenn der Preßzylinder geschlossen ist, mittels Füßen auf einer festgelagerten Sohlplatte. Auch muß hier einer Erfindung gedacht werden, nach welcher der äußere Pressenmantel mit einem der Länge nach mehrfach geteilten inneren Mantel versehen ist. Die Mantelteile sollen durch Spindeln gegen den Pressenschneckenumfang verstellbar sein und hierbei durch Knaggen geführt werden, so daß der Mantel den ganzen Umfang der Schnecken dicht umschließt. Zur Festhaltung des Materials im Innern des Preßzylinders werden Kontrestäbe angeordnet, welche jedoch nur in geringer Anzah wegen der vorhandenen Schnecken, zwischen die der Stab sich einschiebt, angeordnet werden können. Diesem Übel stande und auch einem eventuell auftretenden Rückstau abzuhelfen, sollen nach einer anderen Erfindung größere und kleinere, in schraubenförmig angeordnete Linien eingesetzte Zähne im Preßzylinder vorhanden sein. Bei allen, auf den ersten Augenblick von günstiger Wirkung erscheinenden Erhöhungen und Unterbrechungen im Innern des Zylinders muß jedoch bedacht werden, daß um das Höhenmaß der Nocken, Zähne usw. die Schnecke an Durchmesser verliert, weshalb wohl eine große Mehrleistung der Presse durch Anbringung dieser Vorsprünge nicht zu erwarten sein dürfte. Des weiteren muß hier eines Preßzylinders gedacht werden, der kontrespiralförmige Stäbe im Innern aufweist und konisch geformt ist; auch hierdurch soll ein Mitdrehen resp. Zurückstauen verhütet werden.

Der Preßkopf. Der an dem Preßzylinder angeschraubte Preßkopf bezweckt ein Sammeln und Verdichten des fertig verarbeiteten Materials, bevor es in das Mundstück gelangt. Länge und Form richtet sich teilweise nach dem zur Verarbeitung kommenden Tonmaterial und finden wir hier wieder vielfach die bereits beim Preßzylinder erwähnten Reinigungsklappen, um ein Ausstechen des Kopfes nach Möglichkeit zu beschleunigen. In der Praxis findet man auch oft vom Preßzylinder abklappbare Preßköpfe vor. Zu erwähnen wäre ferner der sogenannte Konoid-Preßkopf, dessen Innenflächen aus dem runden Preßzylinderquerschnitt in den des Mundstückes übergehen. Ferner möchten wir auf einen Preßkopf aufmerksam machen, welcher einen größeren Querschnitt aufweist, als der zugehörige Preßzylinderquerschnitt. Durch diese Anordnung bildet sich eine Stufe, die gegen ein eventuelles Zurückstauen des Tones günstig wirkt und ferner gestattet, daß die Flügel des Endmessers einen größeren Durchmesser besitzen, als die der eigentlichen Preßschnecke. Man ist dadurch imstande, mit einer kleinen Presse mit kleinen Schnecken breite und große Fabrikate auszupressen. In neuerer Zeit hat man versucht, den Preßkopf mit Schuppenbewässerung zu versehen, auch ist man bei Verarbeitung namentlich anderer Materialien auf den liegenden Schneckenstrangpressen dazu übergegangen, den Preßkopf mit Dampf zu beheizen, indem man den Dampf in eine um den Kopf herumgelegte Dampfkammer leitet. Für mittlere Leistungen, 2500—3000 Vollsteine stündlich, findet der einsträngige, für größere Leistungen der zweisträngige Preßkopf Verwendung. Bei letzterem liegen die beiden Ausgänge schräg zur Maschinenachse und zwar in einem Winkel von ca. 90°. Ein besonderer Vorzug dieser zweisträngigen Köpfe ist das Nichtauftreten der Struktur in den hergestellten Tonsträngen.

Die Speisewalzen. Bei Pressen mit einer Speisewalze findet man wohl stets nur eine zylindrische glatte Form vor, da die Funktion dieser einen Walze nur aus der Wiederzuführung des von den Schnecken seitlich gedrängten Materials besteht. Die Anordnung zweier Speisewalzen erheischt dagegen einen bedeutend schwerer gebauten Preßrumpf oder Trichter und sind meistens die Befestigungsbolzen der je auf einer Seite liegenden beiden Lager durchgehend, um hierdurch ein Brechen der gußeisernen Mittelstege der Trichter zu verhüten. Die Lager der einen Walze werden gewöhnlich fest gelagert, während die der anderen Walze einstellbar eingerichtet werden. Man kann hierdurch den Arbeitsschlitz beider Walzen vergrößern und verkleinern. Als Form der Walzen ist außer der konischen größtenteils die zylindrische vorherrschend. Hier hat man wieder zu unterscheiden: glatte, gerillte und geriffelte Walzen. Bei den letzteren findet man vertiefte und erhabene, horizontale, schräg horizontale und pfeilartig geriffelte Formen vor. Alle diese Arten sollen ein gutes Einziehen des Tones in den Trichter bewirken, jedoch auch ein leichtes Absperren des unter Druck im Preßrumpf stehenden Tones mittels verstellbarer Schaber gestatten. Zwecks besseren Einziehens wäre hier noch die oft gewählte Differentialgeschwindigkeit zwischen beiden Walzen sowie die verschiedene Größe im Durchmesser der Speisewalzen zu erwähnen.

Das Vorgelege. Während die kleineren Pressen größtenteils mit einfachem Vorgelege ausgerüstet werden, erhalten die größeren Typen Doppelvorgelege. Die Zahnräder sollen der starken Inanspruchnahme entsprechend äußerst stark dimensioniert sein, so daß ein Zahnbruch bei normaler Behandlung der Presse nicht vorkommen darf. Die Räder werden meistens mit geraden Zähnen versehen, jedoch findet man solche auch mit Winkelverzahnung. Als Material für die Triebe und Speisewalzenräder kommt Stahlguß, für die größeren Räder zäher Grauguß in Betracht. Auch ist das Übersetzungsverhältnis zwischen den einzelnen Zahnrädern zweckentsprechend zu wählen und zwar derart, daß in einem Vorgelege nicht zu große Übersetzungen vorkommen, ferner daß die Zähnezahl der Triebe nicht in der des Rades aufgeht. Durch Beachtung der letzteren Vorschrift erreicht man, daß nicht immer derselbe Zahn des Triebes mit dem des Rades zusammen arbeitet. Als Material für die Wellen kommt nur Stahl in Betracht und sind dieselben recht stark zu dimensionieren. Die Lagerungen der letzteren müssen mit dem Maschinengestell auf das solideste verbunden werden und geschieht dieses wohl am vorteilhaftesten durch Schrauben und Federn. Die letzteren, halb im Lagerfuß, halb im Maschinengestell, sichern die Lager gegen seitliches Ausweichen, was bei Zahnradübertragungen von großem Nutzen ist. Ferner sind die Lagerbefestigungsschrauben entlastet und kann ein eventuell abgenommenes Lager durch jeden Arbeiter wieder an richtiger Stelle befestigt werden. In der Praxis findet man Lager mit Rotguß- und Weißmetallschalen, sowie solche mit Ringschmierung vor. — Zu der Frage, ob einfaches oder doppeltes Vorgelege vorzuziehen ist, möchten wir erwähnen, daß das einfache Vorgelege wegen kleinerer Reibungsverluste weniger Kraft beansprucht, dafür jedoch durch den langsameren Gang stärkere und breitere Riemen verlangt. Für heutige Verhältnisse, bei welchen man die Antriebstransmissionen mit 2—300 Touren pro Minute laufen läßt, ist jedoch, namentlich bei größeren Maschinen, das Doppelvorgelege am Platze. Die Riemenverhältnisse sind kleinere, die Antriebsscheiben jedoch größere, wodurch außer der Schonung des Riemens noch ein besseres Durchziehen des letzteren gewährleistet wird. Neuerdings findet man Pressen (A.-G. vorm. A. Kuhnert, Meißen) bei welchen anstatt des stets gleichbleibenden Rädervorgeleges ein solches aus Kette und Kettenrädern tritt. Es sind sowohl auf der Riemenscheibenwelle wie auf der Vorgelegewelle mehrere verschieden große Kettenräder befestigt (Fig. 80). Man kann durch Auflegen der Kette je nach Wahl der Kettenräder bei gleichbleibender Tourenzahl der Riemenscheibenwelle eine langsamere und schnellere Umdrehungszahl der Messerwelle erreichen, was bei Fabrikation von verschieden dimensionierten Fabrikaten von Vorteil ist. Gleichfalls bleibt zu erwähnen, daß bei etlichen Pressentypen die Riemenscheibenwelle nebst Lagerung erspart ist. Die Riemenscheiben mit dazugehörigem Trieb laufen alsdann auf einer der den hinteren Messerwellenbock mit dem Preßrumpf verbindenden Traversen.

Fig. 80. Ziegelpresse »Ideal«.
Sächsische Maschinenfabrik A.-G. vorm. A. Kuhnert & Co., Meißen.

D i e M e s s e r w e l l e. Diese, die eigentlichen Misch- und Transportmesser tragende Welle, welche wohl als Hauptwelle der Presse zu bezeichnen ist, unterliegt einem ziemlich großen Verschleiß und muß daher aus bestem Stahl bestehen. Der Querschnitt derselben ist, wenigstens für den Teil, welcher im Preßrumpf und Preßzylinder arbeitet, wohl meistens ein runder, jedoch kommen auch vier-, sechs- und achtkantige Wellen vor. Bei dem runden Querschnitt geschieht die Befestigung der Messer mittelst angebohrter Stellschrauben, sowie mittelst Federn. Bei Verwendung des vier-, sechs- und achtkantigen Querschnitts werden die Messer mit der entsprechenden Bohrung auf die Welle geschoben und am vorderen Wellenende durch Scheibe und Schraube gesichert. Der Vorteil des runden Querschnitts ist die kleinere Raumbeanspruchung sowie die leichtere Bearbeitung. Ferner bieten beim Festklemmen irgendeines Messers durch einen Fremdkörper die erwähnten Messerstellschrauben insofern einen Schutz gegen eventuell auftretendes Verdrehen, als die in den

Anbohrungen der runden Welle sitzenden Zapfen der Stellschrauben einfach abreißen. Da der Druck der Messer und durch diese der der Messerwelle beim Arbeiten nach hinten gerichtet ist, so wird fast stets ein extra gehärteter Spurzapfen in die Welle eingesetzt, welcher wiederum gegen eine aus Stahl oder härtester Phosphorbronze bestehende im Messerwellenbock gelagerte Pfanne läuft.

Die Schneckenmesser. Die Erfahrung hat gelehrt, daß die Form und Steigung der Messer auf die qualitative und quantitative Leistung, sowie auf den Kraftbedarf der Maschinen eine außerordentlich große Rolle spielt. Man findet daher die verschiedensten Arten vor und hat wohl jede Spezialfabrik auch ihre Spezialmesserformen. Um dem äußerst stark auftretenden Verschleiß entgegenzutreten, sind die gußeisernen Messerkörper mit angenieteten, auf Kokillen gegossenen Hartgußbelägen versehen. Oft findet man die erwähnten Beläge nachstellbar, oft auch das ganze Messer aus Stahlguß bestehend. Da in der Presse nicht nur ein Transport, sondern auch ein Verarbeiten resp. Vermischen des Tongutes vor sich gehen soll, so erhalten die Messer meistens 2 und 3 Flügel und unterscheidet man hier wieder breite und schmale Doppel- resp. dreifache Messer. Im Preßrumpf, also dem Teil der Presse, wo eine intensivere Mischung noch nicht vor sich geht, kommt auch oft die direkte Schneckenform vor. Um bessere Tonmischungen zu erzielen, wird öfter die hintere Fläche der Messer mit mehreren Rippen versehen. Das Deutsche Reichspatent Nr. 173 865 beschreibt das sogenannte Stavenicek-Schneckenmesser. Der Randbelag besteht hier aus einzelnen gehärteten Stahlplättchen, welche je nach Bedarf nachstellbar resp. auswechselbar sind. Auch werden die erwähnten Plättchen teilweise durch Federn nach außen gepreßt, jedoch derart, daß dieselben im bestimmten Abstand vom Pressenmantel bleiben. Um ein eventuell auftretendes Zurückstauen des Tones zu verhindern, wendet Leo Mewes, Rethen, Schnecken mit winklig radialem Ansatz an den sich überdeckenden Flügelenden an. Eine Verdichtung des Tones und dadurch bedingte Vermeidung der öfter in den Formlingen auftretenden S-Risse will die Firma Förster & Co.,

Magdeburg, durch spitzwinklig zur Welle geformte Messer, die das Material nach der Achse drücken, erreichen. Etliche Werke wenden bei ihren Maschinen durch die Welle gesteckte geschmiedete Messer an, wieder andere versehen die Messerränder mit Schlitzen, damit dieselben nach auftretendem Verschleiß nachstellbar sind. Zur eventuellen Erzielung strukturfreier Steine werden unter anderen genannt die patentierten Schneckenmesser mit nabenloser Endschnecke:

System Erfurth-Teuchern, Franke-Magdeburg, Förster-Magdeburg. Während bei dem ersten System die Nabe zum Kegel ausläuft und an den Flächen derselben sich zwei dreieckig geformte Schneckenflügel anschließen, ist bei dem zweiten System durch Anordnung dreier Flügel von dem erwähnten Kegel fast nichts mehr zu sehen. Das Endmesser System Förster zeigt eine muldenförmige Gestalt. Die beiden halben Schneckenflügel nehmen die ebenfalls zum Kegel auslaufende Nabenspitze vollständig in sich auf und drücken vermöge ihrer Gestalt das Tonmaterial nach der Formmitte. Zu erwähnen wären hierbei noch die sogenannten Kompensationsschnecken der Firma Schmelzer, Magdeburg, welche, da der Preßzylinder konisch geformt ist, nach Verschleiß ein Aufrücken in den kleineren Querschnitt des Zylinders gestatten, mithin stets nur ein Messer erneuert werden braucht. Die abgeschlissenen und in ihrem Durchmesser kleiner gewordenen Messer rücken einfach beim Einsetzen des neuen Messers nach dem Mundstücke auf. Den wohl bei sämtlichen Schnecken auftretenden einseitigen Vorschub des Materials will Förster-Magdeburg, durch in den Preßzylinder eingebrachte halbringförmige, den Druckseiten gegenüberliegend angebrachte Rippen verhüten.

## Hängende Schneckenstrangpressen.

Diese Maschinen, Fig. 81, dienen lediglich der Rohrfabrikation und zwar können aus denselben sowohl glatte als Muffenrohre hergestellt werden. Als weitere Fabrikation auf solchen Pressen geben wir an, daß diese in der Praxis zur Erzeugung von ovalen Muffenrohren, Sohl- und Formsteinen für Kanalbauten, sechskantigen Rohren mit und ohne Rippen für Winderhitzer, Kaminhohlsteinen, Säulenhohlsteinen, Kapseln und Muffeln, die letzteren mit angepreßtem Boden verwendet werden. Die Maschinen müssen äußerst stark gebaut sein, da die Inanspruchnahme sämtlicher beweglichen Teile als Räder, Wellen usw. wegen des öfteren Ausrückens und Wiedereinrückens bei voller Belastung sehr groß ist. Ein weiterer Grund, die Pressen äußerst stabil zu bauen, ist die äußerst steife Materialverarbeitung. Beim Arbeiten mit weicherer Masse würden die hergestellten Rohre das Abnehmen mittelst Rohrkorbes nicht vertragen und eine Deformation des Querschnittes zu befürchten sein. Die bei Walzenpressen oft eintretenden Blasenbildungen in dem auszupressenden Strang sowie die nach dem Brande bei Verarbeitung schlecht vorbereiteten Materials sich ergebenden Strukturabblätterungen weisen die Schneckenpressen nicht auf, jedoch haftet den letzteren bei Anwendung eines kurzen Preßkopfes der Fehler an, daß das Arbeiten des unteren Messers am Rohrumfang teilweise durch Bildung einer spiralförmigen Linie zu sehen ist. Rohre, größer als 500—600 mm lichte Weite werden günstiger auf Walzenpressen hergestellt. Glatte Rohre mit kleinem lichten Durchmesser treten zu mehreren aus dem Mundstück. Die Muffenrohrformen werden teilweise mit Gips sowie auch mit hartem getränkten Holz ausgefüttert. — Konstruktiv sind die Rohrpressen wie folgt ausgebildet: Der hängend angeordnete, stark gebaute Tonschneider trägt am unteren Ende einen, die eigentliche Form tragenden, glockenförmigen Preßkopf. Am oberen Flansch ist außer der eigentlichen Lagerung der Vorgelege ein sehr stark dimensionierter Lagerbügel befestigt. Tragkonsole etc. dienen dazu, die ganze Presse an Unterzügen der Decke oder auf dem Fußboden etc. fest zu verankern. Die Pressen haben meistens Doppelvorgelege und muß das Antriebsrad der Messerwelle, des bequemen Beschickens der Presse halber, ziemlich hoch angeordnet werden. Die Messerwelle, besetzt mit Stahlgußmessern, trägt im Lager des oberen Bügels stählerne Gegendruckringe, da der Druck der ersteren beim Arbeiten der Presse stets nach oben gerichtet ist. Gegenmesser im Zylinder sorgen dafür, daß das Material sich mit den Schnecken nicht mitdreht. Im Preßkopf selbst ist der dem Kern der Form als Stützpunkt dienende vier-, drei- auch zweiarmige Stahlgußbügel befestigt und ist darauf zu achten, daß erwähnter Bügel ziemlich hoch über der eigentlichen Form angebracht ist, widrigenfalls ein Nichtmehrschließen des Ton-

Fig. 81. Hängende Schneckenstrangpresse. Rixdorfer Maschinenfabrik, Rixdorf.

stranges resp. Aufreißen des geformten Rohres stattfinden kann. Unter der Form läuft in Gleisen oder Schienen senkrecht der Rohrtisch, welcher durch einzelne Gewichte ausbalanziert ist. Ein Teil der Gewichte ist derart an den Hängeketten oder Seilen befestigt, daß der Tisch der zunehmenden Last durch den austretenden Strang entgegen das Gleichgewicht halten kann, also mit anderen Worten, daß der Tisch beim Tiefersinken immer schwerer nach oben drückt.

Klemmvorrichtungen mittels Exzenter oder dergl. gestatten ein Festbremsen des Tisches in jeder Lage und muß derselbe sowohl beim Muffenanpressen als auch beim Abschneiden des Rohres sich im gebremsten Zustand befinden. Neuerdings werden Schneckenrohrpressen mit über dem Tonschneider angeordneten Speisewalzen in die Praxis eingeführt und ist es wohl einleuchtend, daß diese der Materialaufbereitung sowie der Leistung der Presse ganz bedeutend nachhelfen. Rohrpressen mit Handbetrieb kommen nur in vereinzelten Fällen vor und sind selbstverständlich nur für die Fabrikation kleinerer Rohre von Nutzen. — Bemerken möchten wir noch, daß auch auf liegenden Schneckenstrangpressen sowohl glatte als Muffenrohre bis ca. 200 mm lichte Weite hergestellt werden können. Die Fabrikation ist jedoch nur für sogenannte Drainagerohre, welche keine Muffe aufweisen, rationell, da diese eine weniger exakte Form aufzuweisen brauchen und auch gleich zu mehreren nebeneinander oder in der Höhe verteilt, das Mundstück der Presse verlassen können. Rohrkrümmer etc. werden meistens direkt nach dem Auspressen auf der Maschine von Hand gebogen und ist die äußere wie innere Ringvertiefung des Schwanzendes sowohl, wie die der Muffe eines Tonrohres, noch Handarbeit.

## Walzenstrangpressen.

Eingebürgert hat sich diese Art Maschinen vornehmlich in der Rohrfabrikation, wenngleich auch auf Walzenpressen Voll- und Hohlziegel, sowie Dachwerk hergestellt werden. Das zur Verwendung kommende Rohmaterial muß mittels anderweitiger Vorbereitungsmaschinen sehr gut verarbeitet werden, so daß die eigentliche Walzenpresse nur die Arbeit des Formens zu übernehmen hat. Der Kraftbedarf der Walzenpresse ist wesentlich geringer, als derjenige der Schneckenpresse. Die erwähnten Pressen verdichten das Material in hohem Grade, so daß die erzeugten Fabrikate außerordentlich fest und dauerhaft sind. Ein weiterer Vorzug ist insbesondere darin zu finden, daß die hergestellten Fabrikate strukturfrei sind, also irgendwelche Windungen im Gefüge, wie dieses bei Schneckenpressen manchmal kaum zu umgehen ist, nicht aufweisen. Das Materialeinziehen ist jedoch ein bedeutend schwereres, als bei Schneckenpressen, zumal bei Voll- und Lochsteinherstellung die Lage der Walzen eine ziemlich vertikale ist; man kann sich hier nur durch sehr große Walzenabmessungen, namentlich im Durchmesser, helfen. Zur Massenfabrikation sind Schneckenpressen vorzuziehen.

Fig. 82. Walzenstrangpresse. Gebr. Sachsenberg, Roßlau a. E.

Die Walzenstrangpresse mit vertikal oder schräg vertikal übereinander gelagerten Walzen. Maschinen dieser Art, Fig. 82, finden vorwiegend zur Hohlstein-, Drainrohr- und Dachziegelfabrikation, also zur Herstellung dünnwandiger Gegenstände, Verwendung. Die Walzen sind vertikal oder schräg vertikal angeordnet, um hierdurch den Strang horizontal austreten zu lassen. Mundstücke und Abschneidetische, welche bei diesen Pressenarten Verwendung finden, sind dieselben, wie die der Schneckenpressen. Betrachten wir nun die Bauart der Walzenstrangpressen

Zwischen zwei parallel zu einander und mit Ankern verbundenen Seitenwandungen sind die eigentlichen im Durchmesser groß dimensionierten Walzen angeordnet. Die seitlichen Lager, in welchen die erwähnten Walzen laufen, sind als Schiebelager ausgebildet, so daß leicht ein Zusammen- oder Auseinanderstellen bewirkt werden kann. Man ist hierdurch imstande, den Walzenschlitz zu verkleinern oder zu vergrößern. Große Sorgfalt ist auf den Anschluß des Preßkopfes, sowie der seitlichen Walzenabdichtungen zu legen. Gewöhnlich findet man den einfachen Stirnradantrieb für nur eine Walze vor. Die Inbetriebsetzung der zweiten Walze erfolgt durch Kuppelräder, ähnlich einem Walzwerk. Bei größeren Pressen, welche sich durch ruhigeren Lauf auszeichnen, bekommen beide Walzen direkten Antrieb und zwar, ist der letztere bei beiden Walzen als Vorgelege ausgebaut. Um dies zu ermöglichen, findet man bei den meisten Typen dieser Walzenpressen ein normales Stirnrad mit Außenverzahnung und ein solches mit Innenverzahnung als vorherrschend. Die Walzenabstreichmesser sollen im Betriebe nachstellbar sein; die Walzen selbst einen recht großen Durchmesser haben. Die Lagerungen sollen derart beschaffen sein, daß ohne weitere Demontage ein leichtes Herausnehmen resp. Auswechseln der Walzen stattfinden kann.

Die Walzenstrangpressen mit horizontal nebeneinander gelagerten Walzen. Maschinen dieser Art, Fig. 83, dienen nur der Röhrenfabrikation und haben als solche größere Aufnahme gefunden, als die bereits beschriebenen hängenden Schneckenstrangpressen. Einen Grund hierfür anzugeben hält schwer, zumal die Leistung und das Produkt kein besseres ist, als dasjenige der Schneckenpresse; im Gegenteil zeigt der Scherben eines Rohres, welches auf einer Walzenpresse erzeugt wurde, bei Verwendung nicht gut aufbereiteten Rohmaterials Abblätterungen, und kann man deutlich die Aufeinanderlagerung der einzelnen Tonschichten in der Wandstärke erkennen. Die Walzenrohrpressen dienen vornehmlich zur Erzeugung von runden und ovalen Kanalisationsröhren, jedoch können auch feuerfeste Rohrsteine mit beliebig vielen Kanälen usw. hergestellt werden.

Mit Ausnahme der anstatt vertikal horizontal angeordneten Preßwalzen und der des vielen Ein- und Ausrückens wegen

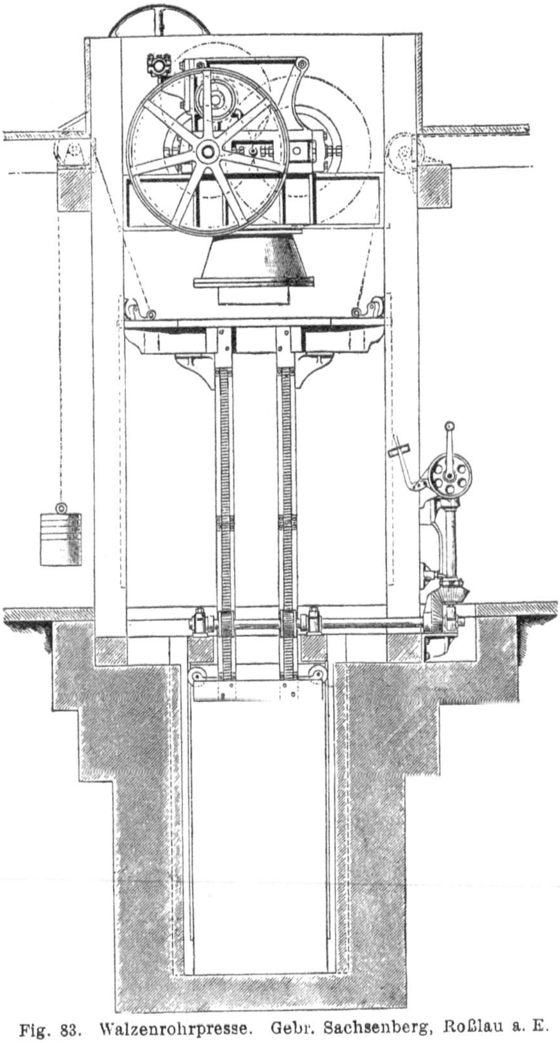

Fig. 83. Walzenrohrpresse. Gebr. Sachsenberg, Roßlau a. E.

stärkeren Bauart unterscheiden sich diese Pressen fast gar nicht von den Walzenstrangpressen mit vertikal oder schräg vertikal übereinander gelagerten Walzen. Selbstverständlich tritt anstatt des Voll- oder Lochsteinmundstückes hier das Rohrmundstück mit Kern. Als Vorteil möchten wir hier die möglichst hohe Kernbügelbefestigung ansehen, welche bei Schneckenpressen wegen der meistens bis an den Preßkopf heranreichenden Schnecke nicht möglich ist. Der vertikal zwischen Schienen oder Geleisen bewegliche Rohrtisch hat die bereits bei den hängenden Schneckenstrangpressen beschriebene Form, doch wird bei den meisten Pressen oft die Tischbewegung mittels Zahnstangen und in diese passende Triebe eingeleitet. Zum Transportieren größerer Rohre dienen sogenannte Rohrkörbe, welche, an das fertig gepreßte Rohr angelehnt, mit letzterem gekippt und zum Trockenraum gebracht werden. Die Rohre werden nunmehr geputzt, die Ecken abgerundet und schließlich die Dichtungsringe mit einem dazu geeigneten Kamm von Hand eingezogen. Nach dem Trocknen erhalten die Rohre meistens eine Begießung von Glasurlehm, während die äußeren Flächen größtenteils mit einer Salzglasur versehen werden.

## Kolbenstrangpressen.

Diese Pressen eignen sich zur Herstellung von Drainröhren, Lochsteinen, Dachziegeln u. dgl. mehr. Sie setzen aber die Verarbeitung guten Materials voraus. Ganz einwandfrei sind die hergestellten Fabrikate nicht, da beim Auspressen des Tonstranges die beim Toneinstampfen mit hereingekommene Luft als Blasen aus dem Mundstück mit heraustreten muß. Die Kolbenstrangpressen mit Handbetrieb finden meistenteils in Ziegeleien mit Handstrich Verwendung, sie sind daher sowohl tragbar als auch fahrbar, einfach und doppelt wirkend eingerichtet. Die Maschine besteht aus einem oder zwei, alsdann hintereinander liegenden Preßkasten, die durch eiserne Deckel nach erfolgter Füllung geschlossen werden. Durch Drehung der Kurbel werden mittels Rädervorgeleges eine oder zwei Zahnstangen, an welchen der eigentliche Preßkolben befestigt ist, hin- und herbewegt. Die im Preßkasten eingeschlossene Tonmasse, auf die nunmehr der dichtschließende Kolben drückt, wird als Strang durch das vorgesetzte Mundstück auf dem vorgestellten Abschneidetische ausgepreßt. Ist die Maschine nur mit einem Preßkasten versehen, so kann der Kolben, da er beim Zurückholen keine Arbeit leistet, mittels des ersten Vorgeleges bei ausgeschalteter Kurbelwelle schnell zurückgeholt werden. Bei den Zweikastenpressen ist natürlich ein fortwährendes Auspressen und Füllen einmal auf dieser, einmal auf jener Seite möglich, Um das Öffnen und Schließen des sehr schweren Deckels des Preßkastens

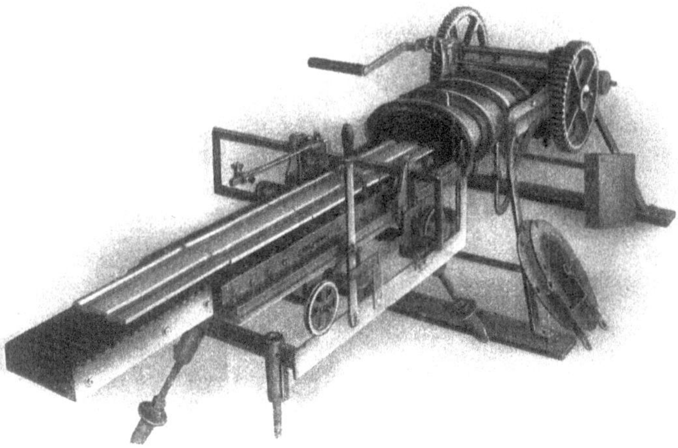

Fig. 84. Kolbenstrangpresse mit Handbetrieb.
Rixdorfer Maschinenfabrik, Rixdorf.

der beschriebenen Maschinen, das viel Zeit und Kraft in Anspruch nimmt, zu verhüten, sind Kolbenpressen mit schmiedeeisernem Zylinder, der mittels Zapfen im Schwerpunkt gelagert ist, gebaut. Diese Pressenarten bestehen fast vollständig aus Stahl und Schmiedeeisen, sind sehr leicht und ist das Füllen der Zylinder äußerst einfach. Der Preßzylinder, welcher im gefüllten Zustande, zum Auspressen des Tones, horizontal liegt, wird durch eine Klinke in dieser Lage gehalten. Nach dem Zurückschlagen dieser letzteren fällt der Zylinder in die senkrechte, zum Füllen geeignete Lage. Die Tonreinigung resp. Homogenisierung findet meist derart statt, daß, bevor die normale Fabrikation beginnt, das ganze zu reinigende Material durch ein vor die Presse geschaltetes Sieb gepreßt wird.

Die Kolbenstrangpresse mit maschinellem Antrieb. Hierher gehören die sogenannten Kachelpressen. Diese Maschinen, ebenfalls wie die soeben beschriebenen Pressen, drücken den Ton aus einem vorher gefüllten Kasten durch die Bewegung eines Kolbens in die am Kasten angebrachte Kachelform. Die Formen selbst werden ganz in Metall oder mit Gipsausguß geliefert. Bei der maschinellen Herstellung normaler Ofenkacheln wie Eckkacheln ist auf leichtes Öffnen und Schließen der mehrteiligen, sauber zusammenpassenden Formen großes Gewicht zu legen.

Die Kolbenstrangpresse mit Kolbenvortrieb mittels direkten Dampfes. Diese Pressen finden vielfach in Amerika zur Herstellung von Muffenröhren etc. Anwendung. Auch gehört hierher eine liegende englische Presse, deren Kolben direkt mit dem des liegenden Dampfzylinders gekuppelt ist. Dampfzylinder und Pressenzylinder sind auf einem starken eisernen Rahmen zusammengehörig montiert. Eine leicht einstellbare Steuerung sorgt dafür, daß der Dampf einmal vor, einmal hinter den eigentlichen Dampfkolben tritt. Durch Zuführung von Dampf hinter dem Kolben wird auch der Kolben der Presse vorgeschoben. Dadurch wird der im Behälter befindliche Ton zusammengepreßt und in entsprechender Form aus dem Mundstück herausgedrückt. Nach geschehener Pressung wird die Steuerung umgestellt. Der Kolben wird rückwärts bewegt, der Behälter neu gefüllt und das Spiel kann von neuem beginnen. Gebraucht werden diese Pressen zur Fabrikation sehr breiter Waren, wie z. B. Überdeckungen, Bogensteine etc.

Die Kolbenstrangpresse mit Kolbenvortrieb mittels hydraulischen Druckes. Hierzu gehören Pressen schwerster Bauart, meistens mit Drehtisch, die das Tonmaterial im trocknen, pulverförmigen Zustand verpressen. Als Hilfsmaschinen treten außer den Zerkleinerungsmaschinen für das Tonmaterial noch auf: Pumpen zur Pressung der Druckflüssigkeit und Akkumulatoren zur Aufspeicherung der

Pumpenarbeit. Verwendung finden die Pressen in der Kunststeinfabrikation und Asphaltindustrie.

Bemerken möchten wir noch, daß, um ein stetes rationelles und namentlich kontinuierliches Arbeiten zu ermöglichen, aus der Kolbenpresse die eigentliche stehende und später die liegende Schneckenstrangpresse hervorging.

## Streichmaschinen.

Diese Ziegelmaschinen, aus Amerika bei uns eingeführt, beginnen erst in neuerer Zeit das Interesse der Ziegler zu erwecken. Der Grund hierfür liegt in den immer mehr steigenden Löhnen der Ziegelstreicher, ferner in der herrschenden Vorliebe der Architekten für handgestrichene oder Handstrich ähnliche Ziegel. Weiter belebt sich das Interesse für Streichmaschinen, weil die Leistung der Maschinen eine bedeutend größere als die eines am Streichtisch arbeitenden Mannes ist. Die Streichmaschine verarbeitet nur ein der Handstrichmasse ähnliches feines Material. Die Streichmaschine besteht im wesentlichen aus einem Tonschneider, in welchem das Material vorbereitet und sodann in untergestellte Formen mittels Stempel gedrückt wird. Die Formen sind meist zu mehreren in einem Rahmen vereinigt, welcher an der einen Seite mit der Hand eingeschoben, beim Hindurchschieben unter den Tonschneider gefüllt und dann auf der anderen Seite vollgestrichen, entnommen wird. Die Rahmen mit den gepreßten Steinen werden alsdann durch den Arbeiter von der Maschine genommen und auf die Trockenbretter entleert. Dann werden die leeren Formen zur neuen Füllung unter die Ziegelpresse geschoben. Der eigentliche, bei den meisten Streichmaschinen zur Anwendung gekommene Zweck ist der, den Handstrich nachzuahmen, indem man weichen Streichton in lose Formen füllt und die Formen einzeln abstreicht. Man hat hier zweierlei Verfahren zu unterscheiden: das Besandungsverfahren und das Bewässerungsverfahren der Formen. Das erstere ist wohl das älteste, und wurden hier die Formen behufs Loslassen der frischen Ziegel mit Sand bestreut. Die Formen selbst sind bei den Maschinen meistens rahmenartig und zu vier bis sechs und mehr vereinigt. Die Längsseiten weisen die bei Handstrichformen üblichen Luftkanälchen zum besseren Lösen des Formlings auf. Die erste dieser Maschinen stammt von dem Amerikaner Esra Fisk. In den 70er Jahren wurde in etlichen Brandenburger Ziegeleien die Streichmaschine eingeführt, sie konnte jedoch wegen ihrer teueren Arbeit nicht das Feld erobern und verschwand wieder. Heute wird der größte Teil der Mauerziegel in den Vereinigten Staaten von Nordamerika auf Streichmaschinen hergestellt. Die ersten Streichmaschinen wurden fast vollständig in Holz angefertigt. Sie bestanden aus dem senkrecht angeordneten Tonschneider, aus welchem mittels des untersten Messers das gut geknetete Rohmaterial durch einen Schlitz in die Formen eingedrückt wurde. Da das Trocknen bzw. Wasserentfernen z. B. bei gebaggerten, schluffartigen Tonen mit Schwierigkeiten und großen Kosten verbunden ist, so ist es leicht erklärlich, daß sich die Streichmaschine an Plätzen, wo mit solchen Schwierigkeiten gerechnet werden muß, leicht Eingang verschafft. Dasselbe ist der Fall, wo größere Flüsse und Ströme kolossale Mengen feinsten Tonschluffes nach ihrem Überschwemmungs- resp. Mündungsgebiet bringen, wie es z. B. Holland, das Mündungsgebiet des Rheines und der Maas, aufweist. In diesem Lande arbeiten Hunderte von Streichmaschinen, weil eben der Ton in äußerst feuchtem Zustand vorkommt und daher ohne Trocknung nicht auf Strangpressen verarbeitet werden kann.

Die Ziegelstreichmaschine der Firma A. Dornbusch, Bralitz, Bez. Potsdam. Diese Streichmaschine (Fig. 85) arbeitet nicht, wie sonst üblich, mit Sandbestreuung, sondern mit Wasserreinigung der Formen. Für das Äußere der Ziegel ist es jedoch ziemlich gleich, ob Sandstrich oder Wasserstrich Verwendung findet, und ist es Geschmacksache des betreffenden Architekten, welcher von beiden Ziegeln am schönsten wirkt. Bei uns in Deutschland, sowie im Norden wird der Wasserstrich bevorzugt, in Holland dagegen wird großer Wert auf die Verwendung eines feingesiebten, weißen Sandes zur Bestreuung der Formen gelegt. Die Dornbuschsche Streichmaschine kommt fast immer in Verbindung mit den der Präparierung der Streichmasse dienenden 5—7 cbm

Rohton fassenden, liegenden Zentraltonschneidern vor. Sie ist vollständig aus Eisen gebaut, und ist namentlich auf die gute Reinigung der Formen großes Gewicht gelegt. Zu diesem Zwecke geht eine Bürstvorrichtung durch die soeben vom Formling verlassene Form, tritt unten in ein Wassergefäß ein und reinigt und spült die Form beim Emporgang vollständig aus. Da unter dem stehenden Tonschneider zwei

Fig. 85. Streichmaschine. A. Dornbusch, Bralitz, Bez. Potsdam.

Drehtische arbeiten, so sind auch zwei Transportbänder, welche zu beiden Seiten der Maschine angeordnet sind und auf welche die fertig gestrichenen Steine mittels diverser Vorrichtungen aus den erwähnten Tischen gestoßen werden, nötig. Die Leistung ist eine ziemlich beträchtliche bei einem ungefähren Kraftbedarf von ca. 6—8 HP. Die Bauart der Maschine ist die folgende: Das meistens von einem Zentraltonschneider gut vorbereitete Material gelangt in einen stehenden, zur Maschine gehörenden Tonschneider, wird hier von den Messern desselben erfaßt und nach unten gedrückt. Den Boden des Tonschneiders bilden zwei mit je 6 Formkästen ausgestattete

Drehtische, von denen nur ein Teilstück der beiden kreisförmigen Platten sich unter dem Tonschneider bewegt. Die Drehtischplatten, deren Stärke gleich der Steinstärke ist, werden durch Eingriff einer Kurbelstange in ein sechsteiliges Sperrad nur immer ruckweise bewegt. Sobald ein Formkasten bei der Drehung der Platte unter den Tonschneider gelangt, wird der erstere mit Tonmasse gefüllt; er gerät dann unter den Ausstoßstempel, in welcher Lage der Formling von oben nach unten ausgestoßen wird. Der Ausstoß selbst erfolgt durch Hebelübersetzungen, die durch einen Exzenter bewegt werden. Der gleiche Exzenter setzt einen Arm, der eine in ein Wasserbassin eintauchende Bürste trägt, in Bewegung. Die Bürste soll den Formkasten reinigen, der zu neuer Füllung unter den Tonschneider treten will. Der nach unten ausgestoßene Formling fällt auf einen mit Trockenbrettern belegten Transportgurt, welcher sich, der Arbeitsweise der Maschine anschmiegend, ebenfalls ruckweise vorwärts bewegt. Jedes Brett nimmt zwei Formlinge auf, welche auf dem Trockenplatz sofort hochkantig aufgestellt werden. Man erzielt hierdurch einen bedeutend schnelleren Trockenprozeß und bekommt auf diese Weise die als Unterlage dienenden Bretter frei.

Die Ziegelstreichmaschine der Firma Jac. Raubitschek, Prag - Bubna. Diese Streichmaschine (Fig. 86) hebt den früheren Fehler, das Abstreichen der Form mittels einer Leiste von Hand zu besorgen, vollständig auf, indem sie eine Vorrichtung aufweist, welche das Abstreichen der Form innerhalb des Preßkastens besorgt, wodurch nicht mehr Ton als notwendig aus der Maschine herauskommt, auch die Beaufsichtigung des Abstreichwerkzeuges fortfällt. Die Maschine ist für Sandstrich eingerichtet, wird jedoch in neuerer Zeit auch für Wasserstrich hergestellt. Der genannten Firma ist auch eine Ziegelstreichmaschine gesetzlich geschützt, die ein besseres Abnehmen der fertigen Formlinge gestattet. Zu diesem Zwecke sind unter den über dem Boden des Zylinders sich hin und her bewegenden Formkästen Drehtische angeordnet, welche bei übergeschobenen Verteilern zur Aufnahme der auszustoßenden Ziegel stillstehen und bei Hochgehen der Ausstoßstempel derart weiter gedreht werden, daß leere Ziegelbrettchen unterhalb der hierauf vorzuschiebenden Verteiler zu stehen kommen. Aus einem Tonschneider wird der Ton in den Preßkasten mit seinem auswechselbaren Unterteile gebracht, aus welchem er in die einzelnen verschiebbaren Formen gepreßt wird. Das Neue ist, daß der Abstreicher in der Wandung des Preßkastens bzw. dessen Unterteil geführt ist und mittels einer Schneide, welche letztere federnd eingerichtet ist, gegen die unter dem Preßkasten sich verschiebenden Formen gedrückt wird, wobei er das überschüssige Material in den Preßkasten zurückstreicht. Die auf dem Besandungsapparat besandeten vier- oder fünfteiligen Holzformen werden in die Maschine eingeschoben und automatisch unter den Preßkasten gebracht. Die Formen werden durch den Preßstempel gefüllt und selbsttätig ausgestoßen. Die Pressung und Füllung läßt sich im Betriebe leicht regulieren. Diese Maschinen eignen sich namentlich für sandiges Material, jedoch wird neuerdings versucht, die Streichmaschinen für fettere Tonmaterialien, dann allerdings mit Wasserstrich in Anwendung zu bringen.

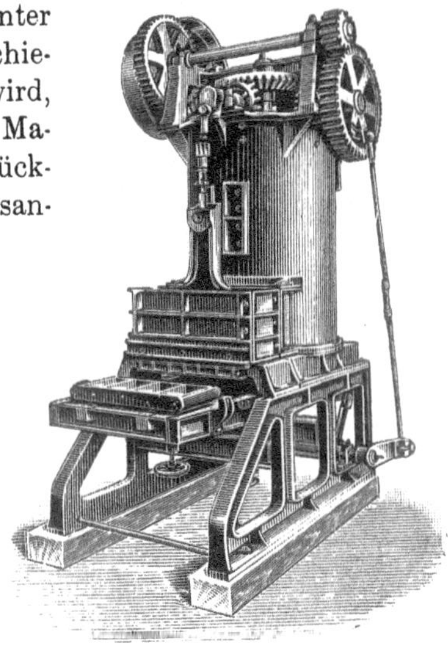

Fig. 86. Streichmaschine.
Jac. Raubitschek, Prag-Bubna.

D i e S t r e i c h m a s c h i n e d e r I. B r ü n n e r M a s c h i n e n - f a b r i k s - G e s e l l s c h a f t, B r ü n n i n M ä h r e n. Auch hier findet das Lösen der Formlinge durch Besanden der Formen statt. Die Maschinen sind teilweise aus Amerika eingeführt und entsprechen in ihrer Grundform den in Holland, früher aber auch in Brandenburg in Tätigkeit gewesenen Handstrichmaschinen. Heute werden dieselben vollständig aus Stahl und Eisen ausgeführt und zeigen eine wesentlich kräftigere Konstruktion. Gewöhnlich werden sie mit einem wagerechten Tonschneider, dem zur Zerkleinerung des Rohtones noch ein Walzwerk aufgebaut ist, ausgerüstet. — Wie stets vorher, besteht die Maschine aus dem vertikal angeordneten Tonschneider mit der in seiner Mitte arbeitenden Messerwelle. Die Einführung resp. Beschickung geschieht von hinten, also von der Stelle aus, wo sich eventuell der erwähnte liegende Tonschneider anschließt. Der Ton wird durch die Messer nach unten gedrückt, wo sich eine Holzform mit 4 Abteilungen befindet. In diese Form wird das vorbereitete Material hineingepreßt. Mittels eines Hebels wird nunmehr ein neuer Formkasten unter den Stempel geschoben, wobei gleichzeitig die gefüllte Form herausgedrängt wird. Hierbei wird der überschüssige Ton von einer Spannrolle abgestrichen und die gefüllte Form durch einen Arbeiter mittels Umkippen von den Formlingen, ähnlich wie beim Handstrich, entleert.

Die Ziegelstreichmaschine nach dem amerikanischen System »Monarch Ohio«. Diese Maschine besteht im wesentlichen aus zwei liegenden Mischtrögen, in denen sich Wellen, mit Messern besetzt, bewegen. Im Gegensatz zu anderen Streichmaschinen, die nur eine sehr kurze Mischvorrichtung haben, besitzt diese Maschine die Eigenschaft, leicht zu verarbeitende Tone ohne jede Vorbereitungsmaschine streichfertig herzustellen. Die Masse, die erst von dem einen, dann von dem anderen Mischer vorbereitet worden ist, gelangt durch die Austrittsstelle des letzten Troges in die Formen. Da beide Tröge sich nebeneinander befinden, so liegt die Aufgabestelle des Materials neben der Austrittsstelle desselben. Das Füllen und Abstreichen der Formen geschieht ähnlich wie bei den vorher beschriebenen Maschinen. Die Wellen der beiden genannten Mischer laufen mit verschiedener Geschwindigkeit. Während die Messerwelle des ersten Troges ca. 13 Touren pro Minute macht, und äußerst schief gestellte, also schnell transportierende Stahlmesser aufweist, arbeitet die Welle des zweiten Mischers, die mit breiten, langsam schiebenden Messern besetzt ist, mit ca. 38 Touren pro Minute. Das vorbereitete Tonmaterial, dem Mischer mit langsam laufender Welle aufgegeben, wird durch die Messer unter kräftiger Verarbeitung gegen die Abschlußwand des Troges gepreßt, hier von Druckmessern in den zweiten, mit schnelllaufender Mischwelle versehenen Trog gedrückt und gelangt aus diesem in den Preßkasten. Im ersten Mischer wird der Ton geknetet, im zweiten dagegen wird die beinahe streichfertige Masse durch die schnellaufenden Messer getrennt und zerschnitten, um oberhalb des Preßkastens neuerdings komprimiert zu werden. Die Steuerung wird von der Welle des Aufgabemischers eingeleitet, welche erstere mittels Schaltapparates, Zahnsegmentes und zweier Preßflügel das rechtzeitige Füllen der Formen, Druckgeben und Ausstoßen der Formlinge besorgt. Selbstverständlich sind die Mischwellen an den Austrittsstellen gut abgedichtet, so daß ein Eintreten von Ton und Wasser in die Lager etc. vermieden ist. Da es viele Tone gibt, die sich in zwei Mischern nicht aufschließen lassen, so erfordert die Aufbereitung noch andere Maschinen. Für die soeben beschriebene Streichmaschine ist zur besseren Aufbereitung des Tones oftmals ein sogenanntes Desintegratorwalzwerk in Anwendung gekommen. Das von diesem Walzwerk vorbereitete Material ist flockig und gut aufgeschlossen. Das Walzwerk besteht aus zwei Walzen von äußerst verschiedenem Durchmesser, die ebenfalls eine sehr verschiedene Tourenzahl zueinander aufweisen. Während die eine ca. 600 mm habende Walze, die nur als Speisewalze dient und glatt ist, ca. 50 Touren pro Minute macht, rotiert die kleinere ca. 260 mm Durchmesser besitzende Walze mit ca. 800 bis 1000 Touren pro Minute. Der Mantel dieser Walze ist mit Stahlmessern belegt, welche nur 5 mm über der Oberfläche des ersteren emporstehen. Die Entfernung der Walzenmäntel voneinander beträgt 6 mm, so daß zwischen Messeroberkante und Glattwalze nur ein Zwischenraum von 1 mm vorhanden ist. Als weitere, meist unentbehrliche Vorbereitungsmaschine dient der Misch- und Bewässerungsapparat, welcher die bekannte trogartige Bauart aufweist und wohl hier keiner weiteren Beschreibung bedarf. Außer den erwähnten und beschriebenen Maschinentypen gibt es noch viele andere Bauarten von Streichmaschinen. Da der Wunsch einer großen

Anzahl von Besitzern kleinerer und mittlerer Ziegeleien dahin geht, eine Streichmaschine zu besitzen, die sie zwar unabhängig von den gelernten Ziegelstreichern macht, aber doch keinen maschinellen Antrieb erfordert, also ausschließlich durch Arbeiter bedient wird, so ist man bemüht gewesen, auch hier Abhilfe zu schaffen. In neuerer Zeit wird von Österreich eine Ziegelschlagpresse (Patent Lehmann) auf den Markt gebracht. Diese Presse zeichnet sich dadurch aus, daß dieselbe während des ansteigenden Hubes des Fallkolbens auch das Füllen der Formen besorgt, so daß die leeren Formen in die Maschine eingeführt werden können, die dann in einem Arbeitsgange gefüllt und dem die Pressung bewirkenden Stoße ausgesetzt werden. Die Maschine ist für Handbetrieb mittels Kurbel eingerichtet.

Ferner ist einer Ziegelstreichmaschine zu gedenken (Patent Sabroe), bei welcher die liegende Schneckenstrangpresse als Material vorbereitender Tonschneider, weil letzterer meistens vorhanden, in Anwendung kommt. Die Füllung der Formen geschieht in umgekehrter Weise wie üblich, also von unten nach oben. Die Ziegelstreichmaschine ist dadurch gekennzeichnet, daß der Formrahmen unmittelbar von unten aus einer Tonpresse gefüllt und darauf zum Abstreichen der unteren Fläche des Formlings quer über das Pressenmundstück verschoben wird. Bei dieser Maschine, die vorläufig noch neu ist, wird zum guten Entleeren der Formen die Bewässerung der letzteren angewandt.

An dieser Stelle muß auch einer Ziegelformmaschine gedacht werden, welche dadurch gekennzeichnet ist, daß ein endloses Band Formen trägt, welche die Herstellung von scharfkantigen, rechtwinkligen Steinen mittels schieberartig bewegter Zwischenwände ermöglicht, die zwischen je zwei zur Bildung von Formkästen dienenden Bodenplatten hindurchtreten. Zu erwähnen wäre hier noch die oft in Anwendung kommende Besandungsmaschine der Formen. Sie besteht aus einer achtkantigen Trommel, welche sich um eine Mittelachse, ähnlich einer Kugelmühle, dreht. Gefüllt wird die Trommel mit trockenem Sand. An vier der Längsseiten sind Öffnungen, welche etwas kleiner ausgebildet sind als die

Formkästen, angebracht. Letztere werden zu mehreren an die Trommel gelehnt, und zwar derart, daß die Öffnung nach unten zeigt. Beim Drehen der Trommel nehmen zwei parallel geführte, den unteren Teil der Maschine umspannende Riemen die unterste Form mit; sie schließt genau die Trommelöffnung ab, an die sie fest angepreßt wird und füllt sich beim Weiterdrehen der Trommel mit Sand. Beim Wiederemporsteigen der Formen an der der Aufgabestelle entgegengesetzt liegenden Seite fällt der überflüssige Sand in die Trommel zurück. Die besandete Form wird oben abgenommen, und kann nunmehr der Streichmaschine zum Neufüllen mit Ton übergeben werden. Früher wendete man einfache Flügelräder, die sich in einem mit Sand gefüllten Trog drehten und auf welche die Formen festgelegt wurden, an. Selbstverständlich ist der Kraftbedarf für einen Apparat nach der zuletzt beschriebenen Bauart ziemlich hoch, während der Verschleiß der teilweise hölzernen Formen durch das vom Flügelrade bewirkte Mithindurchschleppen der letzteren durch den scharfen Sand ein überaus großer ist.

## Nachpressen.

Diese Maschinen finden Verwendung zur Herstellung von Verblendern, Bodenplatten, Falz- und Firstziegeln, Schamottesteinen etc. Die Formlinge werden im halbtrockenen Zustande nachgepreßt, um dadurch scharfe Kanten, überhaupt ein sauberes Aussehen zu erzielen. Der Unterschied der Nachpressen von dem der Falzziegelpressen besteht namentlich darin, daß die Formlinge schon vorher, also vor dem Nachpressen, die spätere Form, wenn auch nicht scharfkantig, so doch im großen und ganzen erkennen lassen. Durch die Nachpressung im lederharten Zustand büßen die Formlinge ihre Fasson bis zur vollständigen Trocknung nicht mehr ein, weshalb die Nachpressung überall dort am Platze ist, wo saubere Ware erzielt werden soll. Die gebräuchlichen Nachpressen werden zur Erzeugung von Vollsteinen, vier-, sechs- und mehrkantigen Platten verwendet, auch werden dieselben benutzt, um Firmenstempelungen in den Formlingen sowie verschiedenartige Muster in Platten usw. einzupressen. Mehrfach haben diese Pressen zur Erzeugung von Zementfliesen, Kalksteinen etc. Anwendung gefunden; die Leistung bei dieser Art Steine ist jedoch, da zur Pressung direkt das Rohmaterial, Zement, Kalk usw. Verwendung findet, geringer als bei bereits vorgeformten Steinen, Platten etc.

Die Schwungradpresse der Firma Gebr. Propfe, Hildesheim. Die Schwungradpresse (Fig. 87) wird fast

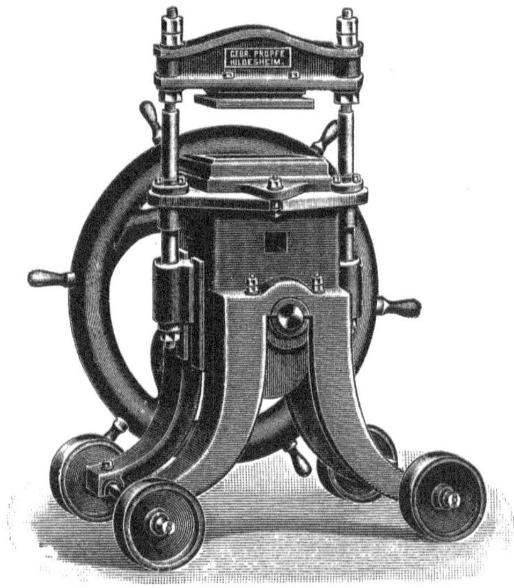


Fig. 87. Schwungradpresse. Gebr. Propfe, Hildesheim.

ausschließlich fahrbar und für Handbetrieb gebaut. Die Bedienung ist äußerst einfach, und werden durch Drehung in ein und derselben Richtung sämtliche Arbeitsabschnitte des Nachpressens, als Schließen der Preßform, Pressung und Aushebung des gepreßten Steines, bewirkt. Gewöhnlich ist die Pressung durch die aufgespeicherte Schwungradenergie eine stärkere als bei Pressen mit Hebeldruck. Im Innern eines stark gebauten Gestells, welches fahrbar eingerichtet ist, wird durch Drehen eines einseitig belasteten Schwungrades ein Exzenterzahnrad, das in zwei andere Exzenterräder eingreift, in Tätigkeit gesetzt. Hierdurch erfolgt die benötigte Druck- und Ausstoßwirkung, und zwar derart, daß eine mit den genannten Rädern in Verbindung stehende Traverse das obere starke Querhaupt der Presse, an welchem der obere Preßstempel angeschraubt ist, mittels senkrechter, in Führungen laufender Spindeln und die in der Unterform liegende Bodenplatte zu bestimmten, der Pressung und Ausstoßung des Formlings angepaßten Zeiten auf und nieder bewegt. Der auf dem Tisch angeschraubte Preßkasten ist meistens aus Stahl, ebenso die in diesen Preßkasten eingelegte untere Stempelplatte und die an dem Oberstempel angeschraubte Oberstempelplatte.

Die Spindel- respektive Friktionspresse der Firma Richard Raupach, Maschinenfabrik, Görlitz. Diese Presse (Fig. 88) wird fast ausschließlich stationär und dann mittels maschinellen Antriebs gebaut. Durch wechselweises Andrücken je einer der zu beiden Seiten des horizontal liegenden Spindelschwungrades befindlichen Antriebsplanscheiben wird die Gewindespindel und mit dieser der Oberstempel und die Oberform gehoben und gesenkt. Unter dem Oberstempel liegt der bei Schlittenpressen übliche doppelte Schlitten zur Aufnahme der unteren Formen. Die Arbeitsweise ist derart, daß erst der auf der einen Seite der Presse arbeitende Mann den Schlitten mit Form und Formling unter den Oberstempel schiebt und alsdann die Presse in Tätigkeit setzt. Nach erfolgter Pressung zieht der Arbeiter die Form wieder zu sich, wobei die Grundplatte der letzteren, auf einem festen Keilstück gleitend, den fertiggepreßten Ziegel oder dergleichen zum bequemen Abnehmen nach oben aus der eigentlichen Form herausstößt. Dasselbe Spiel wiederholt sich von der anderen Seite der Presse, auf welcher wiederum ein Mann die Pressung usw. vornimmt. Die Preßwirkung ist bei diesen Maschinen äußerst stark. Die Konstruktion ist folgende: Das sehr stark dimensionierte Pressengestell trägt am oberen Teile zwei Auslegerarme, in welchen die eigentliche hin und her verschiebbare Antriebsriemenscheibenwelle gelagert ist. Außer den Riemenscheiben sind auf der genannten Welle im inneren Raum der Arme zwei

Planscheiben aufgekeilt, welche zu beiden Seiten des die eigentliche Preßspindel tragenden, horizontal gelagerten Schwungrades arbeiten. Die Entfernung genannter Scheiben voneinander ist um eine Wenigkeit größer, als der Durchmesser des Schwungrades beträgt. Durch Verstellen der

Fig. 88. Spindel- resp. Friktionspresse. Rich. Raupach G. m. b. H., Görlitz.

Riemenscheibenwelle in horizontaler Lage kommt demnach nur stets eine dieser Scheiben mit dem Umfang des Rades in Eingriff, so daß nach Belieben das Schwungrad und mithin die Preßspindel einmal rechts, einmal links herum arbeitet, mithin der Oberstempel, der an der Spindel drehbar befestigt ist, auf und nieder gehen kann. Ein starkes Lager im oberen

Teile des Maschinengestells umgibt die Preßspindel zur Aufnahme des erforderlichen Druckes und zur Übertragung desselben auf das Gestell. Der eigentliche Oberstempel, an welchem die Oberform befestigt ist, gleitet in Schlittenführungen zu beiden Seiten an den Gestellschienen. Die zu beiden Seiten der Presse angeordneten unteren Arbeitsformen sind oft auf Schlitten befestigt, welche auf einer durch den Mittelraum des Gestells hindurchgehenden Welle gleiten. Die Schlitten sind derart eingerichtet, daß nach der Pressung und erfolgtem Hervorziehen der Form, dieselben um 180° gewendet werden können. Bei Vollstein-, Platten- und dergleichen Nachpressungen sind die Schlitten mit den eigentlichen Preßkästen auf Schienen gleitend angeordnet. Um den gepreßten Formling aus der Form herauszubekommen, gleitet die untere Bodenplatte des Preßkastens beim Hervorziehen des Schlittens auf einem festen Keilstück. Die Bodenplatte drückt demnach ohne weitere Hilfe den Preßling sauber aus der Form zum benötigten Abnehmen. Öfter findet man diese Art Pressen auch für Handbetrieb eingerichtet; dieselben eignen sich alsdann jedoch wegen der geringen Leistung nur zu Probeversuchen.

Die Hebelpresse der Rixdorfer Maschinenfabrik, G. m. b. H., vorm. C. Schlickeysen, Rixdorf-Berlin. Diese Presse (Fig. 89) wird in verschiedenen Bauarten auf den Markt gebracht. Der Verschluß des Preßkastens, die einzelnen Hebelübertragungen und die Kombinierung beider lassen die mannigfaltigsten Konstruktionen zu. Man hat hier zu unterscheiden zwischen den Schlag- und Hebel- sowie den reinen Hebelpressen. Das verlangte und erzeugte Produkt ist bei beiden Maschinenarten gleich. Während bei den Schlag- und Hebelpressen ein Teil der Preßarbeit bereits durch den zu erfolgenden Schlag des Verschlußhebels geleistet ist, muß bei den reinen Hebelpressen die gesamte Arbeit durch den Hebelpreßdruck erzeugt werden. Im ersteren Fall kann die Anhubhöhe des durch die verschiedenen Hebelübertragungen bewegten Exzenters oder Daumens klein sein; die Hebelwirkung kann mithin äußerst stark für die durchschnittliche Arbeitskraft eines Mannes ausgebildet werden. Im zweiten

Fall muß schon eine größere Hubbewegung die Grundplatte gegen die feste Formdecke drücken. Der Arbeiter wird mithin am längeren Hebel arbeiten oder eine größere Kraft abgeben müssen. Nach Einbringung resp. Auflegen eines zu pressenden Formlings wird der Schlaghebel niedergeschlagen, verschlossen und durch Niederdrücken des Handhebels der Preßdruck von unten gegen den Preßling erzeugt. Beim

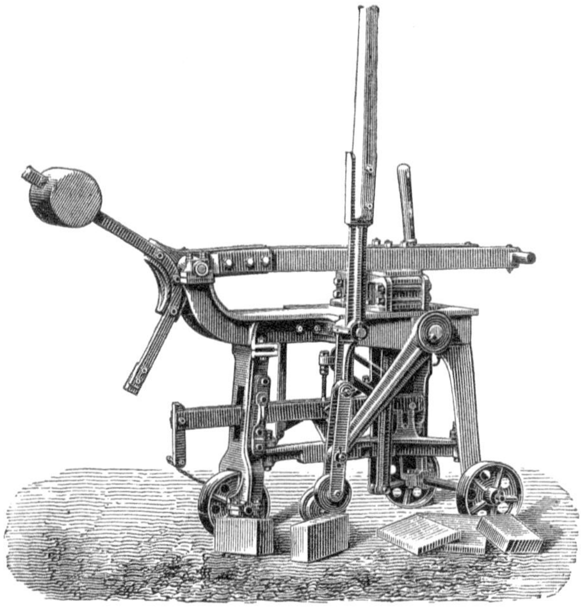

Fig. 89. Hebelpresse. Rixdorfer Maschinenfabrik, Rixdorf.

Öffnen der Form durch Befreiung des Schlaghebels vom Preßkastenverschluß stößt der untere Arm des erwähnten Schlaghebels gegen eine Gleitschiene, welche mittels Kulisse die Bodenplatte der Form in der Steinstärke anhebt und so den Preßling freigibt. Die Presse, welche der kombinierten Schlag- und Hebelpressung dient, besteht aus einem fahrbaren Gestell, auf dessen Oberfläche sich der Preßkasten befindet. Im hinteren Teil der Tischplatte ruht ein in Lagern drehbarer, mittels Gegengewicht ausgeglichener Schlaghebel, der am unteren

Teil eine Verlängerung zur Bedienung der Ausstoßvorrichtung, am vorderen Teil den eigentlichen, die Form beim Niederschlagen deckenden Preßdeckel trägt. Seitlich der Presse ist ein äußerst lang bemessener zweiarmiger Handhebel zur eigentlichen Erzeugung der Preßwirkung drehbar gelagert. Das kürzere Hebelende überträgt mittels verschiedener kleinerer Hebel die empfangene Kraft auf die eigentliche, unter der Bodenplatte der Form montierte Daumenwelle. Der auf letzterer angebrachte Daumen oder Exzenter hebt die erwähnte Bodenplatte, welche hierdurch die benötigte Preßwirkung auf den Preßling ausübt. Nach erfolgtem Pressen, Öffnen des Schlaghebels vom Preßkasten und Herüberschlagen des Hebels stößt der untere Teil des letzteren gegen eine im unteren Teil der Presse liegende Schiene, welche wiederum mittels Kulisse die Bodenplatte der Form über Steinstärke aus dem Preßkasten heraushebt. Die Bedienung dieser Pressenart ist wenig ermüdend, da zu allen Arbeiten der Platz nicht verlassen und nicht mit den Füßen resp. in gebückter Stellung gearbeitet werden braucht.

Die Schlittenpresse der Rixdorfer Maschinenfabrik, G. m. b. H., Rixdorf-Berlin. Diese sogenannte Stempeldruckpresse (Fig. 90) ist teilweise mit Riemenscheiben und Handschwungrad versehen, um sie nach Bedarf mit Dampf- oder Handkraft betreiben zu können. Sie arbeitet zweiseitig, und dient eine Schlittenführung, welche dem Maschinenuntergestell aufgeschraubt ist, zur Aufnahme der beiden Preßformen, die abwechselnd an den Enden des Schlittens gefüllt oder entleert werden und in der Mitte desselben vom Oberstempel Pressung empfangen. Zum Nachpressen vorgeformter, lederharter Ziegel oder Platten gehören Kastenformen mit gehobelten, senkrechten Seitenwänden und darin liegendem Boden, der beim Herausziehen des Preßkastens an das Ende des Schlittens sich hebt und den gepreßten Ziegel zum Abnehmen freilegt. Der Preßdeckel gleitet beim Pressen so tief in den gehobelten Preßkasten hinein, bis der beabsichtigte Druck erreicht ist. Da nun der den Enddruck bestimmende mit Gewichten belastete Hebel anfängt zu arbeiten resp. sich zu heben, so kann der Preßstempel längere Zeit die Form unter Druck halten, und zwar bis der Preßstempel durch den Weitergang der Maschine wieder in die Höhe gezogen wird, worauf der Gewichtshebel

Fig. 90. Stempeldruckpresse.

wieder heruntergeht. Die Belastung des Regulierhebels gestattet eine sehr große Druckwirkung.

Die Riemenscheiben- resp. Schwungradwelle treibt mittels einfachen Rädervorgeleges eine sehr kräftig gehaltene Kurbelwelle an. Die Bewegung dieser Kurbel wird mittels Pleuelstangenkopfes und Pleuelstange auf einen oberhalb des Maschinengestells gelagerten einarmigen Druckhebel übertragen, welcher wieder vermittelst Stempelstange und Stempels seine Bewegung auf die Oberform weitergibt. Der Stempel, als Traverse ausgebildet, an welche der Preßdeckel angeschraubt ist, gleitet in seitlich am Maschinengestell angebrachten Gleitflächen, indem er eine sicher geführte auf und nieder gehende Bewegung beschreibt. Um einen größeren zweiten Preßdruck, der dem ersten folgt, zu erzielen, wird auf den erwähnten Druckhebel ein zweiter sogenannter Gewichtshebel aufgelagert, und zwar derart, daß die Pleuelstange das eine Ende des letzteren direkt in Bewegung setzt. Der einseitig gewählte Drehpunkt des Gewichtshebels stützt sich mittels Laschen auf den eigentlichen Druckhebel. Der längere Arm des Gewichtshebels ist mit Gewichten beschwert, und tritt die zweite Preßwirkung wie folgt in Tätigkeit: Durch Drehung der Kurbel nach unten zieht diese die Pleuelstange und dadurch die beiden in der Ruhestellung dicht aufeinander liegenden Hebel nach unten, wodurch der Stempel mit daran befestigter Oberform auf die Unterform trifft und die Pressung vollzogen wird. Kurz vor dem Übergang der Kurbel in die untere Totpunktlage zieht diese jedoch, da der untere Druckhebel nicht mehr weiter pressen will, den Gewichtshebel empor. Da der letztere auf dem Druckhebel gelagert ist, wird der Preßdruck ähnlich dem Dezimalsystem an Wagen etc. auf den ersteren fortgepflanzt, wodurch dieser mit einem bedeutend verstärkten Druck auf den Stempel und mithin auf die Oberform wirkt. Die Pressung erfolgt nunmehr zum zweiten Male, jedoch in intensiverer Weise als vorher. Die Schlittenanordnung ist dieselbe wie die bei den Maschinen der Spindelpressen, und erübrigt sich wohl deshalb die Beschreibung derselben. — Wie bereits angedeutet, sind die Bauarten der Nachpressen sehr verschieden, jedoch ist das erstrebte Endziel stets dasselbe, d. h. durch irgendein Maschinenelement, sei es Exzenter, Daumen, Rolle, Hebel oder Spindel, soll ein bestimmter Druck auf den nachzupressenden Formling ausgeübt werden. Die Preßkästen bestehen fast immer aus Stahl oder Eisen und sind wegen des Verschleißes aus mehreren Teilen zusammengesetzt. Zu erwähnen wäre hier noch die sogenannte Revolver-Nachpresse der Firma Breitfeld, Danek & Co., Schlan in Böhmen, auch Dreikastenpresse genannt, weil diese mit ihrem drehbaren Tisch, auf welchem sich drei Preßkästen befinden, in das Gebiet der Revolverpresse hinübergreift. Die Handhabung der Maschine ist eine sehr einfache. Der drehbare Preßtisch ist mit einer Schaltvorrichtung versehen, welche bewirkt, daß derselbe nach ein drittel Drehung durch eine Sperrklinke festgehalten wird. Auf dem Drehtisch sind drei Formkästen befestigt, so daß, wenn ein Kasten unter der Preßwirkung steht, aus dem zweiten Kasten der gepreßte Stein durch einen Hand- oder Fußhebel herausgestoßen und in den dritten Kasten ein noch nachzupressender Stein eingelegt werden kann. Die Presse ist fahrbar und für Handbetrieb eingerichtet.

## Falzziegelpressen.

Diese Maschinen dienen wohl ausschließlich der Dachziegelfabrikation. Das Material, welches für diese Fabrikation in Frage kommt, muß genügend fett und plastisch sein, damit die Form sich gut auspreßt und durch spätere Handhabung nicht beschädigt wird. Während des Trocken- und Brennprozesses darf es nicht zum Verziehen und Reißen neigen und muß sich bei niedriger Temperatur derart dicht brennen, daß es möglichst wenig Wasser aufsaugt. Während bei den Nachpressen bereits die zur Verarbeitung kommenden Preßlinge ihre spätere Fertigform zeigen, können hier nur Tonplatten, welche auf einer Schnecken-, Walzen- oder Kolbenstrangpresse hergestellt sind, zur Verwendung kommen. Auch geschieht die Pressung dieser Platten nicht im lederharten Zustand, sondern meistenteils sofort nach Herstellung derselben durch eine der genannten Vorbereitungsmaschinen.

Die Revolverpresse der Firma Rich. Raupach, Görlitz. Diese Presse (Fig. 91) ist für die Falzziegelerzeugung wohl die geeignetste und stellt sich das auf ihr erzeugte Fabrikat, da sie wenig Bedienung und kleine Arbeit erfordert, wohl am billigsten. Bei der Maschine sitzen die unteren

Arbeitsformen auf einer fünfseitigen Trommel, welche sich nach jeder Pressung um ein Fünftel dreht und durch diese Bewegung jeweils eine andere Arbeitsform unter die obere Arbeitsform bringt. Die Einstellung der fünfseitigen Trommel geschieht durch die sogenannte Revolverscheibe. Die Führung des die Oberform tragenden, ähnlich einem Kreuzkopf ausgebildeten Preßstempels geschieht mittels seitlich in den Gestellwangen angeordneter Schienen. Die Handhabung der Presse ist äußerst einfach und gegenüber den Schlittenpressen insofern besser, als der die Presse bedienende Arbeiter die untere Arbeitsform nicht von Hand unter die Oberform zu schieben braucht. Zur Bedienung der Maschine sind nur zwei Mann erforderlich, von denen der eine die Tonkuchen auf die unteren Arbeitsformen der Revolvertrommel auflegt, während der auf der gegenüberliegenden Seite der Presse stehende Arbeiter die Trockenrähmchen auf die fertiggepreßten Ziegel legt und dieselben abnimmt.

Fig. 91. Revolverpresse. Richard Raupach, G. m. b. H., Görlitz.

Auf- und Abwärtsbewegung der oberen Arbeitsform findet bei den meisten Bauarten durch eine gekröpfte Welle statt, deren Lager an den Ständern der Presse befestigt sind. Die Drehung der Kurbelwelle erfolgt durch ein vom Vorgelege aus angetriebenes Stirnrad, an welchem sich Gleitkranz und Zapfen befinden. Der die obere Arbeitsform tragende Druckstempel hat ein Kurbelgleitlager, ferner weist derselbe außer den seitlich angeordneten Gradführungen einen sich in der oberen Traverse führenden Zapfen auf. Die obere Form kann auf der Fläche des Oberstempels seitlich verstellt werden, um so ein genaues Passen mit den unteren Arbeitsformen zu ermöglichen. Die beiden Ständer sind oben und unten durch Traversen verbunden. Im unteren Teil der Gestellwände ist die Revolvertrommel gelagert, auf deren Welle der mit fünf Schlitzen versehene Revolverstern aufgekeilt ist. Die obere

Arbeitsform wirkt abwechselnd auf fünf untere Arbeitsformen, welche auf der Revolvertrommel befestigt sind. Nach jeder Pressung, bei welcher selbstverständlich der Stempel mit der oberen Form nach oben geht, wird die Trommel selbsttätig mittels des an dem großen Stirnrad angebrachten Kolbenzapfens, welcher in den zunächst liegenden Schlitz des Sternes eingreift, um ein Fünftel gedreht, wodurch wieder eine neue mit einer Tonplatte belegte untere Arbeitsform unter die Oberform zu liegen kommt. Während der Pressung wird die Revolvertrommel durch den am Stirnrad befindlichen Schleifkranz, welcher dicht auf eine der Schleifflächen des Sternes gleitet, in ihrer Stellung festgehalten.

Außer Falzziegeln werden auf den Revolverpressen oftmals Firstziegel hergestellt, jedoch gebrauchen die Maschinen zur Herstellung solcher höhere und größere Bauhöhen zwischen den oberen und den unteren Arbeitsformen. Der Kraftbedarf ist äußerst gering und wird die Festriemenscheibe zur besseren Ausgleichung der Schwungmassen oft als Schwungrad ausgebildet. In der Praxis findet man Bauarten, bei welchen die Kurbelwelle durch eigenartig konstruierte Exzenter ersetzt ist. Es wird hierdurch zweierlei erreicht, erstens ist der Druck ein länger andauernder und zweitens ist er ein doppelter. Bei der Anwendung von Exzentern hat man es durch bestimmte Formgebung derselben in der Hand, zuerst einen kleineren Druck auf die Tonkuchen auszuüben. Nach einer kleinen Ruhepause, während welcher die in der Form etwa noch vorhandene Luft entweichen kann, erfolgt der zweite, sogenannte Nachdruck, durch welchen der Formling endgültig ausgepreßt wird. Anstatt das Rädervorgelege und die Riemenscheiben, wie üblich, am Maschinengestell anzuordnen, wird von mehreren Werken der Antrieb der Presse nach unten, teilweise in den Fußboden verlegt. Die Presse wird auf diese Weise stabiler, jedoch verliert der untere Teil des Maschinengestells an Bewegungsfreiheit und ist auch die Kraftübertragung nach oben auf den Oberstempel eine schwierigere. Als Vorzug muß bei diesen Pressen gelten, daß dieselben in niedrigen Räumen Aufstellung finden können. Um das Ausweichen der eventuell beim Pressen sich zwischen die

Formen setzende Luft zu ermöglichen, ferner um ein steiferes Verarbeiten der Tonplatten zu gewährleisten, sind äußerst starke Pressen gebaut worden. So stellt z. B. die Firma Rieter & Koller, Konstanz, eine Presse mit dreifacher Druckerzeugung bei einer Pressung her und ist die Bauart des Exzenters derart, daß sich der Preßkopf mit beschleunigtem Tempo aufwärts und abwärts bewegt, während sich die Pressung selbst mit bedeutend verlangsamter Bewegung vollzieht. Die langsamere Pressung kann deshalb ohne Zeitverlust oder Produktionsverkleinerung erfolgen. Der erste Druck, welchen der Exzenter erzeugt, bringt die Form auf ca. 5 mm, der zweite Druck auf ca. 2 mm zusammen. Beim dritten Druck, der längere Zeit währt, wird erst der gesamte Hauptdruck erzeugt, wobei selbstverständlich der Formling vollständig ausgepreßt wird. Die Riemenscheibenwelle trägt zwei Schwungräder, was der ganzen Maschine ein sehr stabiles Aussehen verleiht. Da beim verspäteten Auflegen der Tonkuchen auf die unteren Arbeitsformen leicht Verletzungen der Finger des bedienenden Arbeiters durch zu frühzeitiges Herunterkommen des Oberstempels vorkommt, so findet man auch Pressen, mit auf der Riemenscheibenwelle aufgekeilter Bremsscheibe. Ein Druck des das Bremsband bedienenden Hebels ermöglicht ein ziemlich sofortiges Stillsetzen der ganzen Maschine.

Fig. 92. Revolver-Falzziegelpresse. Nienburger Eisengießerei und Maschinenfabrik, Nienburg a. S.

Die Schlittenpresse der Konstanzer Eisengießerei und Maschinenfabrik Rieter & Koller, Konstanz. Während die Leistung der Revolverpresse (Fig. 93) ca. 500 Preßlinge stündlich beträgt, sinkt dieselbe bei der Schlittenpresse (Fig. 94) auf ca. 300 Formlinge pro Stunde. Es ist dies durch die mehrfachen Handhabungen, welche die letztere Maschine erheischt, erklärlich und findet daher diese Presse immer mehr und mehr Anwendung zum reinen Nachpressen. Die Maschinen, welche zum Hand- und Dampfbetrieb eingerichtet sind, haben Rädervorgelege, welche mittels Kurbeln und Kurbelstangen den Auf- und Niedergang des Preßholmens und damit der Oberform bewirken. Die beiden unteren Arbeitsformen werden auf Schlitten geschraubt, welche auf der Kippstange hin und her gleiten und drehbar sind. Die Schlitten werden mittels Schrauben und Schellen eingestellt. Die Herstellung der Falzziegel geht wie folgt vor sich: Die nach oben gekehrte untere Arbeitsform, welche mit dem Schlitten auf der Kippstange vor dem Ständer steht, wird mit einem Tonkuchen belegt und von dem Arbeiter unter die in höchster Stellung befindliche obere Arbeitsform geschoben; dieselbe geht nun nach unten, führt die Pressung der Dach-, Falz- oder Firstziegel etc. aus und geht wieder in die Höhe. Sobald die untere Arbeitsform vollständig frei ist, wird der Schlitten auf der Kippstange zurückgezogen, das Holzrähmchen aufgelegt und während der Umdrehung der Arbeitsform leicht gegen den gepreßten Falzziegel gedrückt, welcher, bei vollständig erfolgter Umdrehung vom Gips losgelassen, sich auf das Rähmchen legt und nunmehr zum Putzen weiter gegeben wird. Der Schlitten mit der Arbeitsform wird nun wieder nach oben gedreht und mit einem Tonkuchen belegt. Während auf dieser Seite die untere Arbeitsform nach erfolgter Pressung zurückgezogen wird, schiebt der gegenüberstehende Arbeiter eine mit einer neuen Tonplatte belegte Arbeitsform unter die Druckplatte, und nun beginnt die Arbeitsweise, wie eben beschrieben, von neuem, wodurch ein abwechselndes Belegen und Entleeren der Arbeitsformen stattfindet.

Die den eigentlichen Auf- und Niedergang der oberen Arbeitsform einleitende doppelte Kurbelwelle ist sehr tief im unteren Teil des Maschinengestells gelagert und mittels mehrerer Rädervorgelege in direktem Eingriff mit der Schwungrad- resp. Riemenscheibenwelle. Die Rädervorgelege selbst, welche mittels erwähnter Kurbeln und Kurbelstangen den Auf- und Niedergang des Preßholmens bewirken, befinden sich innerhalb des gußeisernen Ständers, wodurch dieselben gegen Hineinfallen von Tonabfällen und Schmutz vollständig gesichert sind. Mit dem Preßholmen ist die Druckplatte, an welche die obere Arbeitsform geschraubt ist, durch eine starke Spindel mit Muttern fest verbunden, welche ein genaues Einstellen der oberen Form ermöglichen. Preßholm und Druckplatte gleiten auf zwei seitlich am Ständer angebrachten vertikalen Stangen auf und ab. Am Oberteil des Ständers befinden sich zwei Schlittenführungen und die Lagerung der beiderseits vorstehenden Kippstange. Die unteren Arbeitsformen befinden sich auf Schlitten, welche abwechselnd von beiden Seiten der Maschine unter den Oberstempel geschoben

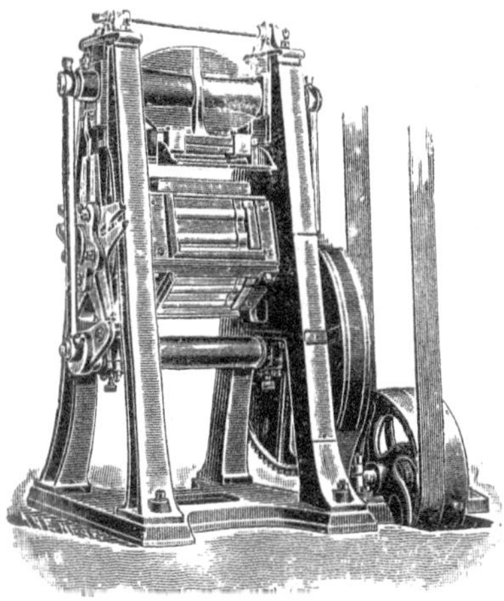

Fig. 93. Revolverpresse.
Rieter & Koller, Konstanz.

Fig. 94. Schlittenpresse.
Rieter & Koller, Konstanz.

werden können. Die Bauarten dieser Pressen sind sehr mannigfaltig, und man findet anstatt der beschriebenen Maschine oftmals sogenannte Stempeldruckpressen, Friktionspressen, ferner Pressen, bei welchen anstatt Kurbeln Exzenter die Auf- und Niederbewegung der oberen Arbeitsformen besorgen. Auch baut man Maschinen, namentlich für Handbetrieb, bei welchen das Gesamtgewicht der oberen Form, der Druckplatte und der Kurbelwelle durch einen über das Maschinengestell gelagerten Gewichtshebel ausbalanciert ist.

Die Mutter- und Arbeitsformen der Falzziegelfabrikation. Die zur Erzeugung guter Falzziegel benötigten

Formen sind von größter Wichtigkeit sowohl für die Leistung der Presse als auch für die saubere Auspressung. Die Mutterformen, das sind solche, nach welchen die Arbeitsformen mit Gips ausgegossen werden, müssen peinlich sauber ziseliert werden und keine Unterschneidungen sowie rauhe Flächen aufweisen. Zur Herstellung von Falzziegeln werden fast stets zwei Mutterformen, und zwar eine obere und eine untere gebraucht. Die genannten Formen bestehen meistens aus Gußeisen oder Rotguß. Die Arbeitsformen, deren Äußeres den Auflageflächen der oberen Druckplatten sowie den Flächen der Revolvertrommeln angepaßt sind, bestehen aus Gußeisen und sind zur Aufnahme des Gipsausgusses ausgehöhlt. Die Vertiefung weist Rippen, Löcher und dergleichen zum Anhaften und Festhalten des Gipses auf. Selbstverständlich muß bei Herstellung der einzelnen Formen Rücksicht auf die Schwindungsverhältnisse der in Betracht kommenden Tone genommen werden. Die Anfertigung der Arbeitsformen erfolgt durch Auflegen derselben auf die zugehörige Mutterform und Übergießung der eingeölten Flächen der letzteren mit Gipsbrei. Der Gips erstarrt sehr schnell und kann alsdann die Mutterform von der Arbeitsform getrennt werden. Die ausgegossenen Formen sollen vor dem Gebrauch längere Zeit stehen, auch sollen dieselben ca. $^1/_2$ Stunde vor dem Aufschrauben resp. vor Verwendung unter Wasser liegen, damit der Gips Wasser einsaugt und so ein leichtes Loslösen der gepreßten Ziegel aus den Arbeisformen stattfinden kann. Auch soll nicht allzulange Zeit mit den selbst noch erhaltenen Formen gearbeitet werden, da der scharfe Ton den Gips angreift und dadurch die Ziegel in der Wandstärke stärker, mithin schwerer werden. In größeren Falzziegelwerken wird durchschnittlich viermal am Tage mit den Formen gewechselt. Fertige Arbeitsformen direkt aus Rotguß haben sich nicht bewährt, da diese trotz aller Einölung den Falzziegel sehr schwer freigeben. Das Putzen der fertig gepreßten Ziegel geschieht wohl größtenteils von Hand, und hängt das saubere Aussehen der Falzziegel viel von der weiteren Behandlung ab.

Als gangbarste Falzziegelarten dürften genannt werden: Ludoviciziegel, Muldenziegel, Marseiller Ziegel, Kloster- und Turmziegel. Als Firstziegel nennen wir den deutschen, den Marseiller und den Pariser Ziegel.

Selbstverständlich gibt es noch viele Arten Ziegel, welche ebenfalls gut und brauchbar sind. Die größte Anzahl dieser Ziegel weist doppelte Kopf- und Seitenfalze auf. — Zu erwähnen wären hier noch die sogenannten Strangfalzziegel, deren Herstellung jedoch auf Strangpressen geschieht und deren weitere Behandlung, wie Abschneiden des Plättchens sowie der nicht benötigten Nase, auf extra für diese Fabrikation gebauten Abschneidetischen erfolgt.

---

## Abschneideapparate.

Zum Zerschneiden respektive Teilen des Tonstranges in die gewünschten Formen werden sehr verschiedenartige Abschneideapparate gebaut. So weist die Praxis Abschneider für Voll-, Loch- und Fassonziegel, für Platten und Röhren, für Dachwerk jeglicher Art, ferner für Plättchen, denen gleich ein bestimmtes Muster aufgepreßt wird, und dergleichen auf. Bei der Vollstein- respektive Verblenderherstellung hat man Langschneider und Querschneider zu unterscheiden, welche je nach der Richtung, in welcher die Ziegel das Mundstück verlassen, unterschiedlich sind. Mittels der Langschneider schneidet man den aus einem Mundstück mit mehreren vertikal vorgespannten Drähten austretenden Tonstrang, welcher durch die Drähte bereits in drei oder vier Einzelstränge zerteilt ist, der erforderlichen Länge des Formlings entsprechend, ab. Mittels der Querschneider, welche die größte Verbreitung gefunden haben, und bei denen das Mundstück respektive das Profil des austretenden Tonstranges der Länge und Höhe eines Ziegels entspricht, schneidet man zwei, auch drei Formlinge mit einem Male quer, also derart vom Strang, daß die Schnittflächen des Formlings die Lagerflächen desselben bilden, während die glatten Außenflächen die Stoß- und Läuferflächen darstellen. Um ein leichtes

Laufen des aus dem Mundstück tretenden Stranges zu erzielen, legt man die Laufbahn des Abschneidetisches mit Filz- oder Gipsrollen aus. Ist das Material zu mager, so daß dieses leicht ausreißt, oder muß man schmierigen Ton oder dergleichen verarbeiten, der die Walzen verstopft, so verwendet man Blechschuppenbewässerungsbahnen als Laufweg des Stranges. Anstatt der letzteren findet man auch polierte Zinkplatten etc. mit starker Bewässerung vor. Der dem Schneiden der Formlinge dienende Draht muß sehr straff gespannt sein, auch muß die Festigkeit desselben eine hohe sein, da sich z. B. bei steinigem Ton dem schneidenden Draht große Widerstände entgegenstellen. Ist das Material sehr sandig, so schmirgeln sich die Drähte dünner; auch eintretender Rost ist ein Feind der letzteren. Um beim Schneiden ein Ausreißen des Tonstranges nach unten zu zu verhüten, werden Schutzschienen angewandt, welche derartig eng zusammenstehen, daß nur der Draht durch diese treten kann. Gegen seitliches Ausreißen wendet man Schutzklappen an, welche sich beim Schneiden der Seitenfläche des Tonstranges nähern respektive anlegen und ebenfalls durch einen engen Schlitz nur den schneidenden Draht hindurchlassen. Wird der Draht geradlinig durch den Tonstrang gedrückt respektive gezogen, so hat man den Horizontal- und Vertikalschneider; beschreibt dagegen der Draht beim Schneiden eine Kreisbahn, so hat man einen Bogenschneider. Bei dem Schnitt der ersteren sind meist zwei Schnittlinien etwas und die dritte ziemlich stark aufgerissen, während bei den Bogenschneidern nur eine Schnittlinie etwas, dagegen die untere ziemlich stark aufgerissen wird. Die Schneiderichtung soll derart sein, daß die Drähte außer der Kreis- noch eine fortschreitende Bewegung machen; es sollen demnach die Schneidedrähte nicht nur durch Druck, sondern auch durch Fortbewegung in ihrer Längsrichtung, also ähnlich einem Messer, schneidend wirken. Die Abschneideapparate sollen in der Höhe verstellbar eingerichtet sein, und ist dies namentlich dort am Platze, wo öfter die Mundstücke zur Erzeugung verschiedener Fabrikate gewechselt werden müssen. Damit der Schnitt des Tonstranges ein genau rechtwinkliger wird, ist es vonnöten, daß der Abschneider einen für sich laufenden Wagen aufweist, welcher mit dem vorwärts schiebenden Tonstrang mitläuft. Um einen recht leichten Lauf des Wagens zu erzielen, befestigt man die vier Laufrollen am unteren Schienengestell und läßt den Wagenrahmen auf den Laufrollen gleiten. Die Reibung ist hierdurch nur eine rollende, also die allergeringste. Beim Laufe selbst geschieht der Schnitt. Zur bestimmten Innehaltung der Stärke des ersten Formlings — die Stärke des zweiten respektive dritten Steines bestimmen die gespannten Drähte — und zur Einleitung der Bewegung des erwähnten Wagens trifft der vorwärts arbeitende Strang auf seiner Bahn eine Klappe, welche nach dem Schnitt auf irgendeine Weise aus dem Bereich der Tonstranglaufbahn verschwinden muß, damit die abgeschnittenen Formlinge bequem abgenommen werden können. Die Apparate sollen sich ferner leicht als Links- und Rechtsschneider einrichten lassen; es ist dies notwendig, da oft die Situation der Gebäude, der einzelnen Maschinen zueinander usw. wechselt und der die Ziegel vom Abschneidetisch abnehmende Mann seinen Standort den Schienengleisen respektive den senkrechten Aufzügen entsprechend wählen muß. Bei Verwendung von Filzrollen sollen die Filzschläuche aus einem Stück nahtlos bestehen, die Achsen der Rollen sollen durchgehend sein und sich am besten in verschiebbaren Lagern drehen. In vielen Fällen wird der Schneidebügel zugleich zum Vorschieben des Wagens benutzt, oft muß auch der den Apparat bedienende Mann die Rückbewegung durch eine seitliche Körperbewegung vornehmen. Um diese Bewegungen nur auf die Arme zu konzentrieren, bauen etliche Firmen ihre Abschneidetische derart, daß der Schneidebügel durch die eine Hand, der die Rück- respektive Vorbewegung besorgende Hebel durch die andere Hand bedient wird. Im übrigen ist die abschneidende Arbeit eine derart gleichmäßige, monotone, daß von verschiedenen Seiten versucht worden ist, auch diese Arbeit von der Maschine selbst ausführen zu lassen. Während dies bei etlichen Dachstein- und Tonkuchenabschneidern gelungen ist, kann das Projekt der maschinellen Vollsteinabschneidung als vorläufig gescheitert angesehen werden. Der Tonstrang kommt dermaßen verschiedentlich aus dem Mundstück, einmal weich, dann steifer, einmal schnell, dann langsamer, daß ein automatischer Abschneideapparat, welcher sich allen Hindernissen anschmiegt, ohne dabei Abfall zu geben, äußerst kompliziert wird. Man denke nur daran, daß der aus einem Mundstück austretende Strang im steifen Zustand wohl eine ziemlich bedeutende Druckkraft aufzuweisen vermag, während derselbe Strang im weicheren Zustand bei dem geringsten Gegendruck sich sofort in der Nähe des Mundstücks aufwirft und aus seinem rechteckigen Querschnitt alle möglichen Fassons entstehen. Abgesehen von verschiedenen amerikanischen Abschneidern, bei welchen jedoch gleich viele Formlinge mit einem Mal abgeschnitten werden und bei welchen es auf den ersten Ziegel nicht ankommt, ist es leider trotz der größten Mühe der Konstrukteure noch nicht recht gelungen, einen für alle Tone geeigneten automatischen Vollsteinabschneider herzustellen. Bemerken möchten wir noch, daß es wohl keine Klappenkonstruktion gibt, welche auf die Dauer derart fest ist, daß die Ziegel sämtlich gleich werden. Schon das mehr oder minder Anschlagen der Klappe beim Zurückfahren des Schneidewagens gibt Unterschiede von 1—2 mm in der Dicke des ersten Ziegels. Bei sehr empfindlichen Materialien, welche bereits drohen, auf der Rollbahn des Abschneidetisches zusammenzubrechen, spannt man am zweckmäßigsten über sämtliche Rollen hinweg ein schwaches, endloses Band. Auf dieses kann sich der aus dem Mundstück kommende Strang auflegen, so daß er also keine Rollen in Bewegung zu setzen braucht. Zum Abnehmen von Verblendern oder anderen Formlingen verwendet man, um eine Beschädigung durch Fingereindrücke zu vermeiden, mit Filz oder englischem Leder beschlagene Handbretter, wogegen man sich zum Abnehmen von Loch-, Decken- und anderen Steinen der Abnahmegabeln bedient.

Da nun jede Ziegeleimaschinen bauende Firma ihre besonderen Abschneidetische baut, so können wir hier nur etliche Bauarten beschreiben, wobei wir aber vorausschicken, daß nur die Praxis das bessere oder schlechtere Funktionieren dieses oder jenes Tisches zu entscheiden vermag.

Der Vertikalschneider der Firma Rieter & Koller, Konstanz. Dieser Abschneideapparat (Fig. 95) besteht aus dem festen Gestell und dem auf Schienen laufenden Schneidewagen. Durch eine viertel Drehung des mit dem

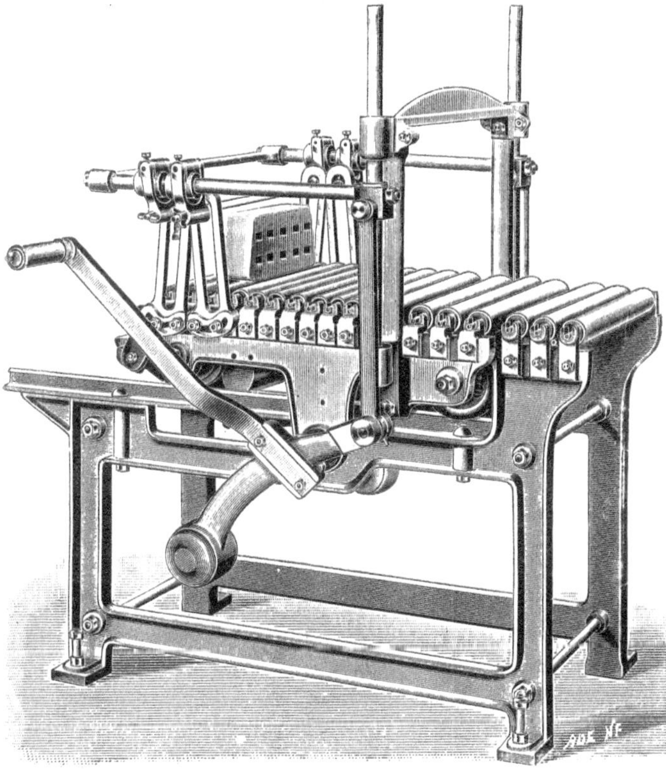

Fig. 95. Vertikalschneider. Rieter & Koller, Konstanz.

Schneidewagen in Verbindung stehenden Hebels bekommt der Schneiderahmen die auf und nieder gehende Bewegung. Die Drähte sind wagerecht gespannt und erheben sich dieselben nur um ein wenig über den Tonstrang, um die Bewegung des Schneiderahmens recht klein zu gestalten. Nach dem Schnitt schiebt sich der Rahmen bis unter die Laufbahn des Stranges, wobei sich die Klappe selbsttätig nach unten bewegt, damit der die Formlinge abnehmende Mann keine Hindernisse für seine Arbeit mehr vorfindet. Der Wagen kann sowohl mit Filzrollen, als auch mit Gipsrollen ausgelegt werden; auch finden sich bei diesem Tische drei oder vier Rollen im festen Gestell zur Aufnahme des aus der Presse austretenden Tonstranges. Um unten recht saubere Kanten zu erhalten, wendet man oft verstellbare Gegenschienen an, welche derart eng zueinander stehen, daß nur der durchschneidende Draht durch den gebildeten Spalt hindurch kann. Diese Tische können leicht für große Breiten und Höhen, also für Produkte mit abnormalen Dimensionen, gebaut werden, und ist der Hauptvorzug dem Bogenschneider gegenüber, daß von oben durch den Tonstrang hindurch ein beliebiges Muster geschnitten werden kann.

Der Horizontalschneider. Dieser Tisch ist in der Bauart ähnlich dem soeben beschriebenen. Anstatt jedoch den Schneiderahmen durch Hebel etc. in senkrechter Richtung zu bewegen, wird der erstere in horizontaler Lage durch den Tonstrang geschoben. Die Betätigung des Schneiderahmens ist ähnlich den Biberschwanz- und Strangfalzziegel-Abschneidetischen und kann daher beim Hinschub sowohl wie beim Zurückzug ein Schnitt erfolgen. Um einen genauen geraden Schnitt zu erreichen, muß selbstverständlich der Schneiderahmen wieder im fahrbaren Wagen mit beim Schnitt verschwindender Klappe gelagert sein. — Anwendung findet dieser Abschneideapparat, wo es gilt, von der Seite durch den Tonstrang hindurch ein beliebiges Muster zu schneiden.

Der normale Abschneidetisch mit Filzrollen (Bogenschneider) der Rixdorfer Maschinenfabrik, G. m. b. H., Rixdorf-Berlin. Der Abschneideapparat (Fig. 96) besteht aus dem festen, mit Laufschienen versehenen Gestell und dem auf den Schienen fahrenden Wagen. Die Füße des Gestells sind in der Höhe verstellbar eingerichtet, zugleich trägt dasselbe an der Mundstückseite zwei Seitenwandungen, zwischen welchen drei oder mehr Filzrollen gelagert sind.

In dem Wagen, der die weiteren Rollen trägt, ist der Schneidebügel drehbar gelagert, und zwar derart, daß derselbe von links und nach Umlagern von rechts bedient werden kann. Die Räder des Wagens sind zur Erzielung eines leichten Laufes groß gewählt und haben dieselben Doppelflanschen. Die Anstoßklappe, gegen welche der vorwärts schiebende Tonstrang arbeitet und welche die Bewegung des Wagens ein-

Fig. 96. Normaler Bogenschneider. Rixdorfer Maschinenfabrik, Rixdorf.

leitet, verschwindet im zurückgezogenen Zustand des letzteren unter der Laufbahn, um die abgeschnittenen Ziegel bequem abnehmen zu können. Das Verschwinden der Klappe wird eingeleitet durch eine, in seitlich angebrachten, festliegenden Kulissen laufende Achse, welche letztere scharnierähnlich mit der vorderen Wagenachse in Verbindung steht. Während die Rollen zwischen den Schneidedrähten etc. eine der Stärke des abzuschneidenden Ziegels entsprechende Größe aufweisen müssen, können die außerhalb der Schneidezone liegenden Rollen einen beliebigen Durchmesser haben. Zum schnellen Reinigen der zwischen den Schneidedrähten liegenden Filzrollen sind diese leicht herausnehmbar eingerichtet und werden, um ein Verschmutzen der Lager zu verhüten, diese mit Schutzblechen überdeckt. Der die Hin- und Herbewegung des Schneidewagens besorgende Hebel, welcher auf der entgegengesetzten Seite des Schneidebügels angebracht ist, hat seinen Drehpunkt an der einen Schiene des Gestelles. Die Funktion des Tisches ist folgende: Der auf den Rollen sich bewegende Tonstrang trifft bei seinem Lauf auf die hochstehende Klappe und schiebt diese mitsamt dem Wagen vorwärts. Bei dieser Bewegung erfolgt der Schnitt des Tonstranges resp. die Zerlegung desselben in einzelne Formlinge. Nach dem Schnitt wird der Wagen mittels des extra zu diesem Zweck angeordneten Hebels vollständig nach rückwärts gezogen, wodurch die Klappe verschwindet und sich die Formlinge vom eigentlichen Tonstrang entfernen. Die letzteren stehen nunmehr vollständig frei da, und kann ein Abnehmen derselben sehr leicht von statten gehen. Nach dem Fortnehmen der Steine wird der Wagen durch den Handhebel wieder vorwärts, also dem Mundstück entgegen gedrückt, wodurch auch wieder die Klappe zum Vorschein kommt und das Spiel von neuem beginnen kann.

Der normale Abschneidetisch mit Schuppenbewässerung (Bogenschneider) der Firma Th. Hymmen, Bielefeld. Im großen und ganzen ähnelt die Bauart dieses Tisches der des soeben beschriebenen Abschneiders. Anstatt der Rollen ist jedoch die Laufbahn des Tonstranges mit einer Schuppenblechbewässerung versehen, weshalb sich dieser Abschneideapparat sehr gut für schmierige und sehr magere Tone eignet. Der Handhebel, durch welchen die Vor- und Rückwärtsbewegung des Schneidewagens erfolgte, ist hier in Fortfall gekommen, und müßte sowohl das Schneiden wie die soebengenannten Bewegungen vermittelst des Schneidehebels allein, der wieder rechts, auf Wunsch auch links zur Laufbahn gelagert sein kann, erfolgen.

**Der Abschneidetisch für Röhren, Platten usw. der Firma Güttler & Co., Brieg, Bez. Breslau.** Wenn man auch auf den vorherbeschriebenen Tischen Drainröhren, Platten usw. abschneiden kann, so ist es doch vorteilhafter, einen besonderen Abschneidetisch für derartige Fabrikationen

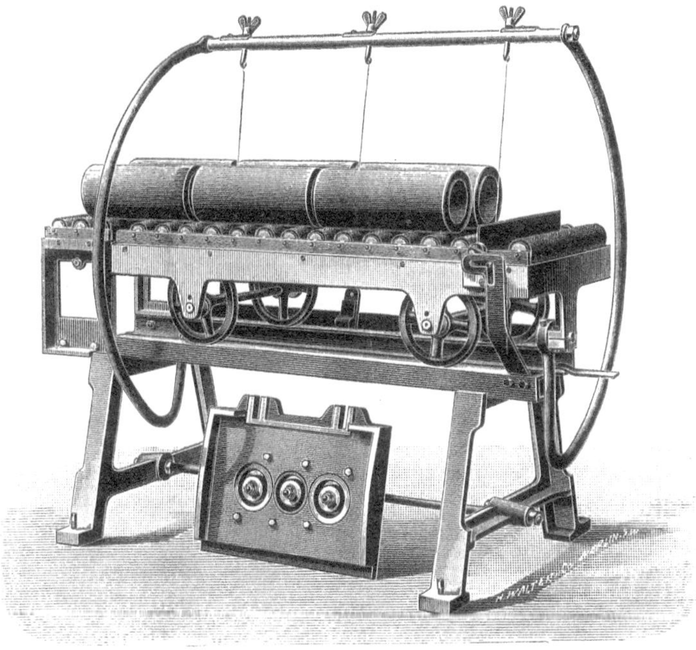

Fig. 97. Röhrenabschneidetisch. Güttler & Co., Brieg.

(Fig. 97) zu wählen, da man mit diesen viel leistungsfähiger ist. Auch hier stoßen wieder die bei kleineren Drainrohrprofilen zu mehreren aus dem Mundstück austretenden Stränge gegen eine Anschlagklappe und bewegen dadurch den Wagen des Tisches in gleicher Geschwindigkeit, so daß ein genau rechtwinkliger Schnitt erfolgen kann. Der Schneiderahmen ist äußerst lang gewählt und auf beiden Seiten mittels schmiedeeiserner Bügel mit der im unteren Wagengestell gelagerten Drehachse verbunden. Der Schnitt erfolgt sicher und können durch die lange Lagerung mehrere Rohre, Platten etc. auf einmal abgeschnitten werden. Zum besseren Abnehmen der

Formlinge werden diese Art Tische vielfach mit Drehklappen versehen, deren Ober- und Unterseite gleichzeitig mit Rollen belegt sind. Die abgeschnittenen Platten etc. werden aus dem Bereich des Schneiderahmens heraus auf die Drehklappe geschoben, ein Holzrähmchen darauf gelegt und mit diesem die ganze Klappe herumgedreht. Es liegt nun die Platte auf dem Holzrähmchen zum bequemen Fortbringen bereit. Anstatt der Rollen findet man oft profilierte Gleitbetten, welche den einzelnen zu fabrizierenden Drainrohren angepaßt sind.

Der Biberschwanz-Abschneidetisch. Die Bauart dieser Tische (Fig. 98) ist eine sehr vielseitige, da die verschiedenen Funktionen des Apparates auch eine große Menge von Kombinierungen zulassen. In der Praxis findet man das Auspressen eines einfachen Dachziegelstranges, dann zweier aufeinander, ferner zweier einfacher nebeneinander und zuletzt vier, je zwei auf- und nebeneinander laufender Stränge. Die Abschneidetische, welche namentlich der letzten Auspreßart dienen, sind derart kompliziert, daß es für die Praxis stets ratsamer ist, mit einer etwas kleineren Leistung zufrieden zu sein, dafür jedoch einen einfacher gebauten Tisch bedient zu wissen. Die Konstruktion ähnelt dem Horizontalschneider, indem auch hier die Schnitte in horizontaler Richtung erfolgen. Während der eine Schnitt durch einen im Schneidebügel von unten nach oben gespannten Draht in gerader Richtung geführt wird, wird der Bogen- oder Spitzschnitt mittels doppelarmiger, horizontal unten und oben liegender Hebel, welche ihre Bewegung vom Schneiderahmen bekommen und zwischen welchen der Draht gespannt ist, ausgeführt. Anstatt der Hebel werden auch oft Kulissen, in welchen die Drahthalter zum Fassonschneiden sich führen, verwendet. Damit die Nase des Ziegels nicht durchweg unter demselben stehen bleibt, muß dieselbe zu rechter Zeit abgeschnitten werden, weshalb eine um die Nasenlänge vom horizontalen Schneidedraht entfernt liegende Gabel, zwischen deren Zinken ein kleiner, in Höhe des Nasengrundes schneidender Draht gespannt ist, beim Abschneiden des ganzen Dachziegels aus dem Strang heraustritt und die Nase frei durchtreten läßt. Nach kurzem Lauf des Stranges wird der Wagen des Tisches wieder mittels

Handhebel nach dem Mundstück hin gefahren, woselbst sich der Wagen zum neuen Schnitt eines Biberschwanzes wieder einklinkt, also feststeht. Durch dieses Zurückdrücken ist auch die erwähnte Gabel wieder zum neuen Fortschneiden der Nase des Stranges bis auf die Grundfläche des Ziegels in diesen eingedrungen. Beim Schnitt des Dachziegels, also beim Heruntergang der Gabel löst sich die Klinke und wird der Wagen wieder frei. Die Leistung des Tisches ist beim Auspressen eines einfachen Stranges 6—800 Dachziegel pro Stunde.

Der Strangfalzziegel-Abschneidetisch. Die Bauart dieses Tisches ähnelt im großen und ganzen der soeben beschriebenen, ist jedoch, da nicht nur die Nase des Dachziegels, sondern auch ein auf der Oberseite liegendes Plättchen

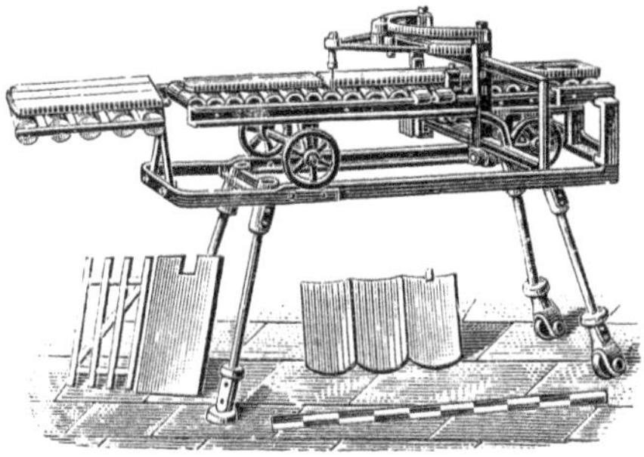

Fig. 98. Biberschwanz-Abschneidetisch.

abgeschniten werden muß, eher komplizierter. Anstatt des Bogenschnittes beim Biberschwanz erfolgt durch den Schneiderahmen ein auf beiden Querseiten gerader Schnitt. Das Abschneiden der Nase erfolgt wieder wie beim Biberschwanztisch, es ist jedoch zum Schneiden der Plättchen eine weitere von oben in den Strang schneidende Gabel erforderlich. Zum schnellen und bequemen Abnehmen weisen beide Tische die beim Drainrohrabschneidetisch erwähnte Drehklappe auf. Beim Trocknen dieser Art Ziegel, welche in vielen Gegenden den Falzziegel ersetzen, ist das Plättchen auf dem Ziegel zu lassen, damit ein Verziehen resp. Krummwerden nicht so leicht stattfinden kann. Etliche Firmen bauen Tische für zwei nebeneinander aus dem Mundstück kommende Strangfalzziegelstränge.

Der Abschneidetisch für holländische Dachpfannen. Auch dieser Tisch weist wieder die Bauart des Biberschwanzabschneideapparates auf. Anstatt jedoch den Bogenschnitt mittels Hebel, die ihre Betätigung vom Schneiderahmen bekommen, auszuführen, müssen hier für beide Querseiten des Dachziegels Kulissen, in welchen sich die Drahthalter führen, Verwendung finden. Das Laufbett des Tisches ist der Form der holländischen Dachpfanne nachgebildet und kommen Gipsrollen, Filzrollen, auch Blechschuppenbewässerungsbahnen in der Praxis vor. Durch die Anwendung der Kulissen lassen sich alle erdenklichen Fassons schneiden und richten sich diese nach den einzelnen Überdeckungen der Dachziegel untereinander. Da die Pfannen wie alle übrigen Dachziegel auf Latten aufgehängt werden, so müssen die ersteren auch wieder die Nasen aufweisen, weshalb die Tische zum Fortschneiden dieser in richtiger Länge den bereits beim Biberschwanzabschneideapparat näher beschriebenen Mechanismus haben müssen. Die Abnehmebrettchen sind zur Formhaltung der Pfannen mit seitlichen Längsleisten zu versehen.

Der Abschneidetisch zum Abschneiden und gleichzeitigen Bemustern von Fliesen und sonstigen Platten. Dieser Tisch arbeitet ähnlich dem Horizontalschneider, jedoch mit Doppelschneiderahmen. Dieser hat den Zweck, ein dem Muster entsprechendes Segment in sich aufzunehmen. Durch diverse Hebelübertragungen wird dieses Segment auf den unter ihm laufenden Tonstrang beim Herüberziehen des Schneiderahmens abgewickelt. Da nun das betreffende Muster der Platte in selbstverständlich umgekehrter Ausführung auf dem genannten Segment vorhanden ist, so muß beim Abwickeln desselben auf dem Tonstrang auch dieser die entsprechende Form zeigen. In dem doppelten Abschneiderahmen vertikal eingespannte Drähte, welche zu beiden Seiten des Segmentes angeordnet sind, zerschneiden den Plattenstrang beim Herüberziehen des Rahmens und beim Bemustern. Im übrigen weist der Tisch wieder den fahrbaren Wagen, in welchem der Schneiderahmen gelagert ist, und die Anschlagklappe auf. In früheren Zeiten ist versucht worden, Strangfalzziegel, ähnlich den auf Revolverpressen fabrizierten Falzziegeln, also mit Unterschneidungen usw., auf Abschneidetischen direkt herzustellen, jedoch meistens mit negativem Erfolg. Mittels des Tisches wurde nicht nur der Ziegel geschnitten, die Nase abgetrennt usw., sondern es wurde durch eine Preßvorrichtung dem Dachziegel sofort ein bestimmtes Muster aufgepreßt. Es stellte sich beim Trocknen jedoch heraus, daß der als Strangfalzziegel aus dem

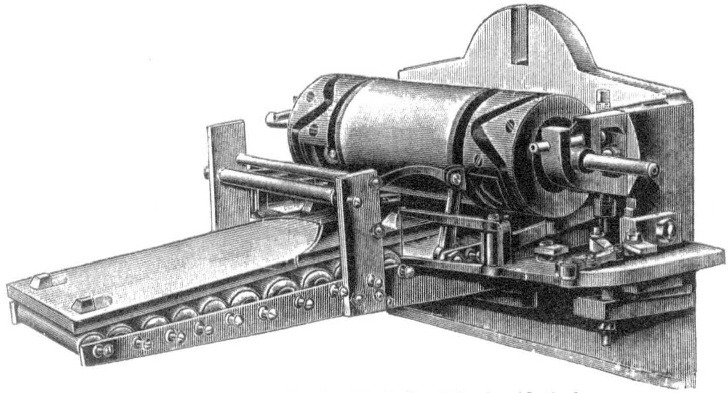

Fig. 99. Automatischer Dachziegelabschneidetisch. Rieter & Koller, Konstanz.

Mundstück heraustretende Strang ein anderes Gefüge aufwies, als die Stellen hatten, welche dem Preßdruck unterworfen wurden. Die Dachziegel rissen meistens an den Preßstellen beim Trocknungsprozeß und wurden auch die Abschneidetische zu kompliziert.

Der automatische Dachziegelabschneidetisch der Firma Rieter & Koller, Konstanz. Wie wir anfänglich andeuteten, ist es gelungen, für Dachziegel, namentlich Biberschwänze, einen automatischen Abschneider (Fig. 99) zu bauen und in die Praxis einzuführen. Die hierdurch erzielten Vorteile sind außer der Ersparung des abschneidenden Mannes die die Strangpresse vollständig ausnutzende Leistung. Anstatt wie bisher 6—800 Dachziegel stündlich zu schneiden, kann der Apparat, je nach der Leistung der Presse, ungefähr das Zwei- bis Dreifache leisten, wenngleich das Abnehmen dieser großen Zahl Biberschwänze mit Schwierigkeiten verknüpft und teilweise überhaupt wegen auftretender Beschädigungen nicht möglich ist. Die Form der fassonierten Querseite des Dachziegels ist eine beliebige, da zur Erzeugung dieser am Apparat eine Walze arbeitet, welche mit Kulissen, die der Form des fertigen Bogen- oder Dreieckschnittes entsprechend ausgearbeitet sind, versehen ist. Es kann daher der Spitzschnitt, Bogenschnitt, gotischer Schnitt usw. erzielt werden. Ferner können, da sich zur Einleitung der Abschneidebewegung eine Gips- oder andere Walze auf dem aus dem Mundstück einer Presse austretenden Strang abwickelt, mit Leichtigkeit die Firma oder sonstige Zeichen selbsttätig eingepreßt werden. Der Apparat ist äußerst einfach gebaut und besteht im Prinzip aus einer Gipswalze, welche durch die Pression des Tonstranges bewegt wird und dabei den Dachziegel freigibt. Seitlich am Apparat angebrachte Gabeln zerschneiden den Tonstrang in die gewünschte Form und werden dieselben durch die in der Walze zu beiden Seiten eingearbeiteten Kulissen geführt. Die in der Walzenfläche in bestimmtem Abstande ausgesparten Vertiefungen dienen dazu, auf dem glattgewalzten Dachziegelstrang die Nasen anzuordnen. Die Leistung des Apparates hängt lediglich von der Leistung der Presse ab und ist der Abschneider mit der Form direkt in eine Vorsatzplatte eingepaßt, welche einfach zur Ingangsetzung der Walze am Preßkopf der Ziegelstrangpresse befestigt wird. Ein besonderer Vorteil besteht darin, daß der Dachziegel, der anfänglich vor dem Apparat auf der Ansichtsfläche läuft, nach dem Aufsetzen des Trockenrähmchens und nach dem Umdrehen des Ziegels mit dem letzteren auf der Unterfläche liegt. Die Gipswalze muß wegen auftretenden Verschleißes und dadurch hervorgerufenes Stärkerwerden der Dachziegel öfter erneuert werden. Ähnlich diesem Tisch baut die genannte Firma auch einen selbsttätigen Kuchenabschneidetisch, welcher dazu bestimmt ist, die bei der Falzziegelfabrikation benötigten Kuchen selbsttätig herzustellen. Der Tisch arbeitet mit einem dreifachen, die Kuchen vom Strang abtrennenden Stern, welcher einzig und allein durch die Pressung, die der Tonstrang auf die Rollenlaufbahn verursacht, in Bewegung gesetzt wird. Zu erwähnen sind hier noch Abschneideapparate, welche namentlich in England und Nordamerika Verwendung finden. Da man in diesen Ländern nicht, wie bei uns üblich, 2 auch 3 Ziegel, sondern 12 und mehr mit einem Schnitt vom Tonstrang abtrennt, so sind die hierzu benötigten Apparate auch ziemlich kompliziert. Der Strang läuft dabei auf bewässerten Laufbrettern, die beim Schneiden sofort zur Unterstützung des Tonstranges durch nachrückende neue Unterlagsbretter ersetzt werden. Nach dem Schnitt werden durch Zurücklegen des Schnitthebels die abgeschnittenen Formlinge mitsamt dem Brett aus der Laufbahn des Stranges herausgebracht, während die Abschneidedrähte wieder ihre alte Lage einnehmen.

Die Firma Chambers Brothers Company, Philadelphia, welche auch den soeben erwähnten Abschneideapparat auf den Markt bringt, hat neuerdings einen Abschneide- und Stempelapparat für Ziegel mit abgerundeten Kanten in den Handel gebracht. Der Apparat ist äußerst kompliziert und hat die genannte Firma die Schwierigkeit, welche bisher darin bestand, daß sich der Ton in den Stahlstempeln festsetzte, durch automatische Ölung der betreffenden Arbeitsstücke überwunden. — Eine ganz neue Art von Abschneideapparaten baut die Firma Schelp & Freitag, Minden. Bei diesem Apparat ist das Gestell des Tisches nicht mehr auf dem Boden stehend, sondern an der Decke hängend angeordnet. Um zum bequemen Abnehmen der losgetrennten Formlinge den Abschneideapparat vorziehen zu können, ist die Aufhängung pendelnd angeordnet. Die Einrichtung ist derart, daß sich die drei hintersten Rollen nicht zu weit vom Mundstück entfernen können. Schiebt man den Rahmen zurück, so nimmt er die Rollen wieder mit. Die Erfindung macht das Mundstück leicht zugänglich und gestaltet den Betrieb einfacher. Um dem namentlich bei steinigem Material oft vorkommenden Reißen der Schneidedrähte vorzubeugen, wendet die Firma Richard Raupach, Görlitz, federnde Drahtspanner an. Bei diesen ist das eine Ende des Schneidedrahtes fest eingespannt, während am anderen Ende eine Spiralfeder für die nötige Spannung sorgt. — Wir wollen, ehe wir diesen Abschnitt verlassen, noch der selbsttätigen Abschneider für Vollsteine etc. der Firma Leo Mewes, Rethen, gedenken. Schneiden und Abnehmen besorgt bei diesem Apparat nur ein Mann. Das Prinzip dieses Abschneiders besteht darin, daß im Gegensatz zu den bis jetzt bekannten automatisch arbeitenden Abschneideapparaten das Schneiden des Tonstranges unabhängig davon, inwieweit der Strang vorgeschritten ist, vom Arbeiter selbst eingeleitet wird. Der Tonstrang wird mittels Dampfdruckes durchschnitten und hat der Mann nur nötig, zu rechter Zeit mit dem Fuße den Dampfapparat in Tätigkeit zu setzen. Da die Abschneidetische zu den kompliziertesten Apparaten der Ziegeleimaschinen gehören, so weist die Praxis auch eine große Vielseitigkeit der ersteren auf. Es ist daher vollständig ausgeschlossen, daß hier alle die Konstruktionseinzelheiten Beschreibung finden konnten und ginge dieselbe auch weit über den Rahmen dieses Werkes hinaus.

---

## Nachschneideapparate.

Da bei fast sämtlichen Abschneideapparaten der Tonstrang beim Austreten der schneidenden Drähte teilweise zerrissen und die Formlinge unansehnlich werden, so wendet man namentlich für feinere Waren, wie Verblender etc., sogenannte Nachschneideapparate an. Dieselben finden auch dort Verwendung, wo es auf einen äußerst sauberen und genauen Schnitt ankommt und wo auf ein genaues Maß, welches bei Massenfabrikation nicht immer einzuhalten ist, Wert gelegt wird. Während nun mehrfach auch mit Erfolg versucht wurde, dem austretenden Hauptschneidedraht durch einen vorher in entgegengesetzter Richtung in den Tonstrang eintretenden Draht oder durch ein Vorschneiderad bereits an den gefährlichen, sonst ausreißenden Seiten glatte Bahnen zu schaffen, so verwendet man vielfach die anfangs erwähnten Nachschneideapparate, unter denen derjenige von Hielscher, Görlitz, wohl die größte Verbreitung gefunden haben dürfte. Bei diesem Apparat wird ein von einem Tonstrang mittels eines der bereits früher beschriebenen Abschneidetische abgeschnittenes Strangstück auf einen Schlitten mit rechtwinkliger Schablonenplatte gelegt und mit dem Strangstück den vertikal oder schräg vertikal gespannten Drähten des Apparates entgegengeführt. Da die dicht anliegende Platte, deren Form genau dem zu schneidenden Profil entspricht, das Ausreißen des Tones aus dem Strang verhindert, so kann man auf diesem Apparat vollständig gratfrei schneiden.

Neuerdings baut auch unter anderen die Firma: Eisenwerk Weserhütte, Bad Oeynhausen Nachschneideapparate, bei welchen jedoch die soeben beschriebene Schlittenplatte durch einen fahrbaren Wagen ersetzt ist. Um die Druckschablone eventuell auch das Mundstück zu sparen, baut die Firma G. W. Fleming & Co., Bradford, Pa., einen Nachschneider, bei welchem die Drähte durch den nachzuschneidenden Ziegel senkrecht geführt werden. Die Bewegung geschieht mittels Fußhebel und sind sowohl die Anschläge für den Tonstrang als auch die schneidenden Drähte in jede beliebige Lage zu stellen. Die Gabeln mit den Schneidedrähten werden zwischen Eisenschienen, auf welchen der Ziegel aufgelagert ist, hindurchgeführt. Zur Unterstützung des Formlings ist es nur nötig, Brettchen zwischen die erwähnten Eisenschienen einzulegen.

## Mundstücke.

Durch das Mundstück erhält die aus der Ziegelpresse austretende Tonmasse die gewünschte Form. Es gibt eine große Anzahl von Mundstücksarten (Fig. 100) und findet man vornehmlich solche für Voll- und Hohlsteine, Decken-, Keil- und Radialsteine, Drainröhren, Dachziegel, Platten und Fassonsteine. Das Mundstück besteht meistens aus der Vorsatzplatte und dem eigentlichen, oft mit Bewässerung versehenen, formgebenden Teil. Für etliche Materialien sind auch Mundstücke zur Beheizung mit Dampf angefertigt worden. Was nun die Vorsatzplatte anbelangt, so ist sie meist eine einfache gußeiserne Platte, welche unten in einem Falz des Preßkopfes der betreffenden Presse ruht, während oben dieselbe mittels einer oder mehrerer Knebel- oder Einhängeschrauben gegen die Fläche des Preßkopfes direkt geschraubt wird. Die beschriebene Befestigungsart für die Platte ist gewählt, um ohne nennenswerte Unterbrechung ein leichtes und bequemes Auswechseln vorzunehmen. In den meisten Fällen besteht das Mundstück, welches mit der erwähnten Vorsatzplatte verschraubt ist, aus hartem Holz, welches, mit schmiedeeisernen Bändern und Laschen besetzt, innen schuppenartig mit Metallblech ausgeschlagen ist. Um eine Bewässerung mit den Schuppen zu erzielen, sind hinter denselben Umlaufkanäle angeordnet, in welche Druckwasser geleitet wird, das durch

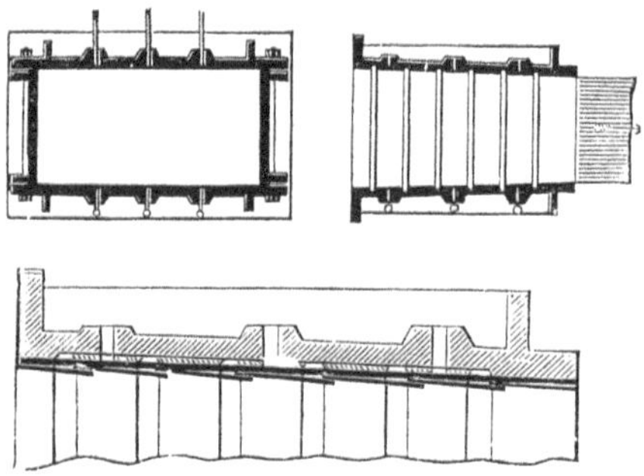

Fig. 100. Mundstücke.

die ersteren austritt und den vorbeigleitenden Tonstrang schwach aber gleichmäßig bewässert. Bei einem guten Mundstück sollen die Wasserkanäle behufs Reinigung mit einer Bürste vollständig von der einen Seite zur anderen treten und die Öffnungen mittels Stöpsel verschlossen sein. In den meisten Fällen bekommt das Mundstück seine Bewässerung mittels Schläuchen und Tropfhähnen aus einem auf dem Preßkopf befindlichen Wasserkasten. Zur Erzielung eines guten, scharfkantigen und exakten Stranges ist auf die Ausführung des Mundstückes großes Gewicht zu legen. Die vom Tonstrang abgeschnittenen Formlinge sollen nicht nur die genau vorgeschriebenen Maße aufweisen, sondern müssen z. B. bei Deckensteinen, Dachziegeln usw. auch gut miteinander passen. Bei Herstellung eines Mundstückes ist vor allen Dingen das Schwindmaß des Tones, und zwar das vom naßgeformten bis zum gebrannten

Stein zu berücksichtigen, ferner muß zur Herstellung angegeben werden, ob das zu formende Material mager oder fett ist, da sich nach den letzteren Eigenschaften die Länge und der Konus der Form richten. Um ein Rosten der einzelnen Schuppen zu verhüten, werden dieselben teilweise aus Messingblech und Phosphorbronzeblech hergestellt. Soll die Form weniger Kosten verursachen, so nimmt man Weißblech. Da bei dem letzteren der Überzug des Zinnes auf dem Eisen

Fig. 101. Diverse Lochziegel und Röhren.

nur äußerst schwach ist, so wird selbstverständlich auch dieser Schutzüberzug bei etwas sandigem Material sofort verschwinden. Bei Unterbrechung der Arbeit wird leicht ein Rosten der Schuppen eintreten, weshalb die Wasserzuführung keine geordnete mehr sein kann. Da der Ausgang der Preßköpfe bei Maschinen verschiedener Größe, jedoch ein und derselben Fabrik einander gleich ist, so geschieht das Auswechseln der Formen resp. das Ansetzen einer solchen an irgendeine der Pressengrößen leicht und ohne Zeitverlust. Man unterscheidet zweierlei Formen, solche mit und ohne Bewässerung. Die letztere Art ist für fettere Tone, namentlich Dachwerk etc. anwendbar und liefert einen schönen glatten Strang. Dagegen findet die erste Art, wenigstens für Voll-, Loch- und dergleichen Steine, wohl überall Anwendung und ist bei magerem Material direkt Bedürfnis. Je nach der Form und dem Zwecke werden die Mundstücke ganz in Eisen, in Holz oder in Metall, die ersteren meist für Voll-, Loch- und dergleichen Steine, die letzteren meist für Biberschwänze, Strangfalzziegel und andere Formlinge, ausgeführt. Der innere Hohlraum verjüngt sich fast stets nach der Austrittsöffnung hin, um dem hindurchgepreßten Tonstrange die gehörige Dichtigkeit und scharf ausgeprägte Form zu geben. Bei Vollsteinmundstücken gilt 8″ wohl als kleinste, 12″ als größte Länge der Form. Bei Lochsteinmundstücken, also solchen, bei welchen die Löcher des Steines durch Kerne im Mundstück gebildet werden, müssen die Kernbügel soweit wie möglich von der Vorsatzplatte entfernt stehen, um dem Ton einen guten Eingang in die hintere Öffnung der Form zu gestatten. Die Kerne selbst sollen keilförmig zu den Kernplatten, welche die Form und Größe der einzelnen Löcher im Lochstein angeben, emporsteigen, also mit anderen Worten, der Ton soll bis zum Übertritt über die Kernplatte einen glatten Weg finden, sich also nicht vor der letzteren stauen. Bei Mundstücken für Façonziegel usw. bildet das oft notwendig werdende Abdämmen einzelner Formwände und Kerne eine besondere Schwierigkeit und ist namentlich bei sehr magerem Material trotz größter Mühe oft kaum ein glatter Strang zu erreichen.

Da die Formlinge meistens, namentlich bei schluffartigem Ton, nach dem Verlassen der Form eine etwas gewölbte Façon annehmen, so ist namentlich die vorderste Schuppe, welche das Endprofil des Stranges ergibt, in der Mitte um einige Millimeter einzuziehen. Um ein Beschädigen resp. Breitlaufen des Tonstranges auf den Rollen des Abschneidetisches zu verhüten, werden bei besseren Fabrikaten, wie z. B. Verblendern, Lauffüße unter dem Tonstrang angeordnet. Soll der austretende Strang in einzelne nebeneinander laufende hochkantige Ziegelstränge getrennt werden, so wird vor das Mundstück ein Vorsatzrahmen mit von oben nach unten schräg gespannten Drähten geschraubt. Soll dagegen der Strang in übereinander liegende Platten getrennt werden, so ist ein Vorsatzrahmen mit horizontal gespannten Drähten notwendig. Dachziegelformen werden meistens des besseren Bearbeitens der einzelnen Flächen halber zweiteilig hergestellt und gleich von vornherein mit oft verschiebbaren Abdämmungsbacken versehen.

Zu erwähnen wäre hier noch das mehrteilige Mundstück der Firma Rich. Raupach, Maschinenfabrik, Görlitz, welches für Betriebe bestimmt ist, in denen viele verschiedene Sorten von Ziegelsteinen hergestellt werden. Während der hintere Teil des Mundstückes am Preßkopf bleibt, wird nur der vordere Teil je nach dem Profil ausgewechselt.

Ferner hat C. Schlickeysen, Steglitz, ein Mundstück für Biberschwänze, Strangfalzziegel usw. konstruiert, bei welchem die Bewässerung den Durchgang des Tonstranges erleichtern soll. Da die Mundstücke gewöhnlich sehr kurz sind, so konnte nur eine Schuppe Verwendung finden. Diese bildet die Verlängerung des Eintrittkonusses des Tones in die Form. Die Bleche der Schuppe ziehen sich auf der hinteren Seite der Vorsatz- resp. Formplatte entlang, lassen jedoch zwischen sich und der Fläche der Platte einen Luftspalt, welcher durch einen herumgehenden Ring abgegrenzt ist. In diesen Luftspalt läuft Wasser aus dem Wasserkasten und bewässert den durch die Mundstücksöffnung tretenden Strang. Nach dem amerikanischen Patent Nr. 914 735 wird das Mundstück mit einer Dampfkammer umgeben, aus welcher der eingelassene Dampf dann teilweise durch feine Öffnungen auf die Oberfläche des Tonstranges tritt und diesen glättet.

Das Deutsche Reichspatent von W. Groke, Merseburg, schützt ein Mundstück, dessen Bewässerung nur auf einzelne Stellen der Form, wenn erforderlich, ausgedehnt werden kann. Bei den bekannten bewässerten Mundstücken fand stets die Bewässerung der einzelnen Stellen, sowohl was Druck als Wassermenge anbetrifft, in gleichmäßiger Weise statt, da die Bewässerungskanäle miteinander in Verbindung standen. Nach dem Patent hat man es jedoch in der Hand, eine der Ecken des Mundstückes unter stärkerer Bewässerung gegen die anderen zu halten. Ferner möchten wir noch auf eine Lochkernkonstruktion aufmerksam machen, bei welcher der Kern einen pyramiden- oder kegelförmigen Mantel bildet, der jedoch federnd gelagert ist. Es kommt oft vor, daß im Ton Wurzeln und kleine Holzstückchen, Kohlen und Steine vorhanden sind, welche sich beim Passieren des Mundstückes leicht hinter die Lochkernplatten legen und den austretenden Strang aufreißen; der neue federnde Lochkern soll dieses Übel dadurch beseitigen, daß er nachgibt oder beim Passieren eines Steinchens etc. nach der anderen Seite ausfedert.

Zum Schluß möchten wir noch erwähnen, daß ein Mundstück nie von vorn ausgestochen werden soll, auch soll beim teilweisen Versagen der Form nicht mit Haken und Eisen in dieser herumgestoßen werden. Zur Aufbewahrung der Mundstücke lege man dieselben so, daß das gesamte Wasser und der Tonschlamm aus den Schuppen herauslaufen kann. Bei längerem Lagern müssen die Schuppen gut eingeölt werden, auch ist Sorge zu tragen, daß vor allen Dingen nicht die äußerste, das Formmaß gebende Schuppe bestoßen wird.

---

## Transporteure für fertige Ziegelwaren, Tonballen, Platten etc.

Man unterscheidet bei den Transporteuren solche, welche die Ziegelwaren direkt senkrecht in die Höhe oder aus derselben herabtransportieren, und solche, welche die fertigen Formlinge in andere Räume bringen.

Der senkrechte Ziegelaufzug oder Elevator. Zum Heben der gepreßten Ziegel, Dachziegel, Tonballen und Platten in höhergelegene Trockenräume benutzt man senkrecht aufgehängte und in sich geschlossene Gliederketten, in deren Achsen freischwebend Schalen hängen, auf die man entweder je ein Brett mit zwei oder drei hinaufgestellten Ziegeln legt oder auch die Ziegel direkt vom Abschneidetisch abstellt (Fig. 102). Als Ketten bedient man sich verschiedener Arten. So wurden in früherer Zeit oft Ketten aus langen, schmiedeeisernen Laschen hergestellt; neuerdings nimmt man vielfach die Stotzschen und andere Gelenkketten. Die beiden Ketten laufen aber sowohl oben wie unten über Kettenräder und bekommen letztere ihren Antrieb durch ein Stirnradvorgelege sowie Fest- und Losscheibe im oberen Stockwerk. Die unteren Kettenräder laufen auf einer in seitlichen Gestellböcken zu spannenden Achse. Da der Antrieb am oberen Ende erfolgt, so ist es Bedingung, daß die oberen Kettenräder mit der Kette angepaßten Zähnen versehen sind. Bei der unteren Spannung ist die Anordnung gezahnter Kettenräder falsch, zumal die Spannung nicht immer um die halbe oder ganze Teilung der Kette erfolgen kann. Es genügen

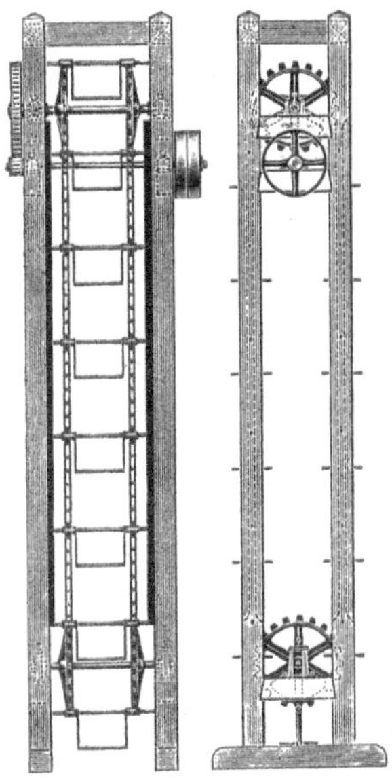

Fig. 102. Senkrechter Ziegelaufzug. Gebr. Propfe, Hildesheim.

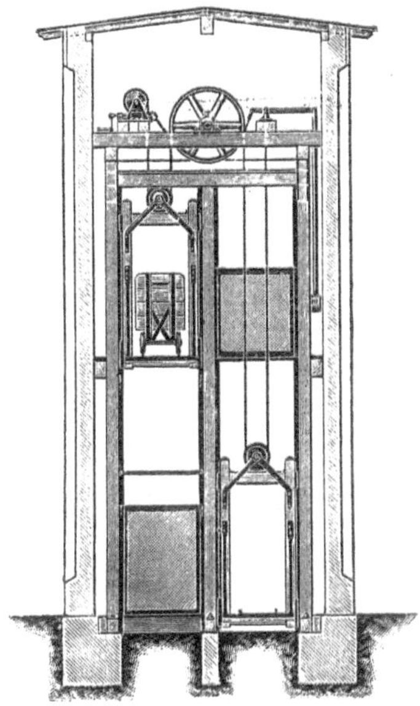

Fig. 103. Senkrechter Wagenbremsablaß. Gebr. Propfe, Hildesheim.

also hier direkt glatt abgedrehte Umlenkrollen. Um Schwankungen des Elevators und dadurch leicht vorkommende Unfälle zu vermeiden, ist es notwendig, jede Gliederachse nach außen vorstehen und in eisernen Führungen, welche am Gebälk befestigt sind, hinauf und herunter laufen zu lassen. Ferner sind Vorrichtungen notwendig, die es möglichst verhüten, daß beim plötzlichen Stillstand des Elevators nicht die beladene Seite desselben herabgeht oder gar beim unerwarteten Reißen eines Kettengliedes nicht der ganze Elevator herunterfällt und hierdurch Unfälle hervorruft. Auch soll das Stillsetzen respektive Ausrücken der Elevatoren an jeder beliebigen Stelle erfolgen können. Da der Lauf der Schalen derart schnell geschieht, daß durch den die Ziegel aufsetzenden Mann nicht alle Schalen besetzt werden können, so dient der Elevator gewissermaßen als Vorratsraum für den aufsetzenden sowie den in oberen Etagen befindlichen, die Ziegel abnehmenden Mann. Nimmt beispielsweise der oben stehende Arbeiter nicht rechtzeitig die Ziegel ab, gehen also etliche Schalen beladen mit durch, so wird der unten stehende Arbeiter immer noch genug leere Schalen zum Ausfüllen vorfinden.

Der senkrechte Ziegelablaß. Diese Vorrichtung weist genau dieselbe Bauart auf wie der soeben beschriebene Elevator. Da jedoch die aus der oberen Etage herabgelassenen Formlinge ein gewisses Gewicht aufweisen, welches die leeren Schalenseiten mit emporzieht, so gebrauchen diese Ablässe keine besondere Betriebskraft. Es ist einleuchtend, daß Bremsvorrichtungen, Flügelräder etc. die Bewegung des Ablasses, um ein zu schnelles Herabgleiten zu verhüten, beeinflussen müssen.

Der senkrechte Wagenaufzug. Anstatt des soeben beschriebenen Elevators kommen auch die senkrechten, bereits unter Transportvorrichtungen aufgeführten Aufzüge in der Praxis für das Hinauf- respektive Herabbringen der einzelnen Ziegelwagen vor.

Der senkrechte Wagenbremsablaß. Auch dieser Ablaß (Fig. 103) ist bereits genügend beschrieben worden. Er dient dazu, die mit trockenen Ziegeln besetzten Wagen von den Trockengerüsten nach der Sohle herabzulassen. In sehr vielen Ziegeleien findet man, daß die Abwärme des Ringofens in den über denselben gebauten Trockenanlagen ausgenutzt wird. Bei derartigen Anlagen ist der Wagenbremsablaß sehr gut zu verwerten. Die mit getrockneten Formlingen vollbesetzten Ziegelwagen heben ohne irgendwelche Betriebskraft beim Heruntergang zur Sohle den mit Kohlen zum Beschicken des Ringofens beladenen Kippwagen bis zur Ringofendecke, weil der Kippwagen bedeutend leichter ist als der herabzulassende Ziegelwagen.

Zu den soeben beschriebenen Maschinen, namentlich dem Elevator und dem senkrechten Aufzuge, bliebe noch folgendes zu erwähnen: Der Elevator beansprucht zu seiner Aufstellung weniger Raum und geringere Betriebskraft als der Fahrstuhl, auch ist er meist billiger als der letztere; dagegen erfordert der Elevator mehr Bedienungspersonal, namentlich, wenn er nicht unmittelbar bei der Ziegelpresse angeordnet ist. Das öftere Anfassen respektive Umstellen der Formlinge verursacht auch ein leichtes Deformieren derselben.

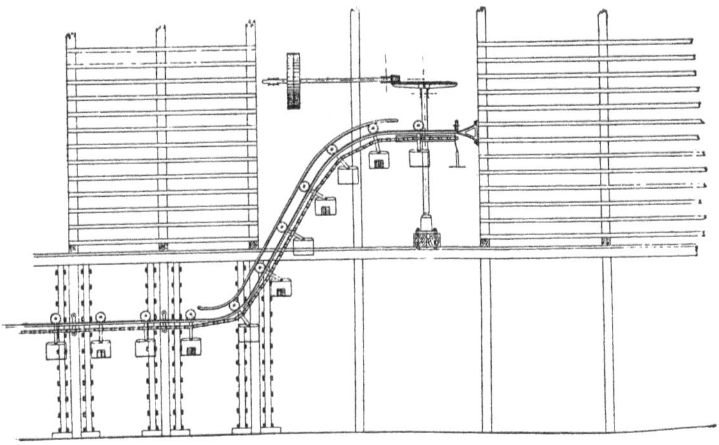

Fig. 104. Transporteur. L. Schmelzer, Magdeburg.

Der Transporteur der Firma L. Schmelzer, Magdeburg. Diese Transportvorrichtung (Fig. 104) kann sowohl horizontal als auch in schräger Richtung von unten nach oben und umgekehrt Waren befördern, und zwar in jeder Richtung. Er dient hauptsächlich dazu, die frischen Ziegel, Tonplatten oder sonstige Formlinge von der Presse weg nach den Trockengerüsten und von den letzteren nach den Brennöfen zu transportieren. Im ersteren Falle werden die geformten Steine dirckt vom Abschneidetisch der Ziegelmaschine auf die Schalen des Transporteurs gesetzt, von diesem nach den Trockenräumen mitgenommen und dort von den Schalen abgehoben, um in die Gerüste gestellt zu werden. Beim Transport nach dem Ringofen ist der Vorgang ein gleicher. Durch den Transporteur werden Arbeiter gespart und die Waren geschont. Die Kette ist aus Schmiedeeisen hergestellt und dürfte, da die Auflageflächen sehr breit sind, wenig Abnutzung aufweisen. Antrieb und Führung der Kette ist leicht aus dem beigegebenen Bilde zu ersehen. Die Umlenkrolle der Kette ist mit selbsttätiger Spannung versehen.

Der Kreistransporteur der Firma Rieter und Koller, Konstanz. Für Werke, deren Fabrikations- und Trockenräume auf gleicher Ebene liegen, ist dieser Apparat von hohem Wert; auch dürfte derselbe dort Verwendung finden, wo die Formlinge durch einen senkrechten Ziegelelevator aus dem unteren Pressenraum nach dem oberhalb liegenden Trockenraum gebracht und auf die ganze Länge und Breite der Trockengerüste verteilt werden müssen. Bei der Dachziegelfabrikation werden die Formlinge mit den Rähmchen auf den Transporteur gebracht, wodurch eine weitgehende Schonung der Formlinge erreicht wird. Der ganze Apparat ist an einer geschlossenen Schiene aufgehängt, welche letztere entweder direkt an der Decke oder mit Konsolen an der Wand oder an Holzpfosten befestigt wird. Der Apparat besteht aus einzelnen, in der Länge je 1250 mm messenden Brettchen, wovon jedes durch zwei Rollen, welche durch Bügel und Laschen mit den Brettchen verbunden, auf der Schiene fahrbar aufgehängt sind. Die Brettchen haben Gelenkstifte zum gegenseitigen Mitnehmen und bilden, da diese eine fortlaufende Reihe darstellen, ein ununterbrochenes Transportband, welches sich allen Kurven im Raum durch den Lauf der Schienen anschmiegt. Der Antrieb erfolgt mittels Kette, welche sich durch ihre eigene Schwere in die an den Rollen befestigten Haken selbsttätig einlegt. Da der Transporteur einen geschlossenen Ring bildet, so geschieht die Spannung der Kette direkt beim Antrieb. Der Lauf der Kette ist folgender: Die vom Transporteur kommende Kette läuft über die vertikal gelagerte Kettenscheibe, die Umlenkrolle, die mit Gewichten belastete Spannungsrolle und von hier über eine weitere Umlenkrolle zurück zum Transporteur.

Der Antrieb wird zweckmäßig in einer der Ecken des Gebäudes angeordnet.

Die Hängebahn derselben Firma. Während der soeben beschriebene Transporteur nur in gleicher Ebene geführt werden kann, bezweckt die Hängebahn, die nassen Produkte von der Presse weg ohne weitere Manipulationen zu den Trockengestellen, welche beispielsweise in einem anderen Stockwerk oder in anderer Höhe der Fabrikationsmaschinen angeordnet sind, zu befördern. Die Bahn besteht aus einer in allen Trockenräumen herumführenden, etwa 2 m über dem Boden angebrachten Schiene, welche je nach Bedürfnis mit Drehscheiben oder Schiebebühnen versehen ist. Die Hängebahn bedingt besonders gebaute Wagen, welche oben mit zwei starken Laufrollen versehen sind, mittels welcher die Wagen auf die Schiene aufgehängt werden. Die Wagen werden von Hand bewegt, und ist die Geschwindigkeit, da der Lauf derselben ein äußerst leichter ist, eine zwei- bis dreifache gegenüber dem Fahren mit gewöhnlicher Schubkarre. Zwischen den einzelnen Etagen, welche sämtlich mit den erwähnten Schienen, Drehscheiben etc. ausgerüstet sind, vermitteln Hängebahnaufzüge den Transport der Wagen. Es ist hiernach einleuchtend, daß diese Aufzüge sich genau dem Profil der sonstigen Laufschienen sowie den einzelnen Wagengestellen anpassen müssen.

Ähnlich den Schmelzer'schen Transporteuren arbeiten auch diejenigen der Firma Stöhr, Offenbach a. M. und A. Stotz, Stuttgart. Ferner läßt die Hotop'sche Transportvorrichtung einen vollständigen Kreislauf in einer Ebene, sowie Schräglauf aus einer tiefer gelegenen in eine höher gelegene Etage und umgekehrt zu.

Die Transportanlage System Keller. Dieses System betrifft eine Anlage zum Fördern und Befördern frischer und getrockneter Ziegel, welche ein vereinfachtes Auf- und Umladen sowie Fortbewegen des zu trocknenden und zu brennenden Gutes von der Presse bis nach dem Ringofen bezweckt. Der Betrieb einer solchen Anlage ist ein bedeutend schnellerer und regelmäßigerer als bei den bisher gebräuchlichen Ziegeleianlagen. Es soll vor allen Dingen bei dieser Anlage jedes Auf-, Um- und Abladen des frischen wie getrockneten Brenngutes von Hand entbehrlich und überflüssig gemacht werden, um so die Güte des Erzeugnisses zu erhöhen. Zu diesem Zwecke werden die Ziegelfabrikate an der Presse auf Ziegelbretter gesetzt, die dann mit den letzteren, falls, wie oft üblich, die Trockenräume höher als die Fabrikationsräume liegen sollten, unmittelbar in einen sich langsam bewegenden Aufzug eingeschoben werden. Aus diesem Aufzug werden die beladenen Ziegelbretter durch einen hierfür besonders konstruierten Ziegelwagen abgenommen, auf welchem die Bretter mit dem Trockengut in die Trockenkammer eingefahren und dort abgesetzt werden. Nach erfolgter Trocknung werden die Ziegelfabrikate mit den sie tragenden Brettern von dem zuletzt erwähnten Ziegelwagen aufgenommen und dann nach einem Senkwerk gefahren, in welchem die Ziegelbretter abgesetzt werden. Der Aufzug besteht aus zwei auseinander gerückten Einzelaufzügen. Der Antrieb kann auf verschiedene Art und Weise erfolgen. Gewöhnlich ist die eigentliche Antriebsspindel mit zwei Schnecken besetzt, deren Schneckenräder direkt mit den sechskantigen Kettentrommeln beider Einzelaufzüge verbunden sind. Die durch die Schnecken und Schneckenräder in zwangsweisem Antrieb liegenden Einzelaufzüge weisen für ihre Ketten genau gleiche Geschwindigkeit auf. Die Ketten selbst sind mit Vorsprüngen versehen und ist die Bespannung der Ketten derart, daß die innere Kette eines jeden Aufzuges nach oben läuft. Da nun die Entfernung der inneren Ketten das Maß der Länge der Bretter aufweist, so kann man letztere bequem auf die Vorsprünge der nach oben laufenden Ketten auflegen. Die auf den Brettern stehenden Formlinge brauchen also nicht extra abgenommen zu werden, sondern bleiben auf den ersteren stehen.

---

## Schlämmaschinen.

Der Schlämmprozeß findet überall dort Anwendung, wo fremde Bestandteile wie Kalk usw., die dem fertigen Fabrikat schädlich sind, im Tone vorkommen. Es ist dies ein uralter

Prozeß und sind mit Ausnahme von neuen Harkenausbildungen, selbsttätige Stein- und Unrataussonderung während des Betriebes neue Maschinengattungen neben den normalen Schlämmvorrichtungen nicht zu nennen. Das Schlämmen geschieht, indem Ton aus der Grube oder dem Stich in das rundgeformte, ausgemauerte Schlämmbassin lowrenweise eingekippt wird, hier mit Wasser in Berührung kommt und mittels eines Rührwerkes in Bewegung gehalten, also aufgerührt wird. Die Wasserzugabe ist derart stark, daß im Bassin ein dünner Tonschlamm entsteht, welcher durch Siebe und Abklärgruben vermittelst hölzerner Rinnen nach den einzelnen Schlämmbassins geleitet wird. Sind die letzteren hoch oder in gleicher Ebene mit der Schlämme gelegen, dann müssen Pumpen den Tonschlamm nach den einzelnen Bestimmungspunkten drücken. Da zugleich mit dem Ton sich auch Sand auflöst, jedoch nicht schwer genug ist, den Steinen zu folgen, also auf den Grund der Schlämme niederzusinken, so passiert auch dieser meistens die Siebe und müssen daher zu dessen Entfernung die hölzernen Leitrinnen recht breit gehalten sein. Will man ein reines Tonprodukt erzielen, dann hilft man sich in der Praxis vielfach durch Einlegen von Bürsten und Besen in die Holzrinnen; diese halten den mit dem Tonschlamm fließenden Sand sehr gut zurück. Ist das Material hingegen sehr fett, und erheischt das hergestellte Fabrikat Magerungsmittel, dann ist es gut, wenn der Sand den Schlämmbassins mit zugeführt wird. Die Anzahl der Bassins richtet sich nach der Zeit, welche vergeht, bis der Ton verarbeitungsfähig ist, d. h. bis er so steif angetrocknet ist, daß der Tonschneider, welcher nochmals eine Homogenisierung vornehmen soll, ihn mit Leichtigkeit zu Streichmasse verarbeitet. Das sich auf den Schlämmassen in den gefüllten Bassins bildende Wasser wird oft durch Heber auch durch in einer Seitenwand angebrachte Zapflöcher abgelassen. Zum schnelleren Trocknen der gesamten Tonmasse eines Bassins reißt man den angetrockneten Tonschlamm mittels einer Stange in Felder auf. Die Risse setzen sich alsdann bis auf den Boden fort und erleichtern das Trocknen sowie das spätere Ausstechen ganz bedeutend. Daß heutzutage wohl kaum noch ein größeres Ziegelwerk, welches als Hauptfabrikat normale Hintermauerungssteine herstellen will, mit Schlämme angelegt wird, haben wir bereits an anderer Stelle vermerkt. In nassen Sommern ist es kaum möglich, den Tonschlamm, sollte derselbe nicht etwa durch Sand, Ziegelmehl oder dergleichen angesteift werden können, derart steif zu bekommen, daß der Tonschneider eine gute brauchbare Streichmasse herstellen kann. Die Größe der einzelnen Schlämmbassins wählt man meist nicht größer als 300 bis 400 qm Grundfläche. Gewöhnlich werden die Gruben so nebeneinander angelegt, daß zwischen ihnen eine Trennwand von ca. 1 m Breite verbleibt. Auf diese Trennungswände werden Feldbahngleise verlegt, um so den angesteiften Ton aus den Gruben unmittelbar in die Lowries oder Kippwagen verladen zu können. Am zweckdienlichsten wird der Grund respektiv die Sohle der Grube mit einer dünnen Schicht groben Kieses beschüttet, auf welche eine feinere Kiesschicht kommt. Der Tonschneider, in welchem die streichfähige Masse hergestellt wird, ist meist stehender Bauart und wird die Messerwelle desselben mittels Pferden oder einer anderen Betriebskraft in Umdrehung versetzt. Man findet in der Praxis sowohl den beschriebenen Tonschneider mit eisernem Bottich, als auch vielfach solche Tonschneider, bei denen aufgeführtes Mauerwerk die Umkleidung bilden muß. Da der aus den Schlämmgruben angefahrene Ton sehr verschiedene Steifigkeit aufweist, oft auch noch eine Magerung respektive Anfeuchtung stattfinden muß, so sind um den Tonschneider herum meistens Sümpfe angeordnet, welche abwechselnd gefüllt und in den Tonschneider entleert werden. Damit die aus dem Mundstück des Tonschneiders austretende Tonmasse nicht gehoben werden braucht, verwendet man oft einen eisernen Becherelevator, dessen Becher die Streichmasse vom Strang abtrennen, heben und auf den untergestellten, fahrbaren Streichtisch transportieren. Kommt in dem Tonstich außer der zu schlämmenden Masse auch besserer, kalk- und steinfreier Ton vor, so wird dieses Material oft nur einem liegenden Zentraltonschneider aufgegeben, welcher mit dem geschlämmten Ton zusammen die fertige Streichmasse herzustellen hat. Bei den

Schlämmaschinen unterscheidet man solche für Tierbetrieb und für maschinellen Antrieb, ferner solche, bei denen eine bestimmte Menge des zu schlämmenden Materials in einen großen Trog gegeben wird, um durch Umrührung aufgelöst zu werden, worauf der Schlamm abgelassen wird. Die gebräuchlichsten Schlämmaschinen sind die, bei denen das zu schlämmende Material und das nötige Wasser ununterbrochen in die Schlämme gebracht wird, während der Tonschlamm entweder kontinuierlich abläuft oder je nach Wahl abgelassen wird.

Die Schlämmaschine für Tierbetrieb. Die Maschine bekommt zweckdienlich ihren Standpunkt auf einer kleinen Erhöhung in der Ziegelei, damit der geschlämmte Ton aus dieser allein den einzelnen Schlämmbassins zulaufen kann. Damit nicht das ganze Bassin vom Erdboden befreit und ausgemauert werden braucht, stellt man oft bei dieser Art Schlämmen einen gemauerten kreisförmigen Kanal her, in welchen das Rohmaterial mittels Karren und Lowries eingekippt wird. In der Mitte des Kanals steht ein senkrechter Baum, welcher unten in einem Spurlager, oben in einem Halslager läuft. Das letztere wird mittels eines einfachen, die ganze Schlämme nebst Pferdelauf überragenden Gerüstes getragen. An dem Baum sind vier Arme derart befestigt, daß dieselben ein Kreuz bilden. An zwei der ersteren hängen Eggen mit eisernen Zinken, Ketten und dergleichen, an den beiden anderen sind senkrecht stehende Messer angebracht, die den Ton aufwühlen und zerteilen. Zum Betriebe der Maschine genügen 1—2 Pferde, je nach der Größe der Anlage. Die zum Schlämmen benötigte Pumpe wird in den meisten Fällen direkt vom Wellbaum der Schlämmmaschine angetrieben. Im übrigen ist die gesamte Anlage derart einfach, daß sich viele Ziegelwerke die Schlämme selbst herstellen.

Die Schlämmaschine für maschinellen Betrieb. Im wesentlichen zeigt diese Maschine (Fig. 105) dieselbe Bauart wie die soeben beschriebene. Die Ausführung der einzelnen Teile ist jedoch eine bedeutend stabilere, da das die Drehung der Königsachse verursachende Vorgelege meistens oberhalb gelagert wird und dasselbe aus schweren Rädern, Wellen, Lagern und Riemenscheiben besteht. Die Leistung der Schlämme ist eine bedeutend größere als beim Pferdebetrieb, was durch die wesentlich schnellere Umlaufzahl der Harken und Eggen auch leicht erklärlich erscheint. Zwei seitlich der Schlämmgrube, welche meist als volles Bassin, also nicht mehr als Ringkanal gebaut wird, aufgeführte Mauerpfeiler tragen mittels zweier Eisenschienen das konische Rädervorgelege samt Antriebswelle und Antriebsriemenscheiben. Die stehende Welle ruht mit ihrem unteren Ende in einem auf dem Boden des Schlämmbassins angebrachten Spurlager, das obere Ende ist in einem zwischen den erwähnten Eisenschienen befestigten Halslager drehbar. Über dem normalen Niveau der Schlämmasse ist ein gußeisernes Kreuz zur Aufnahme der zwei oder vier Rührarme auf der Hauptwelle befestigt. Die Rührarme selbst tragen je ein System schmiedeeiserner Eggen, welche vermittelst Ketten an den Querarmen befestigt sind. Ohne vorherige Untersuchung des zu schlämmenden Tones läßt sich für eine Schlämme die stündliche oder tägliche Leistung fast nie bestimmen, da das Rohmaterial sich schwerer oder leichter im Wasser auflöst, auch die Menge der im Material vorhandenen Unreinigkeiten die Leistung ganz wesentlich beeinflussen kann. Die Harken, welche bei den Bauarten mehrerer Firmen an Stelle der Eggen treten, müssen eine starke Ausführung aufweisen und muß die Form und die Befestigung der Zinken in den ersteren derart sein, daß jede Schmiedearbeit fortfällt und ein leichtes Auswechseln möglich ist.

Die Firma A. Dechert & Söhne, Oranienburg verwendet bei ihren Schlämmen schwebende Harken, bei welchen die Zinken in schwere gußeiserne Felder eingeschraubt sind, welche ihrerseits mit Ketten an einem verankerten Stern hängen. Da bei schwer aufzuschließendem Tonmaterial den Eggen respektive Harken ein sehr großer Widerstand seitens der Schlämmasse entgegengesetzt wird, so wendet die Firma Jul. Lüdicke Nachf. Inh. Fritz Dänicke, Werder a. Havel, sogenannte Schleppharken an (Fig. 105). Diese Harke, als Eisenstab oben und vorn in der Mitte mittels zweier Ketten an dem eigentlichen Rührarm aufgehängt, weist außerdem noch eine kleine, im Charnier drehbare Harke auf. Der Drehpunkt dieser letzteren liegt in der Mitte des größeren Stabes und schleppt dieser den kleinen Stab beim Arbeiten nach. Im Gegensatz zu den festen Harken wirken diese Schleppharken derart, daß sie das Tonmaterial nur in seiner oberen Fläche anfänglich lockern und aufreißen und beim Arbeiten sich immer tiefer in die Tonmasse einwühlen. Der größere Stab der Harke bleibt beim Arbeiten vermöge der

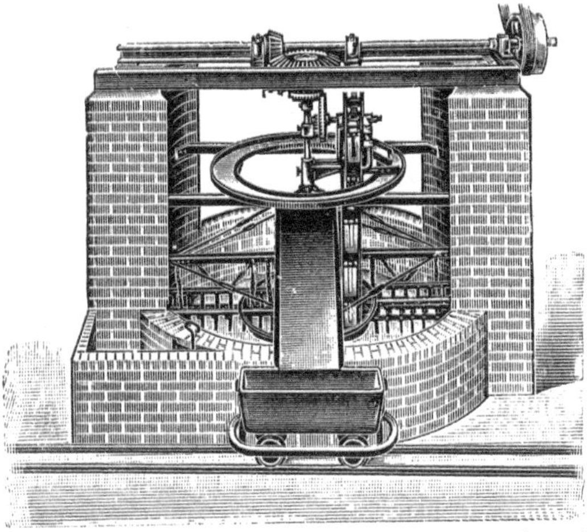

Fig. 105. Schlämmaschine. Jul. Lüdicke Nachf., Werder a. H.

getroffenen Kettenanordnung stets senkrecht stehen. Um das zeitraubende Entleeren des Schlämmbassins von Steinen und sonstigem Unrat zu vermeiden, hat die genannte Firma die selbsttätige Entfernung der Rückstände aus der Schlämmgrube vorgesehen. Durch Schrägstellung der erwähnten Harken und Stäbe transportieren diese die Steine etc. allmählich nach einer in der Mitte des Schlämmbassins vorgesehenen Vertiefung, aus welcher ein Elevator den Unrat hebt und denselben über die Schlämme hinweg auf eine schräge Abfallschurre ausfallen läßt. Um die Schlämmharken nicht stets nach einer Richtung umlaufen zu lassen, sondern die Drehrichtung zu wechseln, versieht man neuerdings den

Antrieb mit offenen und gekreuzten Riemen, welch letztere abwechselnd die Festscheibe und damit den kompletten Antrieb der Schlämme bedienen. Daß die Aufbereitung der Schlämme eine bedeutend bessere und namentlich schnellere sein muß, ist wohl einleuchtend.

Die Schlämmaschine mit eisernem oder hölzernem Trog und rotierender Siebtrommel. Diese Maschine eignet sich für kleinere Mengen. Sie besteht im wesentlichen aus einem starken, in zwei Teile geteilten Trog, um den Ton aufzuwühlen, und aus einem Sieb, um den Tonschlamm zu sieben und dadurch von allen seinen Beimischungen zu trennen. Der Ton wird in die kleinere Abstufung des Troges mit einer großen Menge Wasser gegeben und mittels einer horizontal liegenden Messer- respektive Mischerwelle aufgelöst. In der großen Abstufung des Troges vollzieht sich die Auflösung durch Verarbeitung des Tonbreies mittels vieler, auf der Mischerwelle befestigter Rührarme noch intensiver. Die den großen Trog abschließende Stirnwand ist mit einer Öffnung versehen, aus welcher der aufgelöste Ton mit dem Wasser ausfließt und in eine rotierende Trommel fällt, welche sich am Ende der Maschine, auf der Mischerwelle aufgekeilt, befindet. Die Trommel besteht aus perforiertem Blech und ist mit einem engmaschigen Drahtgewebe umgeben. Der feine Tonschlamm tritt beim Passieren der Trommel durch die Maschen des Geflechtes hindurch, während Steine und sonstiger Unrat über das letztere hinweg auf eine Schurre oder dergleichen fallen. Damit der Trog eine ziemliche Menge Ton auf einmal aufnehmen kann, sind die Dimensionen desselben auch ziemlich beträchtliche; gewöhnlich weist derselbe eine Totallänge von 3 m auf, während die lichte Weite der kleinen Abstufung ca. 600 mm, die der großen Abstufung ca. 1000 mm mißt. Angetrieben wird die Mischerwelle nebst rotierender Siebtrommel mittels Rädervorgeleges und Fest- und Losscheibe.

## Der Zentraltonschneider.

Diese Maschine (Fig. 106) dient in größeren Ziegeleien bei Vorkommen leichter aufschließbarer Tone zur Vorbereitung der Handstrichmasse. Der Tonschneider besteht aus einem großen Vorsumpfer und dem konisch sich zum Ausgang verjüngenden, geschlossenen Mischzylinder. Der letztere ist der besseren Kontrolle halber geteilt und weist am vorderen respektive unten am Ende eine mit einem verstellbaren Schieber versehene Öffnung zum Herauslassen der Streichmasse auf. Die Maschine ist sehr stark gebaut, besitzt

Fig. 106. Zentraltonschneider. Jul. Lüdicke Nachf., Werder a. H.

doppeltes Vorgelege und Fest- und Losscheibe. Die Messerwelle besitzt ca. 30 geschmiedete Mischmesser, welche die Tonerde bei vorheriger ausreichender Sumpfung zu einer gleichmäßigen homogenen Masse verarbeiten. Der Schieber ist mittels Zahnradtriebes und Zahnstange genau einstellbar. Die Abmessungen des Tonschneiders sind der ihm auf einmal aufgegebenen großen Masse entsprechend sehr groß, so beträgt z. B. die Gesamtlänge ca. 7,5 m und die Gesamtbreite 2,2 m. Ist das Rohmaterial großstückig, dann wird meistens dem Zentraltonschneider an seiner Aufgabestelle ein kleines Brechwalzwerk vorgeschaltet.

## Innere und äußere Beschaffenheit der Ziegel.

In ähnlicher Weise wie das Begehren nach einer bestimmten Bauart von Maschinen treten Wünsche zur Verbesserung der inneren und äußeren Beschaffenheit an Ziegeln auf. Wenn man auch oft geneigt sein mag, die Verwirklichung solcher Wünsche mit der Diagnose »Modekrankheit« abzufinden, so läßt sich doch eine gewisse Berechtigung für mancherlei Einrichtungen nicht hinwegleugnen. Wie wir bereits bei der Besprechung über die Eigenart und die Behandlung der Tone ausgeführt haben, tritt das Bedürfnis zur Besserung des Materials und der aus demselben herzustellenden Fabrikate oft in Erscheinung.

Die Tauchvorrichtung. Dem Tauchprozeß, welcher oft bei kalkhaltigem Material zur Ablöschung des beim Brennen der Ziegel gefährlich wirkenden Kalkes angewendet wird, dienen meistens die doppelschaligen senkrechten Aufzüge. Der mit gebrannten, aus dem Ringofen kommenden Steinen beladene Wagen wird in die mit Wasser gefüllte Grube des Aufzuges versenkt, währenddessen der eine zeitlang dem Prozeß ausgesetzt gewesene Wagen mit Steinen wieder aus dem Wasser emporsteigt und ausgefahren wird.

Rauhe Oberfläche. Um dem Geschmack der heutigen Architekten, welcher dahin geht, Verblender und ähnliche Steine mit rauhen Oberflächen herzustellen, um so eine Täuschung mit den Handstrichziegeln herbeizuführen, Rechnung zu tragen, wurden von den Maschinenfabrikanten eine ganze Reihe von Verfahren ersonnen, die den geäußerten Wünschen ziemlich nahekommen. Zu diesem Verfahren gehören Betupfen der Ansichtsflächen, Bestreuen von Sand auf den nassen Strang und das Auftragen eines dünnflüssigen, körnigen Tonbreies. Zweckmäßiger dürfte das Anbringen von Gips- oder Metallwalzen, deren Oberflächen soviel wie möglich dem Aussehen der normalen Handstrichsteine angepaßt und ausgearbeitet sind, vor dem Mundstück der Presse sein. Auch ist hierbei ein Verfahren zu erwähnen, nach welchem ein Gemisch von kleinen Koks- und Tonstückchen auf die Oberfläche des Tonstranges aufgewalzt wird. Beim Brennen der Ziegel brennen sich die Koksstückchen aus dem Ton heraus und wird auf diese Weise eine rauhe Oberfläche des Steines hervorgerufen.

Zur weiteren Verarbeitung von Materialien bedient man sich außer den bereits von uns beschriebenen Maschinen noch

Fig. 107. Kugelmühle.

anderweitiger Vorbereitungsmaschinen, wie Steinbrecher, Kugelmühlen (Fig. 107) und dergleichen mehr. Soweit diese Maschinen der Pulverisierung der Tonmaterialien dienen, pflegen sie indes nur bei dem Trockenpreßverfahren Verwendung zu finden. In Fällen der Magerung des Materials und der Ansteifung von Streichmasse dient das mit solchen Maschinen präparierte Material der jeweilig gebotenen Beimischung.

## Die Ziegelmaschinenpraxis und ihre Betriebsergebnisse.

Weit über den ganzen Erdball verbreitet ist die keramische Industrie und mit ihr die Herstellung von Baumaterialien aus Ton. Das Zieglergewerbe kann mithin Anspruch darauf erheben, daß es hervorragend an der Förderung kultureller Aufgaben mitwirkte. Es hat aber auch begründete Veranlassung, die immensen Errungenschaften der Maschinentechnik nutzbringend zu verwerten und nicht achtlos an ihren idealen Schöpfungen vorüberzugehen. Wohl kann man das Mißtrauen verstehen, mit welchem die Maschinenindustrie heute noch in den Fachkreisen des Zieglergewerbes zu kämpfen hat. Die Maschinentechnik geht mit der Zeit, und denkende Männer haben eine so umfangreiche Produktivität zu entfalten vermocht, daß es auf den beschaulichen Praktiker schon beunruhigend wirkte. Ziegler und Maschinenbauer dürften darüber einig sein, daß in der Praxis der beachtenswerte Grundsatz: »Probieren geht über Studieren« Geltung behalten sollte. Wie die Verschiedenartigkeit der Erfindungen auch sein möge, die besten theoretischen Grundgedanken können Enttäuschungen bereiten, wenn das Schöpfungsgebilde und die von ihm erhoffte Wirkung in der Praxis versagen. Der nicht beabsichtigte und doch oft unvermeidliche Mißerfolg wirkt alsdann deprimierend und schwächt das Vertrauen, welches zwischen dem Maschinenkonstrukteur und dem Ziegeleiindustriellen eigentlich bestehen sollte, ab. Beide sind bemüht, ein und derselben Sache zu dienen, und beide streben ihre Vervollkommnung im Interesse der Allgemeinheit durch nimmer rastenden Eifer an. Mit der Einführung von zweckdienlichen Neuerungen werden immer Kosten verbunden sein, welche sich theoretisch nicht voraussehen ließen, in der Praxis aber unvermeidlich waren. Was mit dem Studieren an Zeit und Mühe verloren geht, hat oft die Praxis durch sogenannte Lehrgelder aufzuwägen. Letztere aber sollten niemals die eine Partei, sondern beide Interessenten gemeinsam belasten, damit die erheblichen Kosten, welcher der unaufhaltsam fortschreitende Erfindergeist heraufbeschwört, zum Allgemeinwohle eine gerechte Verteilung erfahren. Einen wirksamen Schutz gegen die Unbill der Versuchskosten gewährt nur einzig und allein die Gewissenhaftigkeit! — Nicht nur der Erfinder allein, sondern auch derjenige, welcher die Erfindung auszunutzen gedenkt, sollten sich der gleichen Gewissenhaftigkeit befleißigen. Der Konstrukteur darf sein Werk nicht ohne weiteres als brauchbar ansehen, sondern muß sich von der Brauchbarkeit überzeugen. Er lasse auf das »Studieren« unmittelbar das »Probieren« folgen. Wer aber das oft mühselig geförderte Werk nutzbringend verwertet, berücksichtige auch die verdienstvolle Leistung des Erfinders. Wie der Wert eines Pferdes unter mangelnder Pflege und Reinigung leidet, und die Leistung des Zugtieres sich sehr bald verringert, wenn die erforderliche gute Behandlung fehlt, so ergeht es, bildlich genommen, auch häufig der Ziegelmaschine. »Wie mans treibt, so geht es«. Die meisten Mißerfolge sind auf mangelnde Sorgfalt bei Bedienung von Ziegeleimaschinen und in der Aufbereitung des zur Verarbeitung gebrachten Tonmaterials zurückzuführen. Bei Inbetriebsetzung einer Maschine, gleichviel welcher Bauart, sei man stets klar darüber, welche Anforderungen man an sie stellen darf. Es ist Tatsache, daß selbst die edelsten Metalle dem Verschleiß unterliegen. Man darf also die Bestimmung einer Maschine niemals verkennen und muß in jedem Einzelfalle über den eigentlichen Zweck der Maschine wohl unterrichtet sein. In einem umfangreichen Rechtsstreite, welcher endgültig vom Reichsgericht zu entscheiden war, wurde die Frage geklärt, ob es denn vorkommen dürfe, daß einer Ziegeleimaschine mit Eisenteilen verunreinigte Tonmaterialien zugeführt werden und ob eine Ziegeleimaschine nicht so stark gebaut sein müsse, daß eine Bruchgefahr durch das Hineinkommen eines solchen Fremdkörpers ausgeschlossen erscheine! Viele Sachverständige und teilweise auch zutreffende Gutachten hatte die Beweisaufnahme der Vorinstanz gefördert und der Obergutachter letztinstanzlich gesprochen, ohne dem Richter einen klaren Durchblick zu gewähren. Die Frage wurde durch das Gleichnis von einem Manne, der eine Kaffeemühle und gleichzeitig gebrannten Kaffee einkaufte, um seine schöne neue Mühle zu erproben, beantwortet. Der

Zufall wollte, daß sich zwischen den Kaffeebohnen nur zwei kleine Drahtstifte befanden, welche wohl versehentlich hineingekommen waren. Die Mühle wurde im Übereifer nach Hineintun des Kaffees in Drehung versetzt, und siehe da, die kleinen Rädchen, welche als Mahlsteine wirken sollten, zerbrachen infolge der winzigen Drahtstiftchen, die sich unter den Bohnen befanden. Der Käufer eilt mit der zerbrochenen Mühle zum Händler und fordert von diesem eine neue Mühle, da diese, zugegeben infolge der kleinen Stiftchen, sogleich zerbrochen sei. »Ja, lieber Mann,« sagt der Händler, »ich habe Ihnen doch keine Eisen- sondern nur eine Kaffeemühle verkauft.« — So, wurde behauptet, verhält sich's auch mit einer Tonbearbeitungsmaschine. Eine Ziegelpresse ist eben kein Eisenwalzwerk. Daß diese Erklärung zum Verständnis der Dinge beigetragen hatte, bewies das obsiegende Erkenntnis.

Es wäre jedoch weit gefehlt, wollte man die Behauptung aufstellen, das Vorkommen von Fremdkörpern im Ton ließe sich vermeiden und müsse böswillig herbeigeführt sein. Dem ist nicht so. Schienennägel, Schrauben und Muttern können wohl einmal zerstreut umherliegen und durch unglücklichen Zufall zwischen den Ton geraten, ohne daß sie noch rechtzeitig vor der Pressung des Materials entdeckt werden. Der Maschinenfabrikant hat aber solche Vorkommnisse nicht verschuldet und die unausbleiblichen Folgen nicht zu vertreten. Letztere können je nach Art, Umfang und Anzahl der Fremdkörper verschiedener Wirkung sein. Im günstigsten Falle kann ein kleiner Bruch oder das Verbiegen eines Maschinenteiles vorkommen, ungünstigen Falles die ganze Maschine zertrümmert werden. Wir glauben durch diese Einleitung darauf hingewiesen zu haben, wie viel von einer geordneten Betriebsleitung abhängig ist. Die Abneigung, welche hin und wieder in Fachkreisen gegen die Einführung neuer Maschinen vorherrscht, ist ebensowenig berechtigt, wie die Meinung, daß die Minderleistung einer Ziegelmaschine nur auf Konstruktionsmängel schließen lasse. Um dies zu beweisen, sind Mitteilungen aus der Praxis erforderlich. Die Beweisführung selbst hängt jedoch wieder davon ab, wie hoch die Betriebsleitung des einzelnen Werkes einzuschätzen ist.

Erfahrungsschätze gesteigerter Leistungsfähigkeit sind geeignete Dokumente, unsere Behauptungen zu begründen. Diese Schätze haben wir mühsam zusammengetragen und sollen unseren lieben Fachgenossen nicht vorenthalten bleiben. Eine Reihe von tatsächlichen praktischen Erfahrungen bildet einen angenehmen Verbindungsweg zum besseren Verständnis der Dinge, welche sich täglich im Ziegelmaschinenbetriebe aufrollen und eine Erklärung dafür geben, weshalb ein und dieselbe Maschine auf der einen Stelle ausgezeichnet, auf der anderen Stelle ungenügend arbeiten kann. So grundverschieden die Materialien, so verschieden deren Aufbereitung; so minderwertig die Betriebsleitung, so geringer die Leistung. Aufbereitung und Pressung des Materials sind von einander abhängig. So muß denn auch in jedem Falle mit den gegebenen Verhältnissen gerechnet und mit der Abhilfe an richtiger Stelle eingesetzt werden, sei es in Bezug auf die Tonbereitung oder die Instandsetzung der Maschine. Der einsichtige Fachmann wird daher in der Bekanntgabe von Betriebsergebnissen eine Quelle für den Wissensdurst erblicken und die nachstehenden Schilderungen zu verwerten wissen. Sie bekunden die Möglichkeit besserer Erfolge, wie man sie erwarten konnte und verscheuchen die Besorgnis, welche noch gegen die Ausdehnung des maschinellen Betriebes vorherrschend sind.

Die Maschinentechnik ist dazu berufen, die Fabrikationstätigkeit qualitativ und quantitativ zu steigern, gleichzeitig aber auch die Produktionskosten herabzumindern. Dies kann sie nur, indem sie die Ziegelherstellung mit wenig Arbeitskräften durchführt und das gleichzeitige Verarbeiten minderwertiger Materialien ermöglicht. Je wirkungsvoller eine Ziegelmaschine ist, desto komplizierter wird ihre Bauart sein. Daß gute Betriebsresultate auch hinreichendes Verständnis bei der Bedienung von Ziegeleimaschinen voraussetzen lassen, erhellt die nachfolgende Zusammenstellung praktischer Erfahrungen. Wir haben hierbei die Größenverhältnisse der Maschinen angegeben, damit die Leser nachprüfen können, inwieweit die gegebenen Betriebsziffern maßgebend sind. Zu unterscheiden war hierbei in erster Linie, ob es sich um Ziegeleimaschinen für Tierbetrieb oder um solche für Dampfbetrieb handelt. Inwieweit es möglich war, die Käufer der Maschinen von der guten Leistungsfähigkeit zu überzeugen, beleuchtet das Ergebnis unserer Zusammenstellung. Unverkennbar bestehen bei ein und denselben Maschinen Abweichungen, welche man nicht ohne weiteres auf die Beschaffenheit des Tonmaterials allein, sondern darauf zurückführen sollte, wieviel mehr oder weniger Sorgfalt der Vorbereitung desselben gewidmet war. Dort, wo gerade nur die garantierte Leistung nachweisbar war, wird nachzuprüfen sein, welche Betriebsverhältnisse obwalteten und die gewünschte Erklärung dafür nicht ausbleiben.

Ziegelmaschinen für direkten Pferdeumgang. Wir wenden unsere Aufmerksamkeit zunächst den in Deutschland weniger begehrten Ziegelmaschinen stehender Konstruktion für direkten Pferdeumgang zu (Fig. 108). Ihre Absatzgebiete sind Rußland und die Kolonien. Die konischen Gefäße, in welchen sich die Messerwellen mit den Messern befinden, werden aus Holz, Eisenblech oder Gußeisen hergestellt. Bei den Ziegeleimaschinen für Tierbetrieb bleibt zu beachten, daß es sich bei den Zugtieren nicht immer um Pferde handelt, und daß je nach dem Grade der Körperkräfte Schwankungen in der Höchstleistung eintreten können. Diese ganz natürlichen Wahrnehmungen können zwischen dem Fabrikanten und dem Abnehmer von Maschinen leicht zu Mißverständnissen führen. Daß durch Meinungsverschiedenheiten die gegenseitigen Beziehungen getrübt werden können, mag nicht in Abrede gestellt bleiben. Der Fabrikant, welcher für den Betrieb einer Ziegelmaschine die Anspannung nur eines Pferdes für notwendig hält, setzt hierbei zunächst voraus, daß ein gesundes, kräftiges Tier vorhanden ist. Er rechnet aber auch mit dem Verständnis seines Abnehmers. Dieser muß die tierische Kraft von der elementaren zu unterscheiden wissen. Wenn beispielsweise eine Dampfmaschine gut gebaut und in allen ihren beweglichen Teilen intakt ist, insbesondere aber der Dampfkessel als Krafterzeuger tadellos funktioniert, so hat sich der Betriebsunternehmer eine dauernde und selten versagende Kraft gesichert. Die physische Kraft dagegen ist eine auf Zeitdauer begrenzte, die Ermüdung des Tieres tritt ein und seine Auswechselung durch ein zweites Zugtier ist geboten, denn schon das durch Überanstrengung des Tieres möglicherweise verlangsamte Tempo verringert die Leistungsfähigkeit der Maschine. So natürlich dies alles ist, macht sich doch in den Interessentenkreisen eine andere Auffassung bemerkbar. Der Besitzer eines Pferdes glaubt demselben die ununterbrochene Bewegungsfähigkeit zumuten zu dürfen und erlebt alsdann eine Enttäuschung. Die Kraft des Zugtieres kann aber auch viel durch die mangelhafte Vorbereitung des

Fig. 108. Stehende Ziegelpresse für direkten Pferdeumgang.

Tonmaterials beeinträchtigt werden. Bei Ziegelmaschinen mit direktem Pferdeumgang sollte man ganz besonders darauf bedacht sein, das Tonmaterial möglichst weich zu verarbeiten. Dies wirkt durchaus günstig auf die innere Beschaffenheit des Ziegels und erleichtert dem Tiere die von ihm zu bewältigende Arbeit. Wo die Voraussetzungen für den Tierbetrieb gegeben sind, wird man gute Betriebsresultate haben. Wir lassen hier einzelne Beweise folgen. Auf der Dampfziegelei Neuer Kalkofen bei Joachimstal in der Uckermark wurde im Jahre 1883 eine stehende Ziegelmaschine mit einem 19zölligen Blechbottich für Pferdebetrieb installiert, für welche eine stündliche Leistung von 300 Ziegeln garantiert war. Dieselbe wurde anfangs mit 2 Pferden betrieben und lieferte, je nachdem der Ton bewässert war und die Pferde in Anspruch genommen wurden, stündlich 400 bis 500 Ziegel. Es wurde also tatsächlich eine stündliche Mehrleistung von 100—200 Ziegeln erreicht. Hieraus läßt sich erkennen, welchen Einfluß die Betriebsleitung auf die Betriebsresultate auszuüben vermag. Dieselbe Maschine wurde später mit Dampf betrieben und lieferte im Jahre 1905 in 10 Arbeitsstunden 8000—10000 Ziegel, die nach der Versicherung des Besitzers stets klangvoll waren. Der Fabrikant hätte für die Presse bei Einrichtung zum Dampfbetrieb nur 700 Ziegel pro Stunde garantieren können, so daß sich wiederum eine stündliche Mehrleistung von 100—300 Ziegeln ergibt.

In Kletkamp, Bez. Kiel, war der Erfolg mit einer stehenden Ziegelpresse, welche im Jahre 1889 geliefert war, weniger bemerkenswert. Immerhin erreichte diese Maschine mit einem 22zölligen Blechbottich noch im Jahre 1905 die garantierte stündliche Leistung von 400 Normalsteinen. Sie verarbeitete roten und weißen Ton, frisch gegraben und 8—10 Stunden vorher mit Wasser durchweicht. Dabei funktionierte die Maschine sehr gut und die Pferde gingen in einer Minute $1^1/_2$—2 mal herum. Von den Steinen konnten sofort nach der Formung 3—4 Schichten übereinander gestellt werden. Sie hatten nach dem Brande einen hellen Klang und ließen sich sehr gut behauen. Betriebsstörungen kamen selten vor und nur, wenn ein Abschneidedraht durch einen Stein zerriß. In 5 Minuten war Abhilfe geschafft. Die Messer wurden in 16 Jahren nur einmal erneuert, obwohl der Ton nicht steinfrei war. Bei einmaligem Umgang der Pferde wurden $3^1/_2$ bis 4 Vollziegel fertiggestellt.

In Teschen (Österreich-Schlesien) wurde im Jahre 1903 ein stehender Tonschneider mit einem 26zölligen Holzbottich, berechnet für eine stündliche Leistung von 600 Vollziegeln, zur Präparation des Tones aufgestellt. Er diente dazu, mittels direkten Umtriebes durch 2 Pferde den gesamten Tonbedarf zur Anfertigung von Dachziegeln, Drainröhren und feinen Lochverblendern mittels Handröhrenpressen vorzubereiten. Der Ton war allerdings steinfrei und fett. Der

Tonschneider lieferte aus überwintertem Material in einem Tage gewöhnlich 8 cbm fein verarbeitete Masse. Im Sommer arbeitete er Tag und Nacht und speiste dann gewöhnlich 6, bei Bedarf auch 8 Handröhrenpressen.

Wiederum günstig gestaltete sich die Aufstellung einer stehenden Ziegelmaschine mit einem 22zölligen Holzbottich im Jahre 1896 in Bronitz bei Rosenberg (Oppeln). Diese Maschine arbeitete noch im Jahre 1905 zur Zufriedenheit. Der Umtrieb mit 2 Pferden geschah mittels einer seitlich angebrachten stehenden Welle. Die Messerwelle machte in einer Minute 12—15 Drehungen, wobei in einer Stunde mit 5 Arbeitern 400—500 Ziegel hergestellt wurden, deren man von der Presse aus gleich zwei Schichten übereinander stellen konnte. Der Ton wurde frisch gegraben und auch überwintert. Die gebrannten Ziegel waren innerlich und äußerlich gut beschaffen, glatt, hatten einen guten Klang und ließen sich gut behauen. Betriebsstörungen kamen nur durch das Reißen der Drähte, sonst aber selten vor. Die Bewässerungsschuppen bedurften alle zwei Jahre der Erneuerung. Die Maschine war nach neunjähriger Betriebsdauer noch in gutem Zustande. Garantiert war eine Leistung von 350 Ziegeln pro Stunde, die stündliche Mehrleistung betrug demnach 50—100 Ziegel. Hier entdeckt man wiederum den besonderen Wert einer geordneten Betriebsleitung.

Noch überzeugender trat solcher in Frankfurt a. O. in Erscheinung, wo man eine größere stehende Ziegelmaschine installiert hatte. Der Zylinder (Blechbottich) hatte einen Durchmesser von 26 Zoll. Die Maschine arbeitete zweiseitig und wurde durch 3 Pferde betrieben, die zweimal am Tage gewechselt werden mußten. Sie waren 7 m von der Messerwelle ab angespannt und gingen in einer Minute zweimal um, wobei spielend leicht 1000 Ziegel geleistet wurden, die man sofort von der Maschine ohne Gefahr vier Schicht übereinander stapeln konnte. Der Ton war fett, aber kurz und mit vielen kleinen Feldsteinen untermischt. Er wurde frisch gegraben, mäßig bewässert und sofort verarbeitet. Die Ziegel waren vollständig strukturfrei, hatten ein besonders schönes Aussehen und einen guten Klang. Die Mehrleistung von stündlich 200 Ziegeln ist in diesem Falle sehr bedeutend.

Eine gleich große und ebenso gebaute stehende Ziegelpresse blieb hinter den Garantieziffern zurück, obwohl nachweislich gute Ziegel hergestellt wurden. Sie arbeitete in Lyck, Ostpreußen, vom Jahre 1893 bis Mai 1905 recht zufriedenstellend. Anfänglich mit 3 Pferden, alle halbe Tage wechselnd, betrieben, lieferte sie einsträngig 6000 Ziegel pro Tag, welche ebenso gut waren wie die später mit Dampfbetrieb hergestellten Steine. Nicht hinwegzuleugnen war jedoch die Minderleistung von stündlich ca. 200 Ziegeln. Das Material war sandiger und fetter Lehm, der im Herbst gegraben und so verarbeitet wurde, daß man die getrockneten Ziegel direkt drei Schicht hoch übereinander stellen konnte. Später für Dampfbetrieb eingerichtet, leistete die Maschine bei 20 bis 25 Pferdekräften und 5 Touren der Messerwelle im Tage bei 10stündiger Arbeitszeit 20000 Ziegel, also pro Stunde 2000 Ziegel, welche sich mit der Garantieziffer deckten. Die Ziegel waren strukturfrei, hatten einen guten Klang und ließen sich auch gut behauen.

Eine Pferdebetriebsmaschine mit einem 22zölligen Holzbottich, welche im Jahre 1893 nach Graudenz geliefert war und im Jahre 1905 bereits einen dreimaligen Besitzwechsel erfahren hatte, verarbeitete in Neumühl bei Goßlershausen fetten, frisch gegrabenen und unbewässerten Ton. Die Ziegel hatten einen guten Klang und ließen sich gut behauen. Störungen kamen durch die Maschine, welche mit zwei Pferden betrieben wurde, und stündlich 300 Ziegel lieferte, nicht vor. Die Leistung entsprach nach so langer Betriebsdauer den Garantieverhältnissen.

In Weißenhöhe arbeitet eine Pferdebetriebsziegelmaschine mit einem 22zölligen Holzbottich, für welche eine stündliche Leistung von 350 Ziegeln garantiert war. Interessant ist die Äußerung des Besitzers, welcher behauptet, daß er Ziegel herstellen könne, welche aussehen, als ob sie poliert wären. Die Maschine leistete stündlich tatsächlich 400 Ziegel, also stündlich 50 Stück mehr, als sie leisten sollte. Diese Betriebsresultate dürften geeignet sein, das Vertrauen zu den für Pferdebetrieb üblichen Maschinen zu heben. Ein rationelles Arbeiten ist jedoch im Hinblick auf die an sich begrenzten Leistungsziffern nicht gut denkbar.

Vertikale Ziegelmaschine für Dampfbetrieb. Die Verwendung der vertikalen Ziegeleimaschinen für den Dampfbetrieb ist jedenfalls günstiger. Der Antrieb dieser Maschinen geschieht durch obere oder untere Vorgelege. Referate von Besitzern vertikaler Ziegelpressen zeigen uns gleichfalls Schwankungen in bezug auf Kraftbedarf und Leistungsfähigkeit. Gerade erreicht wurde die Garantieziffer bei einer solchen Maschine mit unterem Vorgelege, deren Blechzylinder 19 Zoll Durchmesser hat. Sie arbeitet in Popelken (Ostpreußen), erfordert bei Mitbetrieb eines Walzwerks 12—15 Pferdekräfte. Das Material war ein leichter, sandiger und steiniger Ton, welcher steif verarbeitet wurde. Die Ziegel waren strukturfrei, klangvoll und behaubar. Es konnte festgestellt werden, daß die jährlichen Reparaturkosten durchschnittlich 300 M. betrugen. — Eine andere vertikale Ziegelpresse arbeitet in Oberriet, Kanton St. Gallen (Schweiz). Sie hat 400 mm Durchmesser und wurde im Jahre 1898 aufgestellt. Das von ihr zu bearbeitende Material fällt, nachdem es ein Walzwerk passiert hat, auf einen Transporteur, der es auf die Ziegelpresse befördert. In dieser wird das Material, das immer mit Sägespänen und Ziegelpulver gemischt wird, zu einer äußerst homogenen Masse verarbeitet. Die Maschine dient zur Fabrikation von gelochten Steinen, von denen sie täglich 16000 Stück liefert. Der Kraftverbrauch ist für solche Lochziegel, welche kurzdurch 10 Löcher erhalten, allerdings ein ziemlich großer, jedenfalls um 30—40% größer als für gewöhnliche Vollziegel: Format 25 : 12 : 6 in gebranntem Zustande. Das Material schwindet 12—15%, ist aber, wenn es nicht allzu schnell getrocknet wird, vollständig struktur- und rissefrei.

In Halle a. S. arbeitete seit dem Jahre 1873 eine stehende Ziegelpresse für Dampfbetrieb mit einem 26zölligen Blechbottich und zwar in Verbindung mit einem Walzwerk und einem Elevator. Die tägliche Leistung betrug 20—24000, jährlich 3400000 bis 3600000 Ziegel und es kam frisch gegrabener, nur umgestochener, magerer Lehm zur Verarbeitung. Die hergestellten Ziegel waren ebenfalls ohne Struktur, hatten einen schönen Klang und waren gut behaubar. Die Messerwelle machte 18—20 Umdrehungen pro Minute. Die Auswechselung der Messer und des Mantels geschah alle zwei Jahre, die Messingschuppenbleche wurden im Sommer zweimal erneuert. Die Maschine beanspruchte 40 Pferdekräfte. Wir sehen in diesem Falle eine ungenügende tägliche Leistung, die Maschine hätte mindestens 3000 Ziegel liefern müssen. Da unsere Betriebsziffern indessen bestimmt sind, auch die Schattenseiten einzelner Betriebe zu erklären, so überlassen wir es dem Fachmann, die Ursachen des Mißerfolges selbst zu erraten. Eine gleich konstruierte stehende Presse mit einem 22 zölligen Blechbottich dient in Wilkoschken bei Gumbinnen demselben Zwecke bei zufriedenstellender Leistung. Über eine 26 zöllige stehende Ziegelmaschine, welche stündlich 3000 Ziegel liefern muß, konnten wir günstige Betriebsresultate ermitteln. Diese Maschine mit unterem Vorgelege, Walzwerk und Elevator erreichte mit 30—40 Pferdekräften die angegebene Garantieziffer bei Verwendung frisch gegrabenen, mit etwas Kies vermengten Materials. Die Qualität der Ziegel, welche naß von der Maschine kommend 4 bis 5 Schichten übereinander gestellt werden konnten, war, wie in anderen Fällen, eine gute, auch wurde wenig über den Verschleiß dieser in Langendreer (Rheinland) aufgestellten Maschine geklagt. Nicht so günstig arbeitete eine stehende Ziegelpresse in Bodmann am Bodensee, welche mit einer zwölfpferdigen Dampfmaschine nur die ihr zugemutete Höchstleistung von 1200 Vollziegeln pro Stunde erreichte. Wir können aber über das Betriebsergebnis einer stehenden 26 zölligen Ziegelmaschine, welche in Verbindung mit einem Walzwerk und einem Elevator in Kränholm bei Narwa unter Verwendung von 16—18 Pferdekräften arbeitet, günstig berichten. Sie erreichte über die Garantieziffer hinaus eine Mehrleistung von stündlich 500 Ziegeln. Das Material war gut bewässerter Lehm, teilweise mit größeren und kleineren Granitsteinen (Findlingen) durchsetzt, jedoch auch überwintert. Man fabrizierte kantige Brettklinker, in der Form mehr oder minder gleichmäßig, je nach der Konsistenz des verformten Materials. Betriebsstörungen kamen gewöhnlich nicht vor, da die Presse nach Bedarf in jeder Pause und zwar täglich viermal gereinigt wurde. An Reparaturen ermittelte man pro Jahr 13 % des Anschaffungswertes. Die im Jahre 1882 installierte Maschine war im Jahre 1905 noch gut und betriebsfähig.

Auch aus Barmen liegen uns über eine stehende 22zöllige Ziegelmaschine günstige Betriebsergebnisse vor. Es handelt sich um eine solche in Verbindung mit unterem Vorgelege, einem Gurtelevator, einem Brechwalzwerk und einem Feinwalzwerk. Daß in dieser Zusammensetzung selbst bei frisch gegrabenem Material und obgleich die Verarbeitung eines steinigen Berglehms mit vielem harten Schiefer in Frage kam, günstige Resultate zu erzielen waren, ist einleuchtend. Die Garantieziffer betrug 2000 Vollziegel pro Stunde; die Höchstleistung dagegen tatsächlich 2300—2500 Ziegel, welche qualitativ durchaus befriedigten. Wir wissen wohl, daß die Installation stehender Pressen durch die Ziegelmaschinen liegender Konstruktion, wenigstens in Deutschland, zurückgegangen ist. Durch diese unwesentliche Erscheinung können jedoch die günstigen Betriebsergebnisse der vertikalen Maschinen nicht abgeschwächt werden und deshalb haben dieselben im Auslande die nötige Beachtung gefunden. Sie sind nach wie vor ein guter Exportartikel und andauernd begehrt.

Um unsere werten Leser mit den Referaten über vertikale Ziegelmaschinen indes nicht zu ermüden, wenden wir uns den horizontalen Ziegelmaschinen zu, schicken jedoch unserem ferneren Berichte noch folgende Bemerkung voraus.

Die Vorsichtsmaßregeln, welche bei Inbetriebsetzung von Maschinen zu beachten sind, hat unsere Feder an anderer Stelle bereits tangiert. Wir werden nun über ausgedehnte Erfahrungen bei Inbetriebnahme anderer Maschinen berichten, am Schlusse unseres Kapitels jedoch noch einige Winke über die Tonbewässerung folgen lassen, um eine Erklärung für die erlangten Betriebsziffern zu geben.

Liegende Ziegelmaschinen haben sich nach und nach den Markt erobert und die damit erzielten Erfolge sind zahlreicher, als man erwarten konnte. Die Maschinentechnik sucht heute die vertikalen Ziegelmaschinen nur noch für die Röhrenfabrikation, hier aber recht lohnend zu vervollkommnen. Die horizontalen Maschinen sind jedoch für alle Sorten von Bauziegeln sehr beliebt und sämtliche Fabriken wetteifern darum, umfangreiche Verbesserungen anzustreben. Es ist anerkennenswert, mit welcher Ausdauer die Maschinenfabriken an der Lösung des Problems, eine allen praktischen Bedürfnissen entsprechende Ziegelmaschine zu konstruieren, arbeiten. Fabriken, welche in dieser Beziehung lässig wären, gibt es nicht, und es wäre ein Unrecht, wenn man der einen oder anderen das Verdienst absprechen wollte, an der Förderung des großen Zieles beigetragen zu haben. Der andauernde Wettbewerb bürgt auch nur dafür, daß man auf Grund praktischer Erfahrungen, wenn auch langsam, so doch sicher zum Ziele kommen wird.

Wenden wir also unsere Aufmerksamkeit den liegenden Ziegelmaschinen zu, indem wir deren Leistungen näher beleuchten. Da arbeitet beispielsweise in Neuer Kalkofen bei Joachimsthal eine solche Maschine von 200 mm Zylinderdurchmesser und man erzielt mit ihr stündlich 900 Stück Drainröhren mit 50 mm innerer Weite in bester Beschaffenheit, obwohl sie nur 500—600 Röhren liefern soll. Hieraus ergibt sich also eine Mehrleistung von 300 Röhren pro Stunde. Weniger günstig arbeitet eine Maschine gleicher Größe in Oberkauffungen bei Cassel, weil man dort gerade die stündliche Garantieziffer erreicht. Das Gleiche ist der Fall in Garnberg bei Künzelsau, wo eine Maschine derselben Größe arbeitet. Eine etwas größere, liegende Ziegelmaschine von 230 mm Zylinderdurchmesser arbeitete in Großalmerode tadellos und ihre Leistung entsprach der Garantie. Liegende Ziegelmaschinen von 250 mm Zylinderdurchmesser werden zahlreicher begehrt. Eine solche ließ im Jahre 1892 sogar der General und spätere Minister für Landwirtschaft v. Podbielski mit gutem Erfolge aufstellen. In Preußen bei Tilsit arbeitet eine solche Maschine in Verbindung mit einem konischen Walzwerk. Sie leistet mit 6—8 Pferdekräften täglich 7000—9000 Ziegel. Sie sollte indes stündlich nur 600—800 Vollziegel liefern und übertraf diese Garantieziffer demnach um 100—300 Stück pro Stunde. In Dambitzen erzielte man mit 8 Pferdekräften für eine gleiche Maschine eine stündliche Mehrleistung von 100 bis 300 Ziegeln. Das zur Verarbeitung kommende Material war ein magerer, mit fettem, zähen, roten und blauschwarzen Ton vermischter Lehm, welcher überwintert war und vor dem Gebrauch bewässert wurde. Das Material wurde ziemlich weich verarbeitet. Die Steine ließen sich ihrer glatten Flächen wegen als Verblender vermauern und hatten einen guten Klang. In Dyhernfurth in Schlesien benutzte man

Fig. 109. Liegende Ziegelmaschine.

eine gleich große Maschine als Tonschneider. Sie schaffte so viel Material, wie 30 Töpfer zur Verarbeitung gebrauchten. Dieselbe Maschine arbeitet in Krappitz und wird dort durch eine 7pferdige Lokomobile betrieben. Das Material ist verschieden, teils mager, teils sehr fett, wird überwintert und einen Tag vor dem Gebrauch bewässert. Die Leistung beträgt 600 Vollziegel pro Stunde; dies entspricht der Garantieangabe. Die Ziegel sind strukturfrei, haben einen schönen Klang und sind gut behaubar. Störungen kamen nicht vor, wenn nicht Fremdkörper, wie Eisen und dergleichen in die Presse hineingerieten. Im Kriegsarsenal in Kragujewaz (Serbien) arbeitete eine solche Ziegelmaschine bereits 15 Jahre und bewährte sich dauernd gut. In Schönow (Neumark) übertraf sie die stündliche Garantieziffer um je 100 Stück. Man konnte die Ziegel 4 Schichten übereinander stellen. Das Material war ein schwerer, fetter Ton, welcher überwintert, mit Sand gemischt und vor dem Gebrauch bewässert werden mußte. Die Steine blieben strukturfrei und hatten einen guten Klang. Die Abnutzung war eine geringe und betraf nur die Messerränder. Eine bemerkenswerte Mehrleistung war bei einer liegenden Ziegelmaschine von 250 mm Zylinderdurchmesser in Tochheim a. Elbe zu konstatieren. Dort arbeitete eine im Jahre 1887 aufgestellte Maschine im Mai 1905 noch immer sehr gut. Das Material war Elb- resp. Auen-Erde, die per Kahn herangeholt und dann gleich bewässert wurde, so daß man sie eben mit der Hand zusammendrücken konnte. Die Maschine lieferte mit einer alten 6—7 pferdigen Dampfmaschine bei ca. 30—35 Umdrehungen der Messerwelle pro Minute 900 Mauersteine pro Stunde, welche tadellos waren. Die Maschine brauchte stündlich nur 600—800 Ziegel zu leisten, übertraf diese Leistung also um 100—300 Stück pro Stunde. Messerränder und Bewässerungsschuppen hielten stets eine Kampagne. Ebenso günstige Resultate erzielte man mit einer gleich großen Maschine in Parey an der Elbe. In Warstorff bei Rostock wurde eine gleiche Maschine seit 15 Jahren zur Herstellung von Verblendziegeln verwendet. Es kam gutes und reines Material frisch gegraben und gering bewässert zur Verarbeitung, so daß gleich 2 Schichten übereinander gestellt werden konnten. Erzielt wurden mit vier Pferdekräften in einer Stunde 750 Stück $^1/_4$-Verblender, 350 Stück $^1/_2$-Verblender, 240 Stück $^3/_4$-Verblender bei 24 Touren der Messerwelle in einer Minute. Die Messerränder brauchten nur alle 2 Jahre ersetzt zu werden. In Neumarkt bei Nürnberg wurde im Jahre 1892 sogar eine gebrauchte Ziegelmaschine von 250 mm Zylinderdurchmesser ununterbrochen für die Dachsteinfabrikation, insbesondere auch zur Herstellung von Strangfalzziegeln verwendet. Nach vielen Jahren wurde sie durch eine ebenso große und neue Maschine gleicher Konstruktion ersetzt. Die ältere Maschine diente alsdann der neu beschafften Maschine als Vormischer. Beide 250 mm Ziegelmaschinen brauchten je 7 Pferdekräfte bei

34 Touren der Messerwelle pro Minute und leisteten mit einem vorgewalzten und vorgemischten Ton in 10 Arbeitsstunden:

| | | |
|---|---|---|
| Biberschwänze (Dachziegel mit Segmentbogen) | 7000 | Stck. |
| Mit Rundschnitt und Sechseckspitze . . . | 6000 | » |
| Konstanzer Strangfalzziegel . . . . . . | 5000 | » |
| Drainageröhren von 40 u. 60 mm lichter Weite | 6000 | » |

Ein Vergleich mit den Garantieziffern ergab in jedem Falle und für jede Ziegelsorte eine Mehrleistung von 1—200 Stück pro Stunde. Die Fabrikate konnten als vorzüglich gelten. Bemerkenswert ist noch, daß der Ton vor seiner maschinellen Verarbeitung acht Tage eingesumpft wurde und infolge geringen Verschleißes nur wenig Ersatzteile nötig waren.

Eine beträchtliche Mehrleistung war bei einer 250 mm Ziegelmaschine gleicher Bauart in Sandberg, Reg.-Bez. Posen, zu konstatieren. Hier arbeitete noch im Jahre 1905 die bereits im Jahre 1899 aufgestellte Maschine mit konischem Walzwerke. Sie lieferte aus überwintertem Tone mit einer achtpferdigen Dampfmaschine täglich 8—12000 Mauersteine. Die Garantieangabe bezieht sich nur auf 6—800 Steine pro Stunde, erwiesenermaßen also eine Mehrleistung von stündlich 2 bis 400 Ziegeln. Dabei waren nur wenig Reparaturen erforderlich.

Liegende Ziegelmaschinen mit einem Zylinderdurchmesser von 300 mm reihen sich den bereits beschriebenen Maschinengattungen würdig an. Eine solche Maschine kam in Verbindung mit einem zylindrischen Walzwerk in Lanko bei Schwerin zur Inbetriebnahme. Der Käufer erzielte nach 19jähriger Betriebsdauer immer noch die höchstmögliche Leistungsfähigkeit von 9000 bis 10000 innerlich und äußerlich tadelloser Steine. Die Betriebskraft war eine 10pferdige Lokomobile mit durchweg nur 4 Atmosphären Druck. Das Material war ein fetter, roter, aber steinfreier Ton mit ca. 25 % Sandzusatz, der zur Hälfte im Winter, zur anderen Hälfte im Frühjahr gegraben wurde. Wieder eine solche Maschine wurde im Jahre 1898 in Wismar in

Mecklenburg aufgestellt und übertraf die vorgesehene Leistung. Betrieben durch eine Lanz'sche stationäre Lokomobile von 13 Pferdekräften, welche indes nicht voll ausgenutzt wurde, verarbeitete die Ziegelmaschine einen blauen, steinfreien und weiß brennenden Ton, der wegen Raummangel frisch gegraben, mit durchwintertem Tone verarbeitet wurde. Garantieziffer 8—1200 Vollziegel, effektive Leistung 13000 Vollziegel pro Tag, also Mehrleistung 100—500 Vollziegel pro Stunde. Die Ziegel wurden gern gekauft, waren vollkantig, hatten einen schönen Klang und ließen sich gut behauen. Man hatte sehr selten Betriebsstörungen. Die Instandhaltung der Maschine erforderte einen jährlichen Kostenaufwand von etwa M. 200.—. Messingschuppen, Messerränder und der innere Mantel hielten ein Jahr. Die Maschine wurde in jedem Winter auseinander genommen und wieder instand gesetzt, was auf jeder Ziegelei geschehen sollte. Interessant ist die Feststellung der Dauerhaftigkeit einer solchen 300 mm Ziegelmaschine, welche in Aarau in der Schweiz arbeitet. Sie hatte noch nach 25jährigem ununterbrochenen Betriebe die volle Leistungsfähigkeit von 800 Ziegeln im Format von 25 × 12 × 6,5 cm, wovon 3—4 Reihen übereinander gestellt werden konnten. Nach gutem Brande ist ihr Klang schön, ihre Behaubarkeit aber etwas schwierig. Die Maschine fand auch Verwendung zur Herstellung von Normallochsteinen, Biberschwänzen, Kaminsteinen etc. Sie hatte wenig Betriebsstörung und man schätzte die Reparaturkosten auf jährlich ca. Fr. 100.—. Die Haltbarkeit der Mundstücke währte ein volles Jahr.

Drei dieser Ziegelmaschinen von 300 mm Zylinderdurchmesser stehen in Thorn in ununterbrochenem Betriebe. Während für jede Maschine eine stündliche Leistung von 800 Vollziegeln garantiert war, lieferte jede dieser Maschinen stündlich 1150 Ziegel. In Filehne wurde mit einer solchen Maschine nur die Garantieziffer erreicht. Daß hierbei besondere Verhältnisse vorgelegen haben müssen, beweist ein anderer Fall. In diesem handelt es sich um dieselbe 300 mm Ziegelmaschine, welche in Bruß in Westpr. noch nach 10jährigem Dauerbetriebe eine unerwartet hohe

Leistung erreichte. Die Maschine verarbeitete ohne Walzwerk 2 : 3 fetten Ton und 1 : 3 roten, scharfen Lehm, der teils frisch gegraben, teils überwintert war, gewöhnlich zur Hälfte. Mit einer 10 pferdigen Betriebskraft wurde eine Leistung von 16 000 Mauerziegeln in 12 Arbeitsstunden erzielt. Da die Minimalziffer der Leistung stündlich 800 Vollziegel beträgt, die Höchstziffer aber 1200 Ziegel, so ergibt sich gegenüber der niedrigsten nachweispflichtigen Leistung eine Mehrleistung von 534 Vollziegeln, im Vergleich zur Höchstziffer aber immer noch eine Mehrleistung von 134 Vollziegeln. Die Strukturfreiheit, der Klang und die gute Behaubarkeit der Ziegel erhöhen diesen Erfolg. Man konnte feststellen, daß sich die aus überwintertem Material hergestellten Ziegel besser behauen ließen, als solche aus frisch gegrabenem Material, und daß die Ziegel wesentlich haltbarer waren, denn Handstrichsteine. Die Bewässerungsschuppen werden jährlich viermal, die Messerränder dreimal, der innere Blechzylinder einmal erneuert. Die Kosten der Instandhaltung rechnet man auf jährlich 150—200 M.

Ebenso günstig gestaltete sich die Betriebsziffer bei einer in Meirelbeke, Lüttich, arbeitenden Ziegelmaschine dieser Größe. Sie diente der Herstellung von Voll- und Lochverblendern, Simssteinen usw. Mit einer 8—10 pferdigen Dampfmaschine wurden bei 26 Touren der Messerwelle stündlich 1000—1500 Vollziegel aus Töpferton oder einer Mischung von weißem überwinterten Tone und Sand erzielt. Vorzüge der Steine waren die ausgezeichnete Modellierung, die Strukturfreiheit und gute Behaubarkeit. Es kam hin und wieder das Reißen der Drähte infolge der im Ton enthaltenen Kieselsteinchen vor. Die stündliche Mehrleistung betrug ersichtlich 200—700 Vollziegel. Diese Maschine war mit einer Sicherheitsriemenscheibe ausgerüstet, deren Schlingen hin und wieder aus folgenden Gründen zerrissen: Mischung ungleicher Tonerden und Verarbeitung zu steifen Materials. Eine wiederum beachtenswerte Leistung erzielte man mit einer 300 mm liegenden Ziegelmaschine in Papendorf bei Rostock in Mecklenburg. Es handelt sich um das Resultat einer Maschine nach bereits 15 jähriger Betriebsdauer. Man schaffte mit der Presse in 10 Arbeitsstunden immer noch 10000—14000 Ziegel, welche nach dem Brande einen schönen Klang hatten und sich gut behauen ließen. Es kam ein magerer Lehm mit blauem Ton in frisch gegrabenem Zustande und mit etwas trockenem Zusatz zur Verarbeitung. Von den gepreßten Steinen konnten 5 Schichten, bei fettem Tone sogar mehr übereinander gestellt werden. Die Messerwelle machte 22 Drehungen in einer Minute. Betriebsstörungen kamen wenig und nur vor, wenn einmal ein harter Stein zwischen die Speisewalzen geriet oder ein Draht zerriß. Es handelte sich in solchen Fällen aber immer nur um wenige Augenblicke Aufenthalt. Die Bewässerungsschuppen hielten immer ein Jahr. Die Erneuerung des ersten und letzten Messers kehrte alle 2 Jahre wieder. In Sofia (Bulgarien) leistete eine 300 mm Ziegelmaschine mit 10 Pferdekräften und bei 16 Drehungen der Messerwelle pro Minute täglich 8000 Ziegel, sie erreichte also gerade die garantierte Leistung von stündlich 800 Stück. Man muß bei dieser Ziffer die geringere Umdrehungszahl der Messerwelle und das von unserem deutschen Normalformat abweichende Format von 29 : 14 : 6,5 beachten. Wenn man das Ergebnis der Leistung umrechnet, so ergeben sich 10600 Ziegel deutschen Formats und man hat wiederum eine Mehrleistung von täglich 2600 Ziegeln. In Teterow, Mecklenburg, wurde eine 300 mm Ziegelmaschine in Verbindung mit einem konischen Walzwerk für die Röhrenfabrikation verwendet. Man erzielte pro Stunde 800 Stück Röhren von 4 cm, 700 Stück von 5 cm und 370 Stück von 8 cm lichter Weite. Mit einem milden Lehm ohne Sandmischung, der nach Umständen gewintert, aber auch frisch gegraben wird, arbeitet in Niederhermsdorf bei Neiße die gleiche 300 mm Ziegelmaschine zur Herstellung von Vollziegeln. Sie liefert pro Stunde 1000 Stück. Die Ziegel sind nach dem Brande von guter Beschaffenheit, klangvoll und gut behaubar. Die Presse gebraucht 8—9 Pferdekräfte. Mehrleistung pro Stunde gegenüber der Garantieziffer 200 Vollziegel. Messerränder und Blechschuppen bedurften in jedem Jahre der Erneuerung, der innere Mantel alle zwei Jahre. Eine ganz respektable Leistung erreichte eine 300 mm - Ziegelmaschine in Bamberg. Es kam ein schönes, fettes Material zur Verarbeitung, das nicht überwintert, sondern frisch gegraben wurde. Die Maschine arbeitete allerdings in Verbindung mit einem Walzwerk und einem Elevator. Sie lieferte pro Tag 20000 Ziegel, obwohl sie nach der Berechnung nur 8000 Vollziegel leisten sollte. Die Mehrleistung beträgt also 1200 Ziegel pro Stunde = 12000 Ziegel pro Tag. In Velgast in Pommern wurden mit derselben Maschine aus mittelfestem, frisch gegrabenem Tone stündlich 1000 Ziegel geleistet, welche man zu drei Schicht übereinander stellen konnte. Mehrleistung 200 Ziegel pro Stunde.

Liegende Ziegelmaschinen mit einem Zylinderdurchmesser von 350 mm. Die Leistungen dieser Maschinen wurden, wie nachstehend beschrieben, ebenfalls häufiger nachgeprüft. Eine solche, aufgestellt in Bodman am Bodensee, entsprach nicht den Erwartungen. Betrieben mit einer 10 bis 12pferdigen Dampfmaschine, leistete die Presse nur 10 bis 12000 Vollziegel. Das Material war zu $^1/_3$ überwintert, während $^2/_3$ aus der Grube direkt zur Maschine kamen. Die Höchstziffer der Steine entsprach gerade der Garantie. Die Minderleistung wurde mit der Äußerung: »Wir können nicht mehr gebrauchen« erklärt. In Lauterbach (Oberhessen) wurde mit zwei 350 mm - Ziegelmaschinen schwerer, eisenhaltiger, jedoch überwinterter Ton verarbeitet. Den Maschinen war je ein Doppelwalzwerk vorgeschaltet. Jede Maschine erforderte 10—12 Pferdekräfte. Die Ziegel blieben ohne Struktur, sie waren sehr dicht und hatten einen guten Klang, ließen sich jedoch schwer behauen. Die Messerwellen machten 16—18 Drehungen in der Minute. Jede Maschine lieferte stündlich 1200 bis 1400 Ziegel, erreichte also nicht nur die Garantieziffer, sondern eine Mehrleistung von stündlich 200 Stück. Am meisten litten die Messerschalen, sie wurden jährlich einmal ersetzt, die inneren Mäntel alle zwei Jahre einmal. Die Instandhaltung jeder Maschine erforderte einen jährlichen Kostenaufwand von 120 bis 150 M. Obwohl die Maschinen schon in den Jahren 1883 resp. 1893 aufgestellt waren, die eine bereits 23, die andere dagegen 13 Jahre gearbeitet hatte, war noch keine Beeinträchtigung ihrer Leistung wahrzunehmen. In Wülfrath, Bez. Düsseldorf, arbeitete eine 350 mm-Ziegelmaschine, vereinigt mit einem Vormischer, einem Feinwalzwerk und einem Tonelevator. Der Kraftbedarf war gering; man verwendete eine 14pferdige Lokomobile. Verarbeitet wurde schwerer, mit Schiefer vermischter Ton in frisch gegrabenem Zustande. Von den frischen Ziegeln wurden drei Schicht übereinander gestellt. Die Ziegel waren strukturfrei, klangvoll und ließen sich gut behauen. Betriebsstörungen kamen infolge Zufuhr zu trockenen Bodens vor. Dem Verschleiß waren am meisten die Messerränder, die kleinen Triebräder, der Elevatorgurt und die Walzenmäntel ausgesetzt. Die jährlichen Reparaturkosten beliefen sich auf 400—500 M. Alle zwei Monate wurden die Messingbewässerungsschuppen, alle drei Monate die Messerränder und alle vier Monate die inneren Mäntel erneuert. Die stündliche Leistung betrug ca. 1500 Ziegel, mithin wurde eine Mehrleistung von 300 Ziegeln pro Stunde erzielt, während nur ein Bedarf von 1000 Ziegeln vorhanden war. In Mewe, Westpreußen, erzielte man mit einer gleichen Maschine die im voraus berechnete Garantieziffer unter ähnlichen Verhältnissen. Recht erfreuliche Resultate erzielten in Bocholt in Westfalen zwei Ziegelmaschinen von je 350 mm Zylinderdurchmesser, vereint mit je einem konischen Walzwerk. Durch diese Tatsache wird zunächst die Meinung widerlegt, daß die konischen Walzwerke nur noch wenig begehrt würden. Eine dieser beiden Maschinen wurde im Jahre 1890, die zweite im Jahre 1896 in Betrieb genommen. Die Maschinen hatten einen leichten und regelmäßigen Gang, verarbeiteten einen mageren frisch gegrabenen Lehm, so daß man die Ziegel gleich von der Maschine übereinander stellen konnte. Betriebsstörungen kamen nur selten und wenn zu harter Ton eingeworfen wurde, vor. Beide Maschinen lieferten in zehnstündiger Tagesarbeit zusammen 36000 Steine bei 30 Drehungen der Messerwelle pro Minute. Die Bewässerungsschuppen und Messerränder werden monatlich, die inneren Mäntel alle drei Monate erneuert. Die jährlichen Ergänzungskosten betragen ca. 300 M. für beide Maschinen zusammen. In Zwenkau überschritt eine 350 mm-Ziegelmaschine die berechnete Leistungsfähigkeit. Sie lieferte bei 15 Pferdekräften in elfstündiger Arbeitszeit 15—20000 Vollsteine aus gutem, teils überwintertem, zeitweise auch frisch gegrabenem Lehm. Man konnte die frischen Ziegel vier Schicht hoch übereinander stellen. Sie hatten Klang und ließen sich gut behauen. Betriebsstörungen kamen selten vor. Die Messerränder mußten jährlich zweimal erneuert werden. Die Garantieziffer war stündlich 1200 Steine. Erzielt wurden pro Tag 15000 bis 20000 Ziegel (in 11 Stunden). Die Mehrleistung betrug also gegenüber der Garantieziffer mindestens 1800 Ziegel pro Tag = 180 Ziegel pro Stunde. In Thorn konnte man bei einer 350 mm-Ziegelmaschine ein ebenso günstiges Betriebsergebnis feststellen. Die im Jahre 1891 gelieferte Maschine arbeitete noch im Jahre 1905 tadellos. Das Material war ein fetter, roter und blauer Ton, dem Sand als Magerungsmittel zugesetzt wurde. Der Ton wird im Herbst und Winter gegraben und im Frühjahr bewässert. Vorgeschaltet ist der Presse noch ein Vormischer, so daß die Presse bei richtiger Winterung und Bewässerung mit 12 bis 15 Pferdekräften und 20 Umdrehungen der Messerwelle pro Minute 13000—14000 gute, strukturfreie Ziegel pro Tag liefert, die sofort 3—5 Schicht übereinander gestapelt werden können Störungen im Betriebe kamen nicht vor. Die Schuppenbleche müssen alle zwei Monate erneuert werden. Die Presse wurde in 8 Jahren sehr in Anspruch genommen. Nachweisbare Mehrleistung 100 bis 200 Ziegel pro Stunde.

Liegende Ziegelmaschinen für Dampfbetrieb mit einem Zylinderdurchmesser von 400 mm sind auch vielfach im Betriebe. In Enschede (Holland) arbeitet eine solche in Verbindung mit einem Vorwalzwerk und lieferte mit 20 Pferdekräften stündlich 2000 Ziegel. Die Garantieziffer ist 1800 pro Stunde, so daß also eine Mehrleistung von stündlich 200 Ziegel erzielt wurde. Hierbei ist noch erwähnenswert, daß es sich um mit 4 Löchern lang durchlochte Steine handelt und frisch gegrabener, schwerer Lehm mit Steinen zur Verarbeitung kommt. Die Steine sind innerlich und äußerlich gut und leicht behaubar. Die frisch gepreßten Steine lassen sich 5 Schichten übereinander aufstellen. Die Messerwelle macht nur 11 Drehungen in der Minute. Betriebsstörungen kamen nur sehr selten vor. In Mewe werden mit derselben Maschine jedoch nur 1400 Steine erzielt, woraus sich eine Minderleistung von stündlich 400 Steinen ergibt.

Derartige Abweichungen geben zu denken. Es handelte sich um einen sehr strengen Tonmergel in drei verschiedenen Farben und Lagern. Derselbe wird überwintert, bei der Verarbeitung im Sommer oberflächlich mit Spritzschlauch bewässert und mit $^1/_3$ Magerungssand zusammen in das Vorwalzwerk gebracht (je 2 Karren Ton, 1 Karre Sand, 1 : 3 beziehungsweise 1 : 4 Ziegelpulver). Durch die Wirkung eines geraden, schartigen, breiten und feststehenden Messers wurden strukturfreie Ziegel erzielt. Man sieht, daß bei Mischtonen und Magerung der Materialien aller Wahrscheinlichkeit infolge der dabei unvermeidlichen Störungen in der Zuführung und durch andere oft nicht aufzuklärende Umstände das Betriebsergebnis ungünstig beeinflußt werden kann. Wir sind in der Lage, diesem Resultat das einer anderen Maschine gegenüberzustellen. In Lixhe-lez-Visé (Belgien) wurden im Jahre 1900 zwei liegende Ziegelmaschinen von 400 mm Zylinderdurchmesser aufgestellt. Sie dienten dort der Mischung und Formgebung von Zement- und Rohmassen. Die erzielten Betriebsresultate übertrafen die an sie gestellten Anforderungen. Der Gang der Maschinen war absolut regelmäßig. Jede Maschine produzierte stündlich ungefähr 2160 Ziegel, deren Format 25 $\times$ 12 $\times$ 7,8 cm ist. Gewicht ca. 3,1 kg, 2250 ccm, jede also in 1 Stunde ca. 5 cbm Masse. Hieraus ergibt sich eine effektive stündliche Leistung von 2000 Vollziegeln deutschen Normalformats, also eine Mehrleistung von 200 Ziegeln pro Stunde. Betriebsstörungen kamen nur selten vor und waren gewöhnlich auf Unregelmäßigkeiten der Arbeit zurückzuführen. Interessante Feststellungen über die Betriebsresultate einer liegenden 400 mm Ziegelmaschine liegen aus Brandorf bei Bentschen, Bez. Posen, vor. Dort arbeitet eine solche Maschine zusammen mit einem Riffelbrechwalzwerk. Das Material ist zwar fett, aber recht schluffig, hängt in größeren Schollen zusammen und hat einen großen Wassergehalt, so daß nahezu $^1/_6$ auf der Kugelmühle aus trockenen Brocken hergestelltes Tonmehl, zugesetzt werden muß. Der Ziegelstrang kommt nach unten mit einem schwach vortretenden Lauffuß heraus und schiebt sich auf dem Schuppentisch leicht vor, ohne im geringsten zu deformieren.

Dem Rohton, welcher direkt von der Wand genommen wurde, setzte man gleich in den Abfuhrwagen $^1/_{10}$ Sand zu, der als Abraum obenauf lag, und führte alsdann das Tonmehl mit dem Rohton dem Brechwalzwerk zu. In dieser Weise wurden strukturfreie, saubere Ziegel mit vollem hellen Klang erzielt, die sich, ob scharf oder schwach gebrannt, nach allen Richtungen gut behauen ließen. Die Messerwelle machte in einer Minute 16 Drehungen, wobei die Presse mit ihren zwei Speisewalzen und dem Riffelbrechwalzwerk darüber kaum mehr als 10 Pferdekräfte zur Herstellung von 16000 sauberen Mauersteinen in 10 Stunden brauchte. Die frisch gepreßten Ziegel, deren man nur 2 Schicht übereinander stellen konnte, mußten immer, je zwei auf einem Brett stehend, in die Trockengerüste gestellt werden, hatten aber keine Neigung, Risse zu bekommen. Die Drainrohr- und Hohlsteinfabrikation auf derselben Presse war geradezu überraschend. Jede Sorte Drainrohre ließ man auf besonders zu dem Zweck angefertigten Muldentischen gleiten und die Presse durch ein kleines Mädchen, sobald 3 Rohrlängen heraus waren, ausrücken. Die Rohre wurden während des Stillstandes der Presse abgeschnitten und abgehoben, was durch zwei Mann geschehen konnte. Dann rückte man wieder ein. Es wurden saubere Rohre mit geradem Schnitt erzielt, die keiner Nacharbeit bedurften, und zwar über 20000 $1^1/_2$- oder 2zöllige, 5—6000 3- und 4zöllige in 10 Stunden. An 8zölligen $^3/_4$ m langen Rohren wurden täglich 1500 Stück fertig.

Die Kosten dieser Fabrikation stellten sich wie folgt: Bei den 8zölligen Rohren 1 Mann in der Tongrube, 1 Mann zum Einwerfen auf das Walzwerk, 2 Mann zum Abschneiden und Abheben, also 4 à 2,80 M. = 11,20 M. 1 kleines Mädchen zum Aus- und Einrücken = 1,40 M. 4 Frauen, welche die Rohre zum Trockenraum schaffen und absetzen und eine Frau in Reserve zu unvorhergesehenen Handleistungen je 1,80 M., alle 5 Personen 9 M., zusammen also 21,60 M. für 1500 Rohre, 1000 also 14,40 M. fix und fertig, ohne Nachschneiden und Nachrollen, ohne Einreißen beim Trocknen und ohne Einwirkung der Kernbügel. Ebenso geschah die Fabrikation bei hohlen, glatten Fassonverblendern, Nasensteinen usw. aus frisch von der Wand gegrabenem Material. Durch die Verarbeitung weichen Tones entstanden viele nennenswerte Vorteile wie: geringer Kraftverbrauch, geringer Schmierölbedarf, geringe Abnutzung der Maschine, Bruchverhinderung, keine Betriebsstörungen und stets gleichmäßige, beste Fabrikate.

In Zollikofen bei Bern arbeitet eine 400 mm-Ziegelmaschine bereits 30 Jahre in ununterbrochenem Betriebe, ohne daß sich ihre Leistung merklich verringert hätte. Selbstverständlich sind die durch Verschleiß abgenutzten Teile immer rechtzeitig erneuert worden.

Liegende Ziegelpressen mit 450 mm Zylinderdurchmesser. Wir konnten feststellen, daß eine solche Maschine in Preußen bei Tilsit (Ostpreußen) mit 12—15 Pferdekräften und bei 19 Drehungen der Messerwelle in einer Minute pro Tag über 24000 Vollziegel liefert, und zwar ohne Betriebsstörung. Die Maschine wird im Winter auseinander genommen und wieder in guten Stand gesetzt. Messerränder, Innenmantel und die Messingschuppen halten 4—5 Wochen. Die nachweisbare Mehrleistung betrug 400 Ziegel pro Stunde. Hochinteressante Aufzeichnungen über die Betriebsergebnisse einer 450 mm liegenden Ziegelpresse liegen uns aus Rustschuk (Bulgarien) vor. Der Maschine wurde ursprünglich die Verarbeitung ungeeigneten Materials zugemutet, welches hätte vorgewalzt werden müssen. Das Material kam frisch von der Wand und in sehr steifem Zustande direkt in die Presse. So blieb auch der Mißerfolg nicht aus. Die Leistung von 9000—11000 Vollsteinen österreichischen Formats erreichte bei weitem nicht die unter normalen Verhältnissen mögliche Mindestgrenze, und auch die innere Beschaffenheit der Steine zeigte Struktur, so daß sie nach dem Brande als minderwertige Ware gelten mußten. Mit der Vorschaltung eines konischen Walzwerkes änderten sich die Betriebsresultate überraschend. Man verarbeitete überwintertes und mit Ziegelmehl vermischtes Material, gehörig gesumpft und ziemlich weich. Die Presse leistete nun

15000 Vollsteine österreichischen Formats = 20000 Vollziegel deutschen Normalformats pro Tag und erreichte die Garantieziffer. Auffallend war hierbei die Verminderung der Betriebskraft. Die Struktur fiel fort, die gebrannten Steine waren und blieben sehr gut und ergaben beim Sortieren durchschnittlich 60—70 % I. Klasse ausgesuchte, gleichmäßig gebrannte, nicht beschädigte Steine für Rohbauten etc. und 25—30 % II. Klasse, d. h. dieselben, jedoch an den Enden und Kanten beschädigten Steine, sowie 5 % Bruch. Die Maschine arbeitet seit dem Jahre 1900, also nach Vorschaltung des Walzwerkes dauernd gut.

In Twistringen, Bez. Bremen, arbeitet eine 450 mm Ziegelpresse sehr günstig und liefert sehr gute Ziegel, doch ist die Höchstziffer von 1800, wenn auch sauberen und tadellosen Steinen eine sehr mäßige.

In Bologna arbeiten zwei liegende 450 mm-Ziegelmaschinen mit wesentlich besserem Erfolge seit dem Jahre 1896. Das Material ist weicher, reiner, teils im Winter gegrabener, teils frisch aus der Grube geförderter Ton. Die Ziegel können sofort 3 Schicht übereinander gestellt werden, sind glatt, ohne Risse, strukturfrei, haben einen hellen Klang und lassen sich gut behauen. Bei 17 Drehungen der Messerwelle pro Minute wird eine stündliche Leistung von 1700 Ziegeln (gebrannt 290 : 140 : 58) erzielt. Dies sind 2300 Ziegel deutschen Normalformats und ist die Mehrleistung demnach 300 Ziegel pro Stunde. Die Instandhaltung jeder Presse kostet jährlich 250—500 Lire. Die Messingschuppenbleche werden zweimal in einem Sommer erneuert, die Messerränder und der 6 mm dicke, innere Mantel alle zwei Jahre. Die glatten Speisewalzen wurden durch geriffelte ersetzt.

Liegende Ziegelmaschinen mit 500 mm Zylinderdurchmesser. Eine solche Ziegelmaschine arbeitet in Thorn bei 17—18 Umdrehungen der Messerwelle pro Minute. Die Ziegel werden von der Presse weg 5 Schicht übereinander gestellt und sind gebrannt vollständig strukturfrei, haben einen schönen Klang und lassen sich gut behauen. Betriebsstörungen kommen selten vor. Die Leistung betrug 2500 Vollziegel pro

Stunde und entsprach den an die Presse gestellten Anforderungen. — Unter gleich günstigen Verhältnissen wurden in Zögershof bei Königsberg ebenfalls täglich 25 000 Ziegel erzielt.

Liegende Ziegelmaschinen von 600 mm Zylinderdurchmesser. Diese Maschinengröße, berechnet für eine Tagesleistung von 30 000 Vollziegeln, wird seltener gewählt. Sie arbeitet gewöhnlich auf größeren Ziegeleien und dann oft in Verbindung mit mehreren Vorbereitungsmaschinen. Eine solche wurde in Brandenburg a. H. aufgestellt. Sie bildet mit einem Kollergang, einem Vormischer, einem Feinwalzwerk und einem Gurttransporteur eine maschinelle Gesamtanlage. Das gründlich vorbereitete Material dient der Herstellung von Vollziegeln. Die festgestellte Mehrleistung betrug etwa 500 Ziegel pro Stunde.

Liegende Tonschneider, welche in den meisten Fällen der Präparation des Tones und weniger der Herstellung von Ziegeln dienen, finden auch Verwendung in Töpfereien. Die Betriebsresultate sind gewöhnlich recht günstige. Es würde zu weit führen, wollten wir unseren Bericht über diese Maschinen ebenso vollkommen geben, wie dies für die eigentlichen Ziegelpressen geschehen mußte. Schon mit einem kleinen Tonschneider von 125 mm Zylinderdurchmesser hatte man in Frankfurt a. M. einen guten Erfolg. In Mecklenburg wurde ein solcher mit einem Elektromotor von $1^1/_2$ Pferdekräften betrieben und lieferte in $2^1/_4$ Stunden bei zweimaliger Verarbeitung für 6 Gesellen $^3/_4$ cbm Masse zur Kachelfabrikation. Die Messerwelle macht 30 Drehungen in der Minute. In Schönebeck a. Elbe dient ein solcher Tonschneider ebenfalls der Präparation des Materials. Die nächstgrößeren Tonschneider von 160 mm und 180 mm Durchmesser finden wir in Grohn bei Bremen, in Schweidnitz, in Dux (Böhmen) und an vielen anderen Orten unter gleich günstigen Verhältnissen mit demselben Erfolge.

Wir haben ferner über eine ganze Anzahl von Tonschneidern an den verschiedensten Orten Erhebungen angestellt und die besten Leistungen konstatieren können. Ergänzen möchten wir unseren Bericht jedoch noch durch Mitteilungen über größere Tonschneider. Vier solche arbeiten bei St. Petersburg an der Newa auf der Handstrich-Ziegelbrennerei eines russischen Staatsrates. Der Betrieb geschieht durch eine 60pferdige Wolf'sche Receiver-Compound-Lokomobile, deren Leistung auf eine Schuckert'sche Dynamomaschine von 65 Pferdekräften mit Erregermaschine übertragen wird, um darauf durch die Leitungsdrähte weiter nach vier einzelstehenden Elektromotoren, deren jeder 22 Pferdekräfte überträgt, geleitet zu werden. Die vier Tonschneider stehen einzeln in den vier Abteilungen der Ziegelei da und werden durch die Elektromotoren in Gang gesetzt. Die Messerwellen der Tonschneider machen jede 27 Umdrehungen in der Minute und erzielt man in etwa 11 Stunden eine fast gleiche Quantität von 210 Kippwagen à $^3/_4$ cbm Inhalt gut gemischten Tones. Aus jedem Kippwagen Ton können 240 Ziegelsteine angefertigt werden. Diese Angaben ergeben eine Leistungsfähigkeit von 157 cbm Streichton zu 50400 russischen Ziegeln pro Tag aus jedem der vier Tonschneider, welche ohne Walzwerke arbeiten, zusammen also Streichton zu 201600 Ziegeln russischen Formats. Russische gebrannte Ziegel haben 28,4 : 13,7 : 8,0 cm = 3112,64 ccm Inhalt gegen 1950 der deutschen von 25 : 12 : 6,5 cm. Es enthalten also 3 russische Ziegel noch etwas mehr Ton als 4,3 deutsche. 50400 russische Ziegel enthalten also etwas mehr Ton wie 72000 deutsche Ziegel. Die vier Tonschneider liefern also Handstrichton zu 288000 deutschen Ziegeln in 11 Stunden. Es bleibt nun noch einiges über die örtlichen Verhältnisse zu sagen. Die Ziegelei besitzt in einer etwas abfallenden Hochebene ein Tonlager, das eine Mächtigkeit von 4—5 m hat, deren oberste Schicht ein harter, sandiger, kompakter, roter Ton von $1^1/_4$ m Mächtigkeit ist, welcher im Herbst zum Überwintern und Durchfrieren umgegraben werden muß, damit er locker wird. Später vor dem Gebrauch wird er in Haufen gesumpft, in welchem Zustande er auch, und zwar in großen Stücken, in die Kippwagen gelangt, worin er zerfällt, bevor er in die Tonschneider kommt. Ihm folgt eine Schicht von 2—$2^1/_2$ m Stärke. Diese ist eine mit wässerigen Sandschichten durchzogene Tonschicht, die bei feuchtem

Wetter so naß wird, daß man sie nicht bearbeiten kann. Daher wird sie durchgraben und getrocknet, und zwar so weit, daß man später Wasser hinzusetzt, um die Tonmasse geeignet zu machen, sich leichter zu mischen und zu zerfallen. In diesem Zustande wird sie mit Schaufeln in die Kippwaggons geladen, um sie zu den Tonschneidern zu befördern. Darauf kommt die untere, dritte Schicht von $1\frac{1}{4}$ m Stärke. Dieser fette, wachsartige Modellierton wird in großen Stücken direkt aus der Erde genommen, darf nicht getrocknet und muß der ganzen Tonmasse gleichmäßig zugeteilt werden, so daß die zwei anderen sandigen Tonmassen einen Kitt erhalten, der die verschiedenen Tonteile wie Leim zusammenklebt. Er wird direkt aus der Erde in großen Stücken in die Waggons geworfen und kommt so zu den Tonschneidern. Infolge einer solchen Lage, Beschaffenheit und Stärke der Tonschicht ist man gezwungen, jede Schicht besonders zu behandeln und auch allein wegzufahren, so daß die in bestimmter Zahl und Reihenfolge bei den Tonschneidern ankommenden Wagen keinen gemischten, sondern stets gleichmäßigen Ton erhalten, der erst im Trichter der Tonschneider mit den anderen Gattungen zu gleicher Zeit verteilt und vorgemischt wird. Auf diese Weise mischt der lange Tonschneider alle verschiedenen Tongattungen, und so kommt dann der gut gemischte Ton in die Kippwaggons zur Abfuhr zu den einzelnen Ziegelstreichtischen, wodurch das Zusammenschütten mit den Resten der vorhergegangenen Abladungen eine weitere Ausgleichung findet.

An dieser Stelle ist es angezeigt, darauf aufmerksam zu machen, welche große Bedeutung der Tonbewässerung im allgemeinen und im besonderen beizumessen ist. Die im voraus unberechenbare Zusammensetzung der Tonerden läßt bestimmte Regeln und Vorschriften für die Art der Tonbewässerung nicht zu. Die sachgemäße Vorbereitung des Tones erschließt uns daher immer neue Erfahrungsschätze, welche sorgfältiger Beachtung würdig erscheinen. Daß die richtige und gleichmäßige Bewässerung des Tones vor der Verarbeitung in den Ziegelpressen von maßgebendem Einfluß auf die Menge und Güte der herzustellenden Ziegel sowie auf den Kraftbedarf und regelmäßigen Betrieb, vor allem aber auf den Fabrikationsgewinn ist, bedarf heute keines Beweises mehr. Es kommt nur darauf an, in welcher Weise man dieselbe am vorteilhaftesten ausführt. Die Bewässerung sollte eigentlich nur von der Beschaffenheit des Tones, wird aber meistens von den lokalen resp. Platzverhältnissen, Gewohnheiten und Ansichten des Ziegelmeisters abhängen. Die älteste und bekannteste Art der Tonbewässerung ist das Sümpfen. Der Ton wird in ausgemauerten oder verschalten Gruben von 2—4 cbm Inhalt schichtweise, eventuell mit Sand oder anderen Tonen und unter Zuspritzen von Wasser, vorbereitet. Er bleibt sodann einen oder mehrere Tage darin liegen, bis er die Feuchtigkeit gleichmäßig angezogen hat. Dasselbe kann man in großen überdachten und ringsum geschlossenen Räumen auf der flachen Erde durch Auffüllen von Tonhaufen von 2—4 cbm machen. Letzteres geschieht namentlich in Schamotte- und Tonwarenfabriken. Jedenfalls ist diese Art der Bewässerung die teuerste. Ist es möglich, den Ton im Herbst und Winter zu graben, so ist das zu empfehlen, und kann man ihn dann in sehr lange und breite, 1—2 m hohe, oben ebene Haufen aufschichten, die ringsum einen etwas erhöhten Rand bekommen. Wenn man dann möglichst lange vor Beginn der Ziegelarbeit durch regelmäßiges Aufpumpen von Wasser, bis es am Fuß heraussickert, den Tonhaufen gleich im ganzen bewässert, so hat man in einem solcher Art behandelten Haufen stets gleichmäßig bewässerten Ton, der auch in der einfachsten und billigsten Weise bereitet ist. In den letzten Jahren ist es sehr in Aufnahme gekommen, den Ton in sogenannten offenen Vormischern, über welchen in der ganzen Länge ein Brauserohr liegt, zu bewässern, eventuell auch mit Sand oder anderen Tonen zu mischen, was vielleicht die billigste, wenn auch nicht zuverlässigste Art der Bewässerung ist. Man tut gut, wohl zu bedenken, daß der normale Kraftbedarf einer Ziegelmaschine durch Einbringen von zu trockenem Ton in dieselbe plötzlich auf das Drei- und Vierfache erhöht werden kann, was selbstverständlich leicht Brüche herbeiführt. Wohl in der Mehrzahl vorkommende Fälle sind solche, wo Brüche und Betriebsstörungen, auch

Unfälle durch unregelmäßige oder ungenügende Bewässerung hervorgerufen und durch die daraus entstehende Betriebsunterbrechung und Reparaturkosten kostspieliger werden, als die sonst teuerste und umständlichste Bewässerung überhaupt nur sein kann. Schlickeysen versuchte, durch die Einführung der Sicherheitsriemenscheibe (Fig. 110), den durch mangelhafte Bewässerung der Tone und Verarbeitung ungeeigneten Materials unausbleiblichen Folgen und unliebsamen Betriebsstörungen wirksam zu begegnen. Sein diesbezügliches Bestreben ist nicht ohne Erfolg geblieben, und so haben denn die Sicherheitsriemenscheiben ihren Weg zu neuen und alten

Fig. 110. Sicherheitsriemenscheibe. C. Schlickeysen, Steglitz.

Ziegeleien genommen, auch die ihnen gebührende Beachtung gefunden. In jüngster Zeit sind der Vorbereitung des Tones dienliche Hilfsmaschinen auf den Markt gebracht worden, welche wir im maschinentechnischen Teil ausführlich beschrieben haben. Zu ihnen zählen außer den Kollergängen, den Vor- und Feinwalzwerken, den Elapidatoren, Mischkollerwalzwerken auch die Patent-Knetwalzenziegelmaschinen. Die letzteren dienen jedoch nicht allein der Vorbereitung des Tonmaterials, sondern auch der Formgebung von Ziegelfabrikaten. Sie vereinigen also in sich die den anderen Vorbereitungsmaschinen obliegenden Wirkungen. Das dieser Konstruktion zugrunde liegende Prinzip lehnt sich allerdings dem Mischkollerwalzwerk an, bildet aber auch eine vorteilhafte Kombination der Vorbereitung und Formgebung durch eine einheitliche Wirkungsweise. Die Knetwalzenziegelmaschine will ihren älteren Geschwistern nicht nachstehen: Sie ist zwar noch ein neuer Sprößling, hat aber trotz ihrer Jugend schon Erfolge geerntet.

Wir können nicht umhin, an dieser, den Betriebsergebnissen ausschließlich gewidmeten Stelle auch der Knetwalzenmaschine das Wort zu reden, damit es dem Leser möglich ist, sich darüber ein Urteil zu bilden, inwieweit die Vorbereitung des Tones durch maschinelle Eingriffe vereinfacht und erleichtert werden kann.

Die »Deutsche Töpfer- und Ziegler-Zeitung« beurteilte diese Neukonstruktion mit der nachstehenden Kundgabe:

»Eine Ziegelmaschine, welche sich durch eigenartige Wirkungsweise auszeichnet, wurde uns vor kurzem im Betriebe vorgeführt. Während alle bisher gebauten Ziegelstrangpressen einen geschlossenen, stillstehenden Rumpf besitzen, in welchem die den Ton mischende und denselben vorwärts treibende Schnecke arbeitet, der eine größere Öffnung zum Eintritt des von oben herabfallenden Materials hat, ist die neue Ziegelstrangpresse an derjenigen Stelle, wo das Material dem Rumpf der Presse zugeführt wird, mit einem durchbrochenen Mantel versehen, welcher um dieselbe Achse, um die sich auch die Achse der Schnecke dreht, rotiert. Gegen diesen durchbrochenen Mantel wird das zu verarbeitende Material gepreßt, wobei, da die Durchbrechungen verhältnismäßig klein sind, größere Tonstücke, Steine und ähnliches zerquetscht werden, während solche Materialien, welche nicht zerdrückbar sind und auch nicht dem Material beigegeben werden sollen, wie eiserne Nägel, Schrauben, Hufeisen und anderes, nicht in das Innere des Rumpfes hineingelangen können, sondern von dem durchbrochenen Mantel abgleiten und zu Boden fallen.

Das ist das Prinzip der Ziegelmaschine. Nachstehend wollen wir nun zunächst eine Beschreibung derselben geben. Die Ziegelmaschine besteht aus dem Rumpf, in welchem die Misch- und Treibschnecke angeordnet ist. Am vorderen Ende der Maschine sind, mit dem Preßkopf verbunden, zwei Mundstücke befestigt, welche den Ziegelstrang formen, der dann auf den Abschneidetischen in Ziegelsteine getrennt wird, welche in üblicher Weise abgenommen und nach den Trockenplätzen gebracht werden können. Der vordere, dem Mundstück zunächst liegende, konisch geformte Teil des Rumpfes ist geschlossen, der hintere zylindrisch geformte Teil ist hingegen mit einer Anzahl von kleinen Öffnungen versehen, welche sich nach innen zu erweitern; dieser Rumpfteil dreht sich um eine horizontale Achse, gegen ihn drückt eine glatte Walze, welche gegen den drehbaren Rumpf so arbeitet, daß das zwischen die beiden Teile eingeschüttete Material von der Walze und dem durchbrochenen Rumpf gefaßt und durch die undurchbrochene Walze, so weit als angängig, durch die Öffnungen des durchbrochenen Mantels in das Innere des Rumpfes hineingepreßt wird. Der Antrieb der Misch- und Treibschnecke im Innern des Preßrumpfes, sowie des durchbrochenen Rumpfteiles geschieht von einer Riemenscheibe aus mit Hilfe von Zahnrädern und Zwischenvorgelegen. Die Umdrehungsgeschwindigkeit des durchbrochenen Rumpfes und der Misch- und Treibschnecke ist natürlich eine verschiedene, und zwar sowohl der Drehrichtung wie der Winkelgeschwindigkeit nach, und sind dementsprechend die Vorgelege angeordnet worden. Die Glattwalze, welche gegen den durchbrochenen Mantel arbeitet, wird von letzterem aus mit Hilfe von Zahnrädern in Bewegung gesetzt, und ist auch hierbei eine verschiedene Geschwindigkeit vorhanden, wodurch auf beiden Mänteln eine Zerreibung des eingegebenen Materials herbeigeführt wird.

Oberhalb des durchbrochenen Mantels und der Glattwalze ist ein Einwurfstrichter angeordnet und je ein Abschaber, und zwar in der Art, daß das auf dem Mantel oder der Glattwalze haftende Material abgeschabt wird, wobei dasselbe über die Abschaber, die an dem Einwurfstrichter befestigt sind, zwischen die Walze und den Rumpf frei herabfällt.

Während die Schneckenwelle und die übrigen Achsen der Ziegelmaschine in üblicher Weise gelagert worden sind, war dies bei dem sich drehenden durchbrochenen Mantel nicht möglich. Letzterer ist einerseits, nämlich am hinteren Teil, wo das treibende Zahnrad sitzt, auf einer Hohlwelle gelagert, welche die Achse der Treibschnecke umschließt. An der anderen Seite lagert der drehbare Mantel auf einem Rollenkranz, der sich auf einer Laufbahn des feststehenden

Zylindermantels bewegt. Durch genügende Verankerung ist für den festen Zusammenhang aller Teile gesorgt worden.

Die Wirkungsweise des neuen Teils dieser Ziegelmaschine ist eine ganz bemerkenswerte; das in den Trichter geschüttete Material wird von den Walzen erfaßt und teilweise in das Innere des durchbrochenen Mantels hineingedrückt. Soweit dies nicht der Fall ist, legt sich das Material in dünner, einige Millimeter starker Schicht auf der Oberfläche der Glattwalze, namentlich aber auf der Oberfläche des durchbrochenen Mantels an und wird von diesem wieder nach oben geführt, wo die Schaber es abkratzen und frei fallend den arbeitenden Teilen zuführen. Durch das Herumführen des Materials, durch das Zerdrücken desselben zwischen den Oberflächen der oftmals genannten Teile, sowie endlich durch das Hindurchpressen der Schlitze des durchbrochenen Mantels wird nicht nur eine weitgehende Zerkleinerung des Materials, auch von Steinen und dergleichen, bewirkt, sondern vor allen Dingen eine weitgehende Mischung desselben, welche durch die Mischschnecke im Preßrumpf weiter vervollständigt wird. Steine, die zwischen den arbeitenden Teilen zerdrückt werden, gelangen dabei nicht auf einmal und nicht an derselben Stelle des Mantels in das Innere des Preßrumpfes, sondern werden zunächst auf der Oberfläche in zerkleinertem Zustande mit herumgeführt und erst, wenn sie von den Schabern wieder von der Oberfläche entfernt worden sind und sich weiter mit frisch aufgegebenem Material gemischt haben, gelangen ihre noch weiter zerkleinerten Bestandteile in das Innere des Rumpfes.

Harte, nicht zu zerkleinernde Stücke, wie Eisenteile und dergleichen, werden nicht mit herumgeführt, sondern fallen frei zwischen Walze und Rumpfmantel auf den Boden.

Diese Wirkungsweise des durchbrochenen Mantels ist eine zweckentsprechende; es werden dadurch größere schädliche, meist durch zufällige Umstände in das Material gelangte Fremdkörper ausgeschieden, und können solche Teile daher nicht mehr, wie dies bei gewöhnlichen Ziegelmaschinen mit ihren großen Eintrittsöffnungen oftmals vorkommt, in die Ziegelmaschine hinein gelangen und dort Schaden anrichten, sondern dieselben werden entfernt, bevor sie Unheil angerichtet haben können. Damit derartige Stücke, selbst bei etwas größerem Durchmesser, aber leicht entfernt werden können, ist die Glattwalze federnd gelagert, so daß dieselbe nach rückwärts ausweicht, falls derartige Fremdkörper im Material vorkommen. Die Glattwalze kann aber anderseits nicht so weit an den durchbrochenen Mantel heran, daß die beiden Teile aneinander schleifen; es bleibt immer ein Zwischenraum von einigen Millimetern vorhanden, welcher auch notwendig ist, um die Bildung der vorgenannten Tonschicht auf den Mänteln zu ermöglichen. Interessant ist es, dem Abschaben des Tones von den Mänteln zuzusehen; dieser Ton hebt sich in der Breite der Mäntel von denselben ab und fällt dann einem Wasserfalle ähnlich in die Öffnung zwischen den Mänteln herunter. Ebenso interessant ist es, festzustellen, daß kein Ton von den Mänteln der Walze oder dem durchbrochenen Zylindermantel auf den Boden herabfällt. Wenn es auch leicht erklärlich ist, daß ein solches Herabfallen bei dem durchbrochenen Zylindermantel nicht eintreten kann, da die Schlitze sich nach hinten zu erweitern und daher das plastische Material von dem schon in das Innere gedrungenen mit festgehalten wird, so fällt aber auch von dem glatten Mantel der Walze nichts ab, bevor es oben abgeschabt worden ist. Ferner ist beachtenswert, daß die Mischschnecke das Material nicht wieder aus dem Innern des Rumpfes hinausdrückt, obgleich das Material nur an einem verhältnismäßig kleinen Teil des Umfanges von der Glattwalze in das Innere hineingedrückt wird, während auf dem gesamten übrigen, weit größeren Teil ein derartiger Gegendruck von außen nicht stattfindet.«

Der bekannte Ziegeleiingenieur Otto Bock nahm in der Hauptversammlung des Deutschen Vereins für Ton-, Zement- und Kalkindustrie, welche im Februar 1909 in Berlin tagte, Veranlassung, sich in einem längeren Vortrage über neuere Ziegeleimaschinen auch über die Patent-Knetwalzenziegelmaschine wie folgt zu äußern.

»Das letzte Bild 28 zeigt Ihnen eine mit dem Pfeifferschen Mischkollerwalzwerk verwandte Ziegelpresse, genannt Knetwalzenmaschine. Das hintere Ende der Presse ist ähnlich den vorherbeschriebenen Walzenmänteln als Hohlkörper mit vielen kleinen Schlitzen ausgebildet und dreht sich in entgegengesetzter Richtung der Schneckenwelle. Parallel mit dieser ist nach der einen Seite eine Glattwalze von gleichem Durchmesser angebracht, die mittels kräftiger Spiralfedern gegen den Hohlkörper gedrückt wird und sich in entgegengesetzter Richtung dreht. Zwischen Hohlkörper und Glattwalze wird der Rohstoff aufgegeben, harte Beimengungen, wie z. B. Steine, Eisenteile, Holz und dergleichen, bringen die Glattwalze zum Ausweichen, so daß erstere unten herausfallen, während der weiche Ton durch die Schlitze in die Ziegelpresse hineingequetscht wird. Das Bild zeigt die Knetwalzenziegelmaschine in vollem Betriebe.«

Hören wir nun, was einer der bereits zahlreichen Besitzer der Knetwalzenziegelmaschine über diese sagt:

»Ich habe mich zu der Anschaffung entschlossen, um das sehr teure Wintern des Tones zu ersparen. Da ich nun meinem sehr empfindlichen Tone etwa $^1/_3$ Magerungsmittel zusetzen muß und man gerade die sorgfältige Mischung des Rohtons durch die Presse als einen wichtigen Vorzug hinstellte, wurde mir der Entschluß um so leichter. Meine bisherige Anlage bestand aus einem Beschicker, einem Tontransporteur, 2 Feinwalzwerken und einer größeren Ziegelpresse. Um das Wintern zu ersparen, hatte ich bereits im vorigen Jahre verschiedene ergebnislose Versuche gemacht. Jetzt besteht meine Anlage nur noch aus dem Erfurth'schen Beschicker und der Patentknetwalzenziegelmaschine. Selbstverständlich hat dieselbe durch die Einfachheit an Übersichtlichkeit sehr gewonnen. Über die Arbeitsweise der Presse kann ich mich nur im günstigsten Sinne aussprechen. Die im Ton enthaltenen Steine und Schwefelkiesstücke werden, wenn sie nicht zu groß sind, völlig zertrümmert. Allerdings kommt es zuweilen vor, daß größere Steine aus den Walzen herausgenommen werden müssen, genau wie bei einem Feinwalzwerk. Das Ziegelgut wird durch die 7 mm weiten Schlitze gedrückt und mit dem Magerungsmittel innig gemischt. Die Mischung ist so innig, daß z. B. hellgelber Lehm und dunkelblauer Ton, je zur Hälfte aufgegeben, in einem Farbenton die Presse verläßt. Ich fertige in 10stündiger Arbeitszeit 18—22000 Ziegel mit einem Ausgang. Einen zweiteiligen Ausgang zu nehmen, hielt ich für unwirtschaftlich, bin aber überzeugt, daß der Gang der Presse dadurch sehr erleichtert würde. Ich habe die Presse nun etwa 6 Wochen im Betrieb. Nach den in dieser Zeit gesammelten Erfahrungen kann ich wohl sagen, daß mit der Presse alles das erfüllt wird, was die Lieferantin darüber zusicherte. Verschweigen darf ich allerdings auch nicht, daß sich bei der Inbetriebsetzung und in den ersten Wochen des Betriebes kleinere Mängel herausgestellt haben, deren Beseitigung bereitwilligst von der Lieferantin vorgenommen wurde. Es wird aber auch immer so bleiben, daß derartige Mängel sich bei einem ganz neuartigen Werke zeigen. Es bedurfte auch einiger Zeit, ehe meine eigenen Leute wußten, wie die Presse zu behandeln ist, welche Teile am meisten dem Verschleiß ausgesetzt sind und welche Teile sorgfältiger Beobachtung bedürfen.«

Röhrenpressen. Weit und breit, selbst in den entferntesten Ländern arbeiten Drainröhrenpressen für Handbetrieb und überall mit dem gleichen Erfolge. Man stellt diese Pressengattung sowohl mit runden als auch ovalen Zylindern her. Drainröhrenpressen mit vorgespannten Sieben dienen ebenfalls der Vorbereitung von Tonmaterialien. Die Wirkungsweise derselben als Tonreiniger hat in dem später erfundenen Elapidator, dessen Vorzüge an geeigneten Stellen und für bestimmte Tonsorten nicht zu verkennen sind, eine gewisse Nachahmung gefunden, wennschon Bauart und Wirkungsweise grundverschieden sind, da die Drainröhrenpresse als Tonreiniger nur für kleine Verhältnisse, die Elapidatoren aber für den Großbetrieb in Betracht kommen können. Für die Anfertigung großer Rohre konkurrieren die Walzenpressen mit den hängenden Schneckenpressen. Es gab eine Zeit, in der man die ersteren zu bevorzugen pflegte, bis man die bei Walzenpressen oft unvermeidliche Erscheinung des Abblätterns der Rohre beobachtete. Der Scherben von Schneckenpressen zeigt mehr eine dichtere Masse und läßt erwarten, daß sich die hängende Schneckenpresse als Rohrpresse neben der

Walzenpresse die ihr gebührende Daseinsberechtigung immer mehr erobern wird. In Eidlitz bei Komotau ist eine hängende Rohrpresse mit einem 10zölligen Zylinderdurchmesser seit dem Jahre 1893 in ständigem Betriebe. Der zur Verarbeitung kommende Ton ist sehr fett, wird gesumpft und einmal vorgeschnitten. Die richtige Mischung und Homogenisierung empfängt er aber erst in der Rohrpresse, die ihn sehr steif verarbeitet. Die glatten Rohre ohne Muffe, Steinzeug, werden 1,3 m lang abgeschnitten, stehend getrocknet und sind gebrannt 1,0 m lang. Die Presse wird durch einen 2pferdigen Göpel betrieben, wobei die Messerwelle bei den weiten Rohren $6^1/_2$, bei den engeren $7^1/_2$ Drehungen in der Minute macht. Bei der Herstellung kürzerer Rohre würde ein Pferd zum Betriebe genügen. Man erzielte in 10stündiger Arbeitszeit 200 Rohre von 80 mm lichter Weite, 170—180 von 100 mm lichter Weite, 150—160 von 150 mm lichter Weite, 90—100 von 200 mm lichter Weite, 60—70 von 250 mm lichter Weite, 55—60 von 300 mm lichter Weite, ohne Muffen, die gebrannt 1,0 m lang sind. Die Qualität der Rohre ist jedem ähnlichen Fabrikate aus Preschener Ton, das mit Walzenpressen bei 8—10 Pferdekräften hergestellt wird, mindestens gleichwertig. Die Presse leistet dreimal so viel, wie sie leisten soll. Bei der erklärlich großen Anstrengung überrascht der verhältnismäßig geringe Verschleiß. In 12 Jahren ununterbrochenen Betriebes wurden nur zwei neue Stirnräder, sechs Stirntriebe und ein Satz Messer benötigt. Nach Auswechselung des Göpelbetriebes durch Dampfkraft wurde die angegebene, schon hohe Leistung noch auf das Doppelte erhöht.

In Mittweida i. S. wurde im Jahre 1907 eine Röhrenpresse installiert, welche tadellose Röhren herstellte, deren innere Beschaffenheit die Qualität derjenigen Röhren bei weitem übertrifft, welche mittels Walzenpresse hergestellt zu werden pflegen. Bruchstücke der mit dieser Röhrenpresse hergestellten Röhren zeigen nichts von den Fehlern, welche oftmals den mit der Walzenpresse hergestellten Röhren anhaften, insbesondere nicht die schädlichen Abblätterungen. Diese Betriebsresultate dürften aber nicht geeignet sein, den

Walzenpressen, welche ebenfalls sehr verbreitet sind, ein Hindernis zu bieten.

Kollergänge. Diese der Zerkleinerung stein- und mergelhaltiger Tone dienenden, in vielen Fällen unentbehrlichen Maschinen treten oft an die Stelle der Brech- und Feinwalzwerke. Sie eroberten sich den Markt wie ein Modeartikel. Die Stimmung für Kollergänge, deren Konstruktionsvielseitigkeit die ihr gebührende Beachtung an anderer Stelle dieses Werkes gefunden hat, ist in der jüngsten Zeit merklich abgeflaut. Wir haben über Kollergänge und deren Wirkungsweise überall nur Günstiges erfahren und möchten noch darauf hinweisen, daß auch die Auswahl der Kollergänge durch die Tonart und deren mehr oder mindere Bearbeitungsfähigkeit bedingt wird. Der Kollergang findet auch in der Farbenfabrikation zweckdienliche Verwendung. Wir haben auch feststellen können, daß die Firma Gebr. Siemens & Co. in Lichtenberg einen Kollergang mit darüber montierter Staubglocke für die Pulverisierung der Kohle verwendet. Der Kollergang soll durchaus befriedigen.

Man könnte den Bericht über die Betriebsergebnisse der Vorbereitungsmaschinen noch auf Riffelbrechwalzwerke, zylindrische und konische Walzwerke sowie Vormischer ausdehnen, wenn die bloße Feststellung der tadellosen Arbeitsweise an sich schon wissenswert erschiene. Der Wert unseres Referats kann aber nur in den ziffermäßigen Angaben der effektiven und nachweislichen Betriebsresultate gefunden werden, und deshalb müssen wir davon absehen, unsere Mitteilungen über das bereits Gebotene auszudehnen. Die Leser werden nun, und nicht mit Unrecht, der Meinung sein, daß unserem Berichte ohne Nennung der betreffenden Ziegeleibesitzer die nötige Beweiskraft fehle. Dieser Möglichkeit gegenüber sei uns zum Schlusse dieses Kapitels noch eine Erklärung gestattet. Wir haben wohl damit gerechnet, daß eine Nachprüfung unserer, der Praxis entlehnten Erfahrungsschätze gewünscht werden könne, waren aber der Meinung, daß die Namensnennung unterbleiben müsse, um nicht den Verdacht einer Reklame zu erwecken. Das wollten wir nicht.

Wir wünschen herzlichst, daß unsere Ausführungen in ihrer rein sachlichen Form sympathisch begrüßt werden und müssen, insofern weitergehende Auskünfte begehrt werden, bitten, etwaige darauf bezügliche Wünsche an die Verlagsbuchhandlung dieses Werkes zu richten, welche geneigt sein wird, Rückfragen entweder selbst oder unter unserer Mitwirkung zu beantworten.

Möge das Dargebotene vor dem Auge des Fachmannes als ein der Beachtung wertes Material erscheinen und die nähere Prüfung der feststehenden Ziffern bei gleichzeitiger Berücksichtigung der Material- und Arbeitsverhältnisse ein Wegweiser für die zweckdienliche Vorbereitung des Materials und Behandlung der Maschinen sein.

## Das Trocknen und Brennen der Ziegelwaren.

Sind die Steine unter Benutzung einer guten Presse oder auf freihändigem Wege geformt worden, so müssen dieselben durch des Feuers Glut haltbar gemacht werden. Da nun die meisten geformten Waren noch so viel Feuchtigkeit enthalten, daß sie nicht direkt in den Brennofen eingesetzt werden können, so muß denselben zunächst das zur Formung zugeführte Wasser wieder entzogen und sie also lufttrocken gemacht werden. Je trockener die Waren in den Brennofen eingesetzt werden können, desto leichter lassen sich dieselben brennen, und desto bessere und verkäuflichere Waren ergeben sich. Das gilt namentlich für solche Fabrikate, welche eine reine Farbe ohne Anflüge zeigen sollen, wie Verblendsteine, Dachziegel, Platten usw.

Zum Trocknen der Waren werden je nach der Lage der Ziegelei und der Art der erzielten Fabrikate offene oder geschlossene Schuppen benutzt, soweit nicht für besondere Fälle Trockenanlagen eingerichtet werden, bei denen die zu trocknenden Waren auf fahrbaren Wagen durch die Trockenräume hindurchgeführt werden, wie dies bei den sogenannten Tunneltrockenöfen der Fall ist.

Beim Trocknen in offenen oder geschlossenen Schuppen werden die zu trocknenden Waren in der Regel in Trockengerüste eingesetzt, damit eine größere Menge von Waren untergebracht werden kann, ohne daß die einzelnen Steine durch Aufeinanderstellen beschädigt werden. Diese Trockengerüste müssen den zu trocknenden Waren entsprechend gehalten werden, damit möglichst viele Steine eingestellt werden können. Damit jedoch die Luft zu den Waren gelangen kann, ohne die ein schnelles Trocknen ausgeschlossen ist, muß zwischen den einzelnen Gerüsten genügend Platz gelassen werden, was auch schon deshalb erforderlich ist, um das Ein- und Ausbringen der Waren zu erleichtern.

Um ein leichtes Trocknen der Waren in den geschlossenen Schuppen herbeizuführen, werden dieselben beheizt. Dieses Beheizen kann durch direkte Heizung, aber auch mit besserem Erfolge durch Benutzung von Abwärme geschehen. Bei allen Öfenanlagen ist viel überflüssige Wärme vorhanden. Sämtliche Brennöfen geben eine Menge Wärme an die Außenluft ab, die sehr leicht nutzbar gemacht werden kann. Am einfachsten geschieht dies dadurch, daß die Trockenräume oberhalb der Öfen angeordnet werden, so daß sich die aufsteigende Wärme den zu trocknenden Waren mitteilt. Um zu verhindern, daß hierbei die heiße Luft sofort die frisch eingesetzten Waren trifft und dieselben dabei zerstört, sind seitens der verschiedenen Konstrukteure die verschiedensten Systeme angewendet worden, die alle darauf hinauslaufen, dem warmen Luftstrom den Weg vorzuschreiben. Es geschieht durch abschließbare Kammern, deren Schieber geöffnet werden, wenn Luft eintreten soll.

Außer der Abwärme der Brennöfen steht vielfach noch Abgangsdampf zur Verfügung, welcher ebenfalls zu Heizungszwecken benutzbar ist. Der Dampf wird dann in Rohrleitungen nach den zu beheizenden Trockenräumen hin und dort unter denselben geführt, das Kondenswasser wird dann nach dem Dampfkessel geleitet, wo es nach Abscheidung der Verunreinigungen wieder zur Kesselspeisung verwendbar wird.

Um die Wärme besser auszunutzen, sind seit einigen Jahren künstliche Trockeneinrichtungen zur Einführung gelangt. Es sind dies geschlossene Abteilungen, in welchen die zu trocknenden Waren teils auf feststehenden, teils auf fahrbaren Gerüsten der Wärme und einem mehr oder minder lebhaften Luftstrom ausgesetzt werden.

Soweit hierbei die Waren auf feststehenden Gerüsten getrocknet werden, weisen diese Trockeneinrichtungen den anderen in geschlossenen Schuppen gegenüber wenig Besonderheiten auf; neu und eigenartig ist nur die Zuführung der zu trocknenden Waren in diese Abteilungen. Sie geschieht nach den Angaben von Keller am zweckmäßigsten mittels Wagen, die heb- und senkbar sind. An der Presse werden die geformten Waren auf Bretter gestellt, die sich auf einem Gerüst befinden. Unter dieses Gerüst greifen dann die Arme des Wagens. Sind alle Bretter besetzt, so wird der Wagen gehoben, die Bretter gelangen damit auf den Wagen und können nun mit den zu trocknenden Waren fortgefahren werden. In der Trockenabteilung wird der Wagen bis zu der Stelle geschoben, wo die Waren abgesetzt werden sollen; dann wird der Wagen gesenkt, die Bretter gelangen dadurch auf seitliche Vorsprünge der Trockenabteilung, wo sie sich festsetzen, worauf der Wagen zu weiterer Verwendung nach der Presse zurückgefahren werden kann.

Die einzelnen Trockenabteilungen werden mit Hilfe von Dampf, Warmwasser oder auch direkter Feuerung erwärmt, die Trockenzeit wird dabei auf wenige Tage eingeschränkt.

In den Tunneltrockenöfen bleiben die zu trocknenden Waren auf den Wagen stehen, der Wagen wird langsam von Zeit zu Zeit, etwa alle Stunden, um eine Reihe vorgeschoben und gelangen dabei die Waren in immer wärmere Zonen, so daß eine allmähliche Anwärmung stattfinden kann.

Das Brennen der Tonwaren besteht darin, daß denselben so viel Wärme zugeführt wird, wie nötig ist, damit sie die Eigenschaften erhalten, welche sie bei ihrer späteren Verwendung besitzen müssen. Die Zuführung von Wärme muß sich jedoch nicht nur nach dem Verwendungszweck des fertigen Produktes, sondern auch nach den Eigenschaften des Tones richten, aus welchem die Ware hergestellt wurde. So benötigen Ziegelsteine, welche aus flußmittelreichen Tonen angefertigt werden, weniger Wärme zum Garbrand als solche, welche aus flußmittelarmen hergestellt werden. Ziegelsteine, welche für Wasserbauten oder Pflasterungen bestimmt sind, erfordern im allgemeinen mehr Wärme als Hintermauerungssteine, da erstere bis zur Klinkerung gebrannt werden müssen, was eine höhere Brenntemperatur und vor allen Dingen eine längere Dauer derselben erheischt.

Das Brennen der Waren wird so ausgeführt, daß die Waren in geeigneter Weise in einem geschlossenen Raume Aufstellung finden, durch welchen die Feuergase entweder so durchgeleitet werden, daß sie in direkte Berührung mit den zu brennenden Waren kommen, oder so um die Waren herumgeführt werden, daß eine solche direkte Berührung nicht stattfindet. Das letztere kann dadurch geschehen, daß eine größere Anzahl von Waren in einem geschlossenen Raume, der mit dünnen Wänden versehen ist, um welchen die Feuergase herumstreichen (eine sogenannte Muffel), eingesetzt wird, oder dadurch, daß nur je ein Stück oder doch nur sehr wenige Stücke in einem derartigen Raum (Kapsel genannt) untergebracht werden, welche Kapseln dann zu Stößen aufgestapelt im Brennraum in geeigneter Weise Aufstellung finden.

Der zum Garbrand erforderliche Hitzegrad wird dadurch erzeugt, daß Brennmaterial in der notwendigen Menge innerhalb oder außerhalb des Brennraumes verbrannt wird.

Man kann die Brennöfen noch außerdem nach Art des Betriebes in solche einteilen, bei denen der Betrieb intermittierend ist, und in solche, bei denen der Betrieb kontinuierlich ist.

Brennöfen mit intermittierendem Betriebe. Nach jedem Brande kommt der gesamte Inhalt der Öfen zur Abkühlung, und erst nachdem der Inhalt ausgefahren ist, kann mit Neufüllung begonnen werden. Damit werden auch die Außenwände jeweilig abgekühlt, und die Wärme des Ofens und seines Inhaltes geht verloren, soweit dieselbe nicht etwa für Trockenzwecke benutzbar gemacht wird.

Zu diesen Öfen gehören die Meiler- und gewöhnlichen Feldöfen, bei denen die zu brennenden Steine lagenweise nebeneinander gestellt und dann mit Brennmaterial (Kohlenklein) beschüttet werden. An der Sohle sind Querkanäle ausgespart, von denen aus mit Hilfe von Hölzern das Feuer zunächst unterhalten wird, bis das Vollfeuer beginnt und das Kohlenklein zum Brennen gelangt. Öfen ohne Gewölbe besitzen nur die vier Außenwände, also abschließend nach außen; innerhalb dieses in der Regel oblongen Raumes werden die Steine eingesetzt und das Feuer durch Einwerfen von Brennmaterial, das in Querkanäle, die auf der Sohle des Ofens aus den gesetzten Steinen ausgespart worden sind, eingeworfen. Die Decke wird durch einen Lehmbewurf gebildet, der gut abzudichten ist.

Günstiger im Betrieb, aber teuer in der Herstellung werden diese Öfen dann, wenn ein Gewölbe als Abschluß vorhanden ist, eine richtige Ausnutzung des Brennmaterials kann aber erst dann stattfinden, wenn für einen kräftigen Zug gesorgt wird. Dieser Zug wird durch einen entsprechend hohen Schornstein herbeigeführt. Mit Hilfe eines solchen ist es möglich, nicht nur die Feuergase nach oben zu führen, sondern auch in horizontaler Richtung hin auf ziemlich weite Entfernungen zu leiten, ja es wird bei genügend hohem Schornstein möglich, den Feuergasen eine absteigende Richtung zu geben. Je nach dieser Flammenführung unterscheidet man Öfen mit aufsteigender Flamme, Öfen mit horizontaler Flamme (auch liegende Öfen genannt) und Öfen mit abwärts steigender (über- oder rückschlagender) Flamme.

Die Brennöfen mit aufsteigender Flamme kommen in der eigentlichen Ziegelindustrie nicht vor, sie werden jetzt nur in der Feinkeramik benutzt, sind dort aber auch schon durch die Öfen mit abwärts gehender Flammenführung verdrängt, da diese eine weit bessere Ausnutzung des Brennmaterials ergeben.

Die Brennöfen mit horizontaler Flammenführung haben in der Regel eine längliche Grundrißform, wobei an der einen Schmalseite die Feuerungen, an der anderen Seite der Abzug der Rauchgase angeordnet ist; die Einkarrtür befindet sich in der Regel in der Nähe des letzteren.

Hierher gehören die Töpferöfen, welche etwa 1—2 m breit, 2—3 m lang und 1,2—1,5 m hoch sind.

Eine weite Verbreitung haben vor Einführung der kontinuierlichen Brennöfen die sogenannten Kasseler Öfen gefunden, welche für kleineren Betrieb auch heute noch vielfach und mit Vorteil in Anwendung sind. Sie haben eine Breite von 2—4 m, eine Länge von 3—8 m und eine Höhe von 2—3 m. Da bei diesen Öfen die in Nähe der Abzugsöffnung stehenden Waren nicht so scharf gebrannt werden als die an den anderen Stellen des Ofens, so zieht man es vor, diese Teile des Ofens von Anfang an wegzulassen und die Grundrißform nach dem Schornstein zu keilförmig anzuordnen; aus demselben Grunde wird auch das Gewölbe nach der Abzugsöffnung zu gesenkt. Der Querschnitt verringert sich also nach dem Ende des Ofens zu. Diese Öfen werden in der Regel zu zweien nebeneinander angeordnet und erhalten dann einen gemeinsamen Schornstein. In nebenstehender Fig. 111 ist ein solcher Doppelofen im Grundriß und Längsschnitt dargestellt. Es bedeutet *A* den Brennraum, *B* die Einkarrtüren, *C* die Feuerungen, *D* den Herdraum, *E* die Schild- oder Feuerwände, *G* den Schornstein, *H* die Kanäle nach demselben und *K* absperrbare Schieber in diesen Kanälen.

Wird der Kasseler Ofen bedeutend verlängert, so entsteht der periodische Brennofen mit Ringofenfeuerung. Bei diesen Öfen erfolgt die Befeuerung nicht ausschließlich von der Schmalseite aus, sondern auch, wenn das Feuer weit genug fortgeschritten ist, dadurch, daß das Brennmaterial direkt von oben zwischen die zu brennenden Waren eingeschüttet wird. Diese Öfen haben eine Breite von 2—5 m, eine Länge von 15—25 m und eine Höhe von 2—2,8 m.

Bei den Öfen mit überschlagender Feuerung tritt aus seitlich gelegenen Feuerungen die Flamme unter das Ofengewölbe, breitet sich hier aus und wird dann nach und nach durch die Wirkung des Schornsteines nach dem Boden gezogen, von wo sie in Kanälen nach dem Schornstein gelangt. Diese Öfen gestatten eine sehr gleichmäßige Verteilung der Hitze, erwärmen dabei die höher stehenden

Waren am meisten, die am Boden stehenden am wenigsten, so daß eine Erweichung der letzteren, ohne daß die oben-

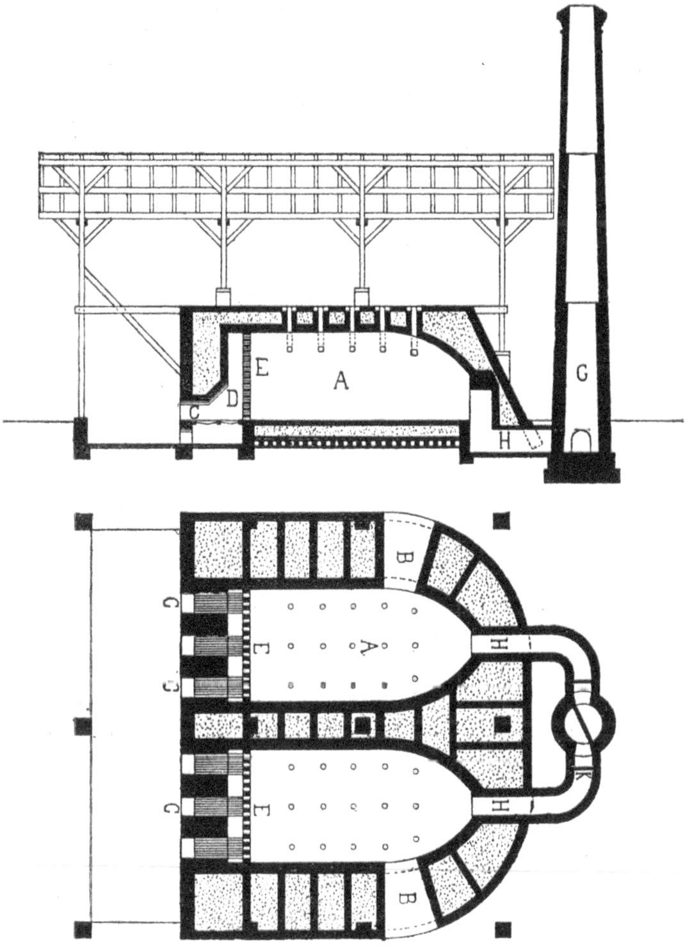


Fig. 111.

stehenden Waren noch ungebrannt sind, wie dies bei den Öfen mit aufsteigender Flamme vielfach der Fall ist, nicht zu befürchten ist. Eher tritt der Fall ein, daß die untenstehenden Waren nicht gar werden, was aber dadurch beseitigt werden kann, daß am Ende des Brandes die Flamme noch eine mehr oder weniger lange Zeit nicht nach dem Gewölbe, sondern direkt durch entsprechende Öffnungen nach dem Boden geleitet wird.

Ein derartiger, zum Brennen von Steinzeugröhren bestimmter Ofen ist in folgenden Figuren 112 u. 113 in Grundriß und Querschnitt dargestellt. Derartige Öfen werden natürlich nicht bloß mit kreisrundem, sondern auch mit rechteckigem Querschnitt gebaut.

Die großen Mengen von Brennmaterial, welche alle diese Öfen erfordern, haben schon seit langer Zeit Veranlassung gegeben, nach Konstruktionen zu trachten, durch deren Anwendung sich eine Brennstoffersparnis erzielen läßt, ohne daß die Güte der gebrannten Waren darunter leidet. Diese Ersparnis wurde zuerst dadurch erreicht, daß man mehrere Öfen miteinander kombinierte und die Feuergase des einen Ofens nicht direkt in den Schornstein sandte, sondern erst durch einen oder auch mehrere andere Öfen schickte. Brauchbar aber wurden diese Öfen erst dann, als man sie gleich so aneinander baute, daß die Überleitung der Feuergase leicht vonstatten ging, d. h. als man von der Konstruktion von intermittierend betriebenen Öfen absah und zum Betrieb von kontinuierlichen Öfen überging.

Bei den Brennöfen mit kontinuierlichem Betrieb hat man zweierlei Arten zu unterscheiden, nämlich diejenige, bei welcher das Feuer feststeht und die zu erwärmenden Waren allmählich dem Feuer zugeführt und nach dem Brande wieder allmählich von demselben entfernt werden, und solche, bei der die zu brennenden Waren feststehen und das Feuer allmählich fortschreitet.

Die ersten Brennöfen mit kontinuierlichem Betrieb waren Öfen der erstgenannten Art, wie solche in Frankreich von verschiedenen Konstrukteuren vorgeschlagen wurden. Eine besondere Bedeutung haben alle diese Öfen aber nicht erlangt. Erst nach Erfindung des Ringofens und Einführung desselben in die Praxis durch den Baurat Friedrich Hoffmann wurde auch der Ofen mit fahrbarem Herd und feststehendem Feuer wieder zu neuem Leben erweckt. Es war Otto Bock,

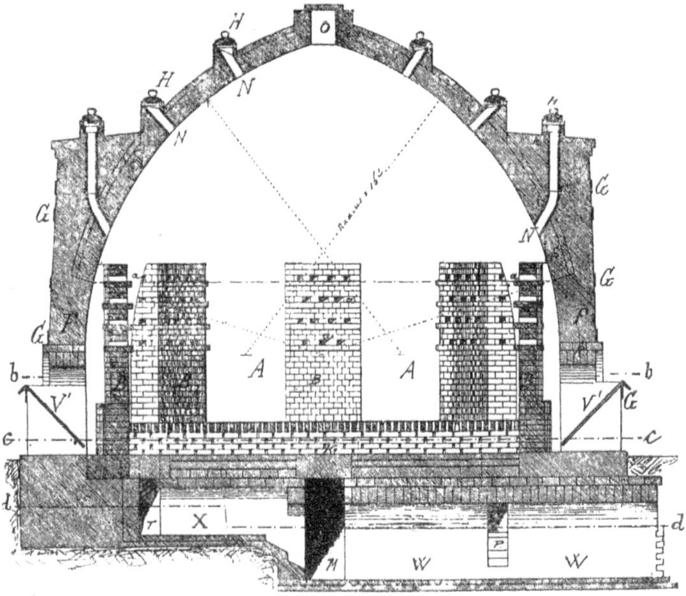

Fig. 112.

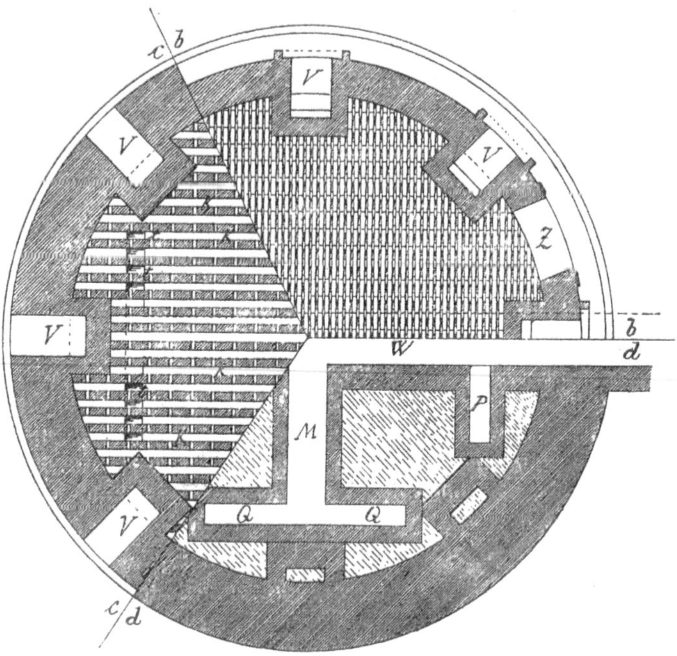

Fig. 113.

der einen Kanalofen konstruierte, welcher letztere jedoch bald wieder verschwand und erst neuerdings nach Einführung der Tunneltrockenöfen wieder Anwendung findet.

Die kontinuierlichen Öfen mit fortschreitendem Feuer sind die zurzeit am meisten verbreitetsten Brennöfen der Ziegelindustrie. Der Hauptrepräsentant derselben ist der Ringofen, wie derselbe von Friedrich Hoffmann konstruiert worden ist, der im Laufe der Zeiten allerdings mehrere Abänderungen erfahren hat, die mit dem Grundprinzip des Ofens nichts zu tun haben, sondern sich nur auf einige Verbesserungen beziehen, durch welche ein besseres Ausschmauchen der frisch eingesetzten Waren erzielt wird. Ursprünglich wurden die Ringöfen mit kreisrundem Grundriß gebaut. Diese Öfen haben anderen Grundrißformen gegenüber den Vorteil, daß das Feuer an jeder Stelle des Ofens dieselben Bedingungen für den Fortschritt findet; während bei allen anderen Grundrißformen, namentlich bei denen, bei welchen eine häufige Änderung des Querschnitts oder eine Richtungsänderung des Feuers eintreten muß, weniger günstig sind, wenn auch zuzugeben ist, daß das Einsetzen der Steine in Öfen mit kreisrundem Grundriß etwas mehr Schwierigkeiten darbietet als das Einsetzen in einen Ofen mit rechteckigem Grundriß.

In Figur 114 ist ein länglicher Ringofen, wie dieselben jetzt meist gebaut werden, im Grundriß, Querschnitt und teilweisem Längsschnitt dargestellt. *a* ist der Brennkanal, *b* sind die Einkarrtüren, *c* die Rauchfüchse, durch ein entsprechendes Ventil *v* vom Rauchsammler *d* abzuschließen, *e* sind die Einschüttöffnungen für das Brennmaterial, *g* ist ein oberer Schmauchkanal, die durch denselben durchgeführten Glockenstangen *s* der Rauchventile sind in Gasrohren geführt, um zu verhindern, daß die Luft aus dem Schmauchkanal direkt nach dem Rauchkanal gesaugt wird; *m* sind Überführungsrohre, um warme Luft von den abkühlenden Abteilungen durch den Schmauchkanal nach der vorzuwärmenden Abteilung zu führen, *n* sind abschließbare Öffnungen, welche es erlauben, den Rauchsammler zu betreten, um die Verschlüsse, soweit dies von Zeit zu Zeit nötig ist, zu untersuchen und eventuell Undichtigkeiten zu beseitigen. *h* ist ein Kanal, durch den der Rauchsammler mit dem außerhalb befindlichen Schornstein in Verbindung steht.

Die Lage des Schornsteines ist für den Betrieb ganz ohne Belang, derselbe kann sowohl innerhalb als auch außerhalb des Ofens stehen, und zwar an einer Langseite oder an einer Kopfseite; die Benutzung eines Schornsteines für zwei oder auch mehrere Öfen ist ebenfalls zulässig, wenn nur die Dimensionen dementsprechend gewählt werden.

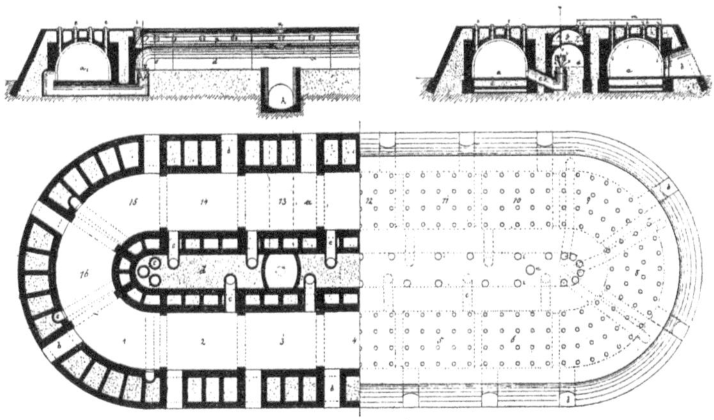

Fig. 114.

An Stelle des Schornsteines kann auch künstlicher Luftzug mit Hilfe von Exhaustoren oder Ventilatoren benutzt werden, wobei natürlich dafür gesorgt werden muß, daß stets die richtige Menge von Luft zugeführt wird. Die Luft dient ja nicht bloß dazu, dem Brennstoff den nötigen Sauerstoff zuzuführen, sondern vor allen Dingen dazu, die in den abkühlenden Steinen aufgespeicherte Wärme dort in sich aufzunehmen und dann an die zu brennenden Steine wieder abzugeben. Je vollständiger dies geschieht, je weniger dabei überflüssige Mengen von Wärme dem Schornstein zugeführt werden, desto besser wird das Brennmaterial ausgenutzt und desto billiger wird der Betrieb des Ofens. Eine bessere Ausnutzung kann dadurch herbeigeführt werden, daß der Brennkanal möglichst lang gewählt wird, da hierbei die Überleitung der Wärme am bequemsten vonstatten geht und die beste Ausnutzung erfolgen kann.

Die meisten Ringöfen besitzen den Rauchabzug, wie auch in der Figur angegeben, in Nähe der Sohle. Um den Bau des Ofens etwas zu verbilligen, hat Otto Bock mehrfach Ringöfen konstruiert, bei denen der Abzug oben im Gewölbe stattfindet. Durch eine derartige Anordnung fallen die kleinen Rauchkanäle weg, die bei den Öfen mit unterem Abzug die Verbindung zwischen Brennkanal und Rauchkanal vermitteln. An deren Stelle treten Überführungsrohre, welche jeweilig dort aufgesetzt werden (ähnlich wie bei den in Figur 114 dargestellten Schmauchrohren), wo jeweilig die Rauchgase abgezogen werden.

Während bei dem gewöhnlichen Ringofen der Brennkanal einen fortlaufenden Raum ohne trennende Zwischenwände bildet, hat Mendheim seine Brennapparate derartig konstruiert, daß jede einzelne Abteilung nur durch kleine Öffnungen mit der vorhergehenden und der nachfolgenden Abteilung zusammenhängt. Es ist dies eigentlich ein aus vielen einzelnen Öfen zusammengebauter Brennapparat, der jedoch in kontinuierlichem Betrieb gehalten wird. Die Beheizung dieser Kammeröfen erfolgt durch das Gas, das in besonderen Generatoren erzeugt und in Rohrleitungen nach dem Brennofen hingeführt wird. Diese Öfen werden hauptsächlich dort angewendet, wo es auf sehr hohe Temperaturen ankommt, obgleich auch schon bei dem gewöhnlichen Ringofen, genügend langer Brennkanal und richtige Konstruktion aller Einzelheiten vorausgesetzt, sich die höchsten Brenntemperaturen mit Leichtigkeit erreichen lassen.

Soweit die Waren nicht in direkte Berührung mit den Brenngasen kommen sollen, z. B. beim Aufbrennen von Glasuren, benutzt man Muffelöfen zum Brennen derselben. Auch sind dieselben für kontinuierlichen Betrieb oder meist für perpetuellen Betrieb eingerichtet. Ein Muffelofen der letzteren Art ist in Figur 115 in Quer- und Längsschnitt dargestellt. Die Muffel steht dabei auf einem Gewölbe, das die eigentliche Feuerung überdeckt und seitlich sowie vorn und hinten, außerhalb der Muffelwände mit kleinen Öffnungen versehen ist, durch welche die Feuergase zwischen den Muffelwänden und den Ofenmauern nach oben steigen, um dort inmitten des die Muffel überdeckenden Gewölbes in einen Kanal und dann nach dem Schornstein zu gelangen. Die Muffel selbst ist mit einem Schauloch oberhalb der Feuerung und mit einem Abzugsrohr *b* versehen, durch welches während des Schmauchens die Schmauchdämpfe direkt nach dem oberen Abzugskanal abziehen können.

Muffelöfen mit kontinuierlichem Betrieb sind zuerst von A. Augustin konstruiert worden, doch haben diese Öfen

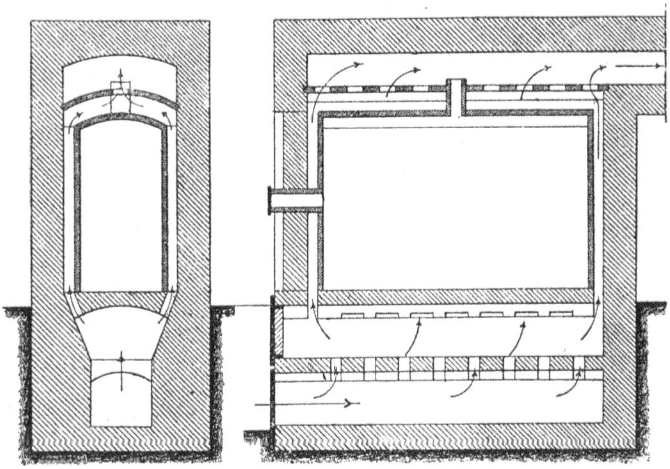

Fig. 115.

keine große Anwendung in der Praxis gefunden, da der Brennmaterialverbrauch derselben ein ziemlich hoher ist.

Um mit wenig Brennmaterial gute Resultate zu erzielen, ist eine stete Kontrolle des Brennbetriebes erforderlich. Diese Kontrolle hat zunächst darin zu bestehen, zu ermitteln, daß die frisch eingesetzten Waren erst dann in den eigentlichen Brennbetrieb genommen werden, wenn sie so hoch erwärmt sind, daß die Rauchgase ihnen nicht mehr schaden können. Dies ist dann der Fall, wenn dieselben wenigstens um etwa 10 bis 20 Grad höher erhitzt sind, als zum Verdampfen des in ihnen noch enthaltenen Wassers erforderlich ist, also auf rund

120° C. Diese Ermittlung geschieht mittels eines Thermometers, das von Zeit zu Zeit in den Brennofen gehängt wird, die Temperatur wird dann sofort nach Herausnahme des Thermometers an demselben abgelesen.

Eine weitere Kontrolle hat darin zu bestehen, daß im Ofen der richtige Zug herrscht und daß die erforderliche Temperatur erreicht wird. Die Kontrolle des Zuges erfolgt mittels Zugmessers; als ein besonderer empfehlenswerter Zugmesser hat sich der Obelzugmesser bewährt, der außerdem die Stärke des Zuges selbsttätig aufschreibt, so daß auch nach dem Brande jederzeit festgestellt werden kann, welcher Zug zu der und der Zeit im Ofen vorhanden gewesen ist. Als Kontrolle für die Höhe der Brenntemperatur dienen die Segerkegel. Es sind dies Schmelzkörper aus Ton und Flußmitteln, welche kegelförmig geformt so in den Brennofen eingesetzt werden, daß sie von einem Schauloch aus beobachtet werden können. Ist die jeweilige Temperatur erreicht, so senkt sich der betreffende Schmelzkörper und ist dies das Zeichen für den Brenner, daß er nunmehr mit dem Aufschütten von Brennmaterial aufhören muß.

---

## Die Selbsthilfe bei vorkommenden Betriebsstörungen

wird zweckdienlich nur dann eintreten können, wenn sich der Maschinist oder der mit der Bedienung der Ziegelmaschine betraute Meister mit der Konstruktion und dem Wesen der Maschine hinlänglich vertraut gemacht hat. So unmöglich es ist, bei Unpäßlichkeit eines Menschen gleich den oftmals entfernt weilenden Arzt zu rufen, so wenig hat man Veranlassung, bei Betriebsstörungen immer gleich den Maschinenbauer um Abhilfe zu ersuchen. Die Ursachen der Betriebsstörungen sind oft leicht erkennbar und werden in den meisten Fällen auf eigenes Verschulden zurückzuführen sein. Ein wirklicher Konstruktionsfehler oder eine Schadhaftigkeit im Guß bringt der Maschine von vornherein Bruchgefahr. Mangelhaft gebaute Maschinen werden schon während der ersten kurzen Inbetriebnahme zerbrechen und ist es solchenfalls gesetzliche

Pflicht des Fabrikanten, für unentgeltlichen Ersatz mindestens so lange zu sorgen, wie seinem Monteur die Betriebsleitung obliegt. Darüber hinaus wird in jedem Falle die Minderwertigkeit des Gusses oder die Mangelhaftigkeit der Konstruktion nachzuweisen sein. Der erfahrene Fachmann wird bei vorkommender Betriebsstörung gut tun, die wirklichen Ursachen derselben zu erforschen und sie, wenn er bis auf die Materialzuführung zurückgreift, sehr bald finden. Hat eine Maschine längere Zeit zur Zufriedenheit gearbeitet, so ist eine plötzlich eintretende Störung gar nicht denkbar, wenn die Betriebsleitung, insbesondere aber die Zuführung des Materials eine gewissenhafte war. In den meisten Fällen haben kleine Ursachen große nachteilige Wirkungen an den Maschinen hervorgerufen, für die man den Maschinenbauer nicht verantwortlich machen kann. Die Außerachtlassung der Vorsichtsmaßregeln, wie wir sie in diesem Werke bekannt gegeben haben, das Hineinkommen von Fremdkörpern, insbesondere von schädlichen Eisenteilen, die Beschickung der Maschine mit ungleich vorbereiteten Materialien und dergleichen mehr, sind ausgesprochene Feinde der Maschinenziegelei. Tritt nun aus diesen oder anderen Gründen eine Unterbrechung des Betriebes ein, so forsche man unbedingt nach der Ursache. Das muß geschehen, wenn schon ein Bruch, sei es auch nur der eines anscheinend unwesentlichen Maschinenteils, vorgekommen ist. Man rücke die Maschine aus, reinige sie sowie die Preßform und suche nach dem Vorhandensein eines Fremdkörpers. Hat man nichts gefunden und keine Fehler an der Maschine entdeckt, so arbeite man weiter. Schon der naturgemäße Verschleiß kann die Wirkungsweise und Leistungsfähigkeit der Maschine beeinträchtigen. Die Maschine von Zeit zu Zeit daraufhin zu revidieren, ist unumgängliche Pflicht des Betriebsleiters. Entdeckt derselbe die Schadhaftigkeit einzelner Teile, so muß er rechtzeitig für Ersatzteile sorgen. Es empfiehlt sich, dies schon bei Beendigung der Kampagne zu tun, um bei Wiedereröffnung des Betriebes keiner Betriebsgefahr zu begegnen. Wir haben an anderer Stelle darauf hingewiesen, wie notwendig vorrätige Reserveteile sind. Ein Vorrat an Reserveteilen ist der erste

Schritt zur Selbsthilfe, das sofortige Auswechseln schadhafter Teile alsdann die gebotene Folge. Je größer die Ansprüche, welche man an die Leistungsfähigkeit der Ziegelmaschinen stellt, je schärfer wird der Maschinentechniker über die Möglichkeit nachdenken, das Problem der Vollkommenheit zu lösen. Es erhellt hieraus, daß die bisherige einfache Bauart der Ziegeleimaschinen komplizierteren Mechanismen weichen mußte und noch fernerhin weichen wird. Man hat heute schon vollkommene Ziegeleimaschinen, Kollergänge, Steinaussonderungswalzwerke, Rostwalzwerke und Knetwalzenpressen, welche sich infolge ihrer guten Wirkungsweise den Markt eroberten, deren Inbetriebsetzung aber auch eine gewisse Sorgfalt erfordert. Alle modernen, auf große Leistungen berechneten Maschinen erheischen eine gewisse Sachkenntnis, und tüchtige Betriebsleiter müssen diese Sorgfalt üben, um sich vorteilhaft betätigen zu können. Ein genaues Studium der Eigenart des maschinellen Betriebes führt zur Erkenntnis aller jener Hilfsmittel, deren sich der Betriebsleiter bei oft unvermeidlichen Betriebsstörungen zu bedienen hat. Wo das Verständnis für das Wesen der Maschinenziegelei mit der Sorgfalt der Verwaltung sich einen, wird ein gewisser Vorrat an Reserveteilen nicht fehlen und auf diese Weise der Weg zur Selbsthilfe vollkommen geebnet sein. Unterbrechungen des Betriebes sind in vielen Fällen von Gefahren für das Leben und die Gesundheit der Arbeitskräfte begleitet. Unglücksfälle im Ziegeleibetriebe sind keinenfalls selten und mahnen zu ganz besonderer Vorsicht. Die Gesetzgebung schützt die Betriebsbeamten und Arbeiter gegenüber den Verlusten, welche sie in Ausübung ihres Berufes erleiden, und verpflichtet die Arbeitgeber zur Teilnahme an der Fürsorge für den Arbeiterschutz.

Vorschriften zur Verhütung von Unglücksfällen entsprechen daher dem moralischen Empfinden mitfühlender Menschen und müssen deshalb mit der größten Gewissenhaftigkeit befolgt werden. Bevor wir die einschlägigen Bestimmungen des Arbeiterschutzes erörtern, mag es angezeigt erscheinen, einiges über die erste Behandlung Verunglückter kund zu tun.

Die mangelhafte Behandlung eines Verletzten kann vielen Schaden bringen. Wird bei Anlegung des ersten Verbandes einer Wunde nicht richtig verfahren, so kann der Heilungsprozeß nicht nur beeinträchtigt, sondern oftmals schon, ganz abgesehen von dem Umfange der Verletzung, der Tod herbeigeführt werden. Oft ist eine geringfügige Verletzung, beispielsweise ein Nadelstich, zur Todesursache geworden. Befand sich an der betreffenden Nadel irgendein schädlicher Stoff, so wurde derselbe mit dem Stich in den Körper eingeführt und die Wirkung mit einem Menschenleben besiegelt. Hieraus erklärt sich, welche Vorsicht bei Anlegung eines Verbandes notwendig ist. Hauptbedingung für die Heilung von Verletzungen ist größtmöglichste Sauberkeit. Der Helfende soll mit reingewaschenen Händen sein Samariterwerk beginnen und darauf achten, daß alle etwa benötigten Gefäße gut gereinigt sind. Zum Reinigen der Wunde muß klares, möglichst abgekochtes Wasser verwendet werden. Das Kochen vernichtet die Lebensfähigkeit kleiner Wesen, welche das Wasser möglichenfalls enthalten könnte. Schmutzige Verbandstücke sind jedenfalls als schädlich zu verwerfen. Berücksichtigt man, daß in der Luft, im Wasser wie überall kleine organische Körper enthalten sind, welche im menschlichen Körper eine Verwesung resp. Zersetzung herbeiführen können, so erklärt sich die Sorgfalt, welche bei Verletzungen unerläßlich ist. Kommen die sogenannten Bakterien in eine Wunde, so verhindern sie die Heilung, da der Ernährungssaft, welcher die Wunde bedeckt, seine Eigenschaft als solcher einbüßt. Er wirkt dann gleich einem Fremdkörper und stört das Schließen der Wunde. Unterbleibt eine gründliche Reinigung der Wunde, so beginnt sie übel zu riechen, und kommt von den übelriechenden Stoffen nur wenig in das Blut, so wird eine Vergiftung die Gehilfin des sich nahenden Todes. Die Bakterien sind mindestens aber geeignet, durch Übertritt in das Blut, als Krankheitserreger zu wirken.

Damit die Wunde beim Verbande nicht verunreinigt wird, bedient man sich des Verbandwassers und noch anderer Mittel, welche die Lebensfähigkeit der Körperchen zerstören, und mit Verbandwasser getränkter Binden, damit die Fäulniserreger der Luft ihre schädliche Wirkung verlieren.

Soll die spätere ärztliche Behandlung erfolgreich sein, so meide man unsauberen Verband, welcher die Bildung von Eiter, Wundfieber und Blutvergiftung herbeiführen kann.

Die Wunde muß zunächst von dem ihr anhaftenden Schmutz befreit, daher mit reinem Wasser, besser jedoch mit Verbandwasser, ausgespült werden. Die Ränder der Verletzung wolle man gut aneinander legen, so daß ihr Auseinanderdrängen durch die Wundflüssigkeit nicht denkbar ist. Den Verband tränke man mit Wundwasser, und dann gebe man dem Körper oder dem verletzten Gliede die erforderliche ruhige Lage.

Bevor jedoch eine größere Verletzung durch Aneinanderlegen der Wundränder mittels Kompressen geschlossen wird, achte man darauf, daß eine größere Blutung behoben ist.

Man soll den Patienten immer nur in Begleitung eines Samariters zum Arzt schicken.

Man sorge auf jeder Ziegelei dafür, daß eine Flasche Verbandwasser, welches man in jeder Apotheke fertig gemischt erhält, vorhanden ist. Man verwendet zum Schließen einer Wunde Verbandwatte und andere Stoffe, welche mit fäulnistötenden Mitteln, wie Sublimat, Karbolsäure etc., getränkt sind. Guttaperchapapier dient dazu, den angelegten Wundverband zur Verhinderung des frühzeitigen Austrocknens zu bedecken.

Ein ungefährliches und daher auch beliebtes Verbandmittel ist ferner das Jodoform. Es ist von schwefelgelber Farbe und sehr starkem, auch nicht angenehmem Geruche. Man pflegt es auf die Wunde oder auf die Verbandstücke zu streuen. — Umschläge mit kaltem Wasser unter Verwendung von älteren Servietten oder Handtüchern bilden in der Behandlung von Wunden ein wichtiges Hilfsmittel. Sobald ein solcher Umschlag warm wird, muß er erneuert werden. Vor dem Auflegen der Tücher werden dieselben immer schnell ausgerungen, damit sie durch die Hände nicht erwärmt werden.

Es fehlt nicht an Gelegenheit, Ziegeleiarbeiter für den Samariterdienst ausbilden zu lassen und liegt es daher im Interesse dei Ziegeleiverwaltung, Leute zum Studieren der Behandlung Verletzter in eine Samariterschule zu schicken, um vor allem die verschiedenen Verbandarten kennen zu lernen. So ausgebildete Arbeiter werden sich bei der ersten Hilfe in Unglücksfällen praktisch und erfolgreich betätigen können.

Die Gesundheitsstörungen des Menschen werden durch mancherlei Einwirkungen hervorgerufen. Eine Beeinträchtigung der Lungentätigkeit erklärt sich dadurch, daß den Lungen die atembare Luft entzogen oder die Luft, welche von den Lungen eingeatmet wird, mit schädlichen Gasen vermischt ist. Es kann solchenfalls infolge Aufhören der Atmung wegen Mangel an Lebensluft der Tod eintreten. Ein Mittel, die künstliche Atmung wieder herzustellen, kann dadurch geschaffen werden, daß man dem Verunglückten die notwendige Luft zugängig macht.

Wie die Behandlung derart Erkrankter zu geschehen hat, darüber werden die schleunigsten Ratschläge eines Arztes zu erbitten sein, insofern nicht ein Samariter oder ein Lehrbuch für die erste Behandlung Verletzter zur Stelle ist. Eine Krankheitserscheinung, welche sich durch Schwäche und Lähmung des Herzens äußert und gleichzeitig mit einer Hemmung des Blutkreislaufes verbunden ist, sucht man durch Herzerschütterung zu beseitigen. Man entblößt den ganzen Oberkörper des Verunglückten oder Scheintoten und führt nach Anleitung eines Arztes ruckweise kräftige Stöße nach dem Herzen aus. Machen sich darauf an den Augenlidern oder Mundwinkeln leichte Zuckungen bemerkbar, so wird man durch kurze Schläge mit der flachen Hand auf den Brustkorb die Wiederbelebung des Scheintoten fördern können.

Der Blitzschlag zählt in erster Linie zu den Unglücksfällen, welche sich überall ereignen können. Ein Blitzstrahl kann von augenblicklich tötender Wirkung sein. Wer sich auf freiem Felde befindet, suche niemals Schutz unter einem Baume. Er werfe alles, was er an Metall mit sich führt, beiseite, weil der Blitz dadurch leicht angezogen werden kann.

Im Hause meide man die Nähe des eisernen Ofens und auch der Fenster, welche an der Wetterseite liegen. Durch Öffnen der Türe fördere man den Zutritt der frischen Luft, damit die Erstickungsgefahr beim Einschlagen des Blitzes herabgemindert wird. Der Blitzschlag wirkt nicht immer tödlich. Wenn der Getroffene wie tot daniederliegt, wird man ohne ärztliche Hilfe die Wiederbelebung kaum mit Erfolg fördern können.

Der Blutsturz läßt auf innere Erkrankungen der Lungen, des Magens oder auf einen Herzfehler schließen. Er kann auch durch eine Quetschung des Brustkorbes, durch Überfahrenwerden etc. herbeigeführt sein. Schnelles und energisches Handeln ist bei Blutsturz notwendig.

Zunächst öffne man die Kleider des Patienten und suche letzteren, wenn er beim Anblick des Blutes ängstlich wird und Neigung zur Ohnmacht zeigt, zu beruhigen. Den Oberkörper bringe man in eine erhöhte Lage. Man untersage dem Patienten alle Bewegungen und reiche ihm häufiger kaltes Wasser zum Trinken.

Der Kopf muß etwas seitlich gelagert werden, damit das Blut nicht in den Rachen zurückfließen und Erstickung hervorrufen kann.

Ohnmachtsanfälle sind mit Riechmitteln (Salmiakgeist etc.) zu bekämpfen. Schnelle ärztliche Hilfe ist notwendig.

Die Blutungen, welche bei den Verwundungen durch Verletzung der Blutgefäße herbeigeführt werden, unterscheiden sich in solche, die durch Verletzung der Schlagadern und solche, die durch Verletzung der Blutadern entstehen. Kommt das Blut stoßweise und hellrot aus der Wunde, so liegt eine Verletzung der Schlagader vor und ist schleunigste ärztliche Hilfe nötig. Aber auch andere Blutung ist sachgemäß zu hemmen und die Hilfe eines Samariters durchaus wünschenswert.

Die Behandlung von Erfrorenen erfordert recht vorsichtige Hilfe, ebenso die Behandlung von Erstickungsfällen. Erstickungsgefahren können durch Kohlenoxydgas, Leuchtgas, durch Gruben- oder Brunnengase, durch Erhängen und durch Speiseteile herbeigeführt werden. Das Kohlenoxyd, reichlich eingeatmet, wirkt als Gift sehr oft tödlich, mindestens aber hat es durch seine Verbindung mit dem Blute und dadurch herbeigeführte Störung in der Ernährungstätigkeit auf die Gesundheit nachteilige Folgen. Man suche den Raum, in welchem der Verunglückte gefunden wird, vor allen Dingen zu lüften. Dies geschieht am besten durch schnelles Öffnen der Türen und Fenster, noch besser durch Hinaustragen des Verunglückten ins Freie. In bedenklichen Fällen ist die künstliche Atmung nach Weisung eines Arztes herbeizuführen. Leuchtgasvergiftung erfordert eine gleiche Hilfeleistung. Bei Erstickungsgefahren durch Gruben- oder Brunnengase wird die Hilfeleistung eines Samariters nicht zu entbehren sein. Einem Erhängten bringt man die erste Hilfe, indem man den Strick oder die Schnur so schnell wie möglich zerschneidet und den Erhängten der Todesgefahr zu entziehen sucht. Besprengen mit Wasser, Anwendung von Riechmitteln und die künstliche Atmung sind die weitere Folge. Bringt man einem Erhängten die erste Hilfe, so merke man sich die nächste Umgebung des Erhängten, die Art und Weise, wie die Schlinge angelegt worden ist und dergleichen mehr. Der Verdacht des Mordes kann zu recht peinlichen Verhören führen, falls nach dieser Richtung hin eine Untersuchung eingeleitet wird. Die Möglichkeit, daß während der Pausen im Ziegeleibetriebe Erstickungsfälle bei Einnahme von Speisen vorkommen können, ist nicht ausgeschlossen, tritt aber aus dem Rahmen unseres Werkes, das nur für den Betriebsleiter erzieherisch wirken soll, hinaus. Wir sehen auch davon ab, Krankheitsfälle wie Fallsucht und Epilepsie zu erörtern. Dagegen wenden wir uns den Knochenbrüchen zu. Diese sind grundverschiedener Art und werden, wie in jedem anderen Betriebe, auch auf den Ziegeleien häufiger durch Unfälle hervorgerufen. Man unterscheidet Querbrüche und schräge Brüche, sowie solche mit spitzen Enden. Es können die Bruchenden in der Längsachse liegen bleiben, sich aber auch nebeneinander oder nach Art eines Winkels verschieben. Eine Hautverletzung tritt bei solchen Brüchen nicht ein. Wohl aber gibt es auch Knochenbrüche, in welchen die Knochenenden die Haut durchbohren, so daß nach außen hin eine Wunde entsteht.

Gleichviel, ob es sich um einen Arm- oder einen Beinbruch handelt, wird derselbe oft weder von Samaritern, geschweige noch von Laien erkannt und behandelt werden können, so daß die schleunige Zuziehung eines Arztes empfohlen wird. Zur Linderung der Schmerzen dürften jedoch bei Knochenbrüchen Samariterhände den ersten Verband anzulegen haben. Blutungen der Nase suche man dadurch zu mildern, daß man den Kopf des Patienten nach vorn beugt, damit das Blut nicht seinen Weg in den Rachen nimmt. Kalte Umschläge auf Stirn und Nase, Einschlürfen von mit Essig getränktem Wasser durch die Nase und geeignete Kompressen pflegen gelinde Blutungen zu stillen. In schwierigeren Fällen wird der Arzt entscheiden müssen, da auch das Nasenbluten tödliche Folgen haben kann. Ohnmachtsanfälle können ebenfalls Störenfriede der Arbeit sein. Das Gehirn leidet hierbei unter Blutleere. Der Patient darf nicht sitzen bleiben, sondern muß so niedergelegt werden, daß der Kopf tiefer als der übrige Körper liegt, damit das Blut seinen Rücklauf nach dem Gehirn antreten kann. Riechmittel, wie Hoffmannsche Tropfen, langsam in den Mund geträufelt, werden ihre Wirkung nicht verfehlen. Quetschungen leichterer und schwererer Art vermehren die tagtäglichen Unfälle des Betriebes. Zu ihnen gesellt sich auch wohl der Scheintod, welchen von dem wirklichen Tode zu unterscheiden, Sache des Arztes ist, da die Prüfungsarten des Scheintoten, wie das Anlaufen eines vor den Mund gehaltenen Spiegels, das Bewegen einer dem Patienten auf die Lippen gelegten Flaumfeder oder dergleichen mehr, trügerisch wirken können. Eine urplötzliche Erkrankung des Gehirns ist der Schlaganfall. Mit ihm sind Bewußtlosigkeit, Lähmung der Sprache und einzelner Glieder verbunden. Hier kann nur der Arzt helfen. Die Trunkenheit als eine vorübergehende Vergiftung durch Alkohol zählt auch zu den Erkrankungen, und man sollte daher dem Trunkenen die beengenden Kleider lüften, damit der Blutlauf nicht unterbrochen wird. Die Krankheitsarten sind so zahlreich, daß wir noch auf die Verätzungen, auf Verbrennungen, Vergiftungen, Verrenkungen, Verstauchungen und Verwundungen hinweisen möchten. Wunden unterscheidet man in Schnitt-, Hieb-,

Quetsch-, Schuß- und Stichwunden. Je nach der Gegend, wo sich die Wunde befindet, kann sie mehr oder weniger gefährsein. Der Samariter wird in der Behandlung von Wunden und Hautabschürfungen das richtige zu treffen wissen.

Echte Menschenliebe sollte man beim Transport eines Verunglückten dadurch betätigen, daß man Mut, Umsicht und Entschlossenheit bekundet. Will man einen Verunglückten auf die Tragbahre legen, so sollten mindestens vier Personen hierbei tätig sein. Man suche, sofern kein beratender Samariter zur Stelle ist, den Transport so vorsichtig zu bewirken, daß die Schmerzen des Verletzten weniger empfindlich auftreten, sogar gemildert werden. Wir empfehlen den Ziegeleien, geeignete Tragbahren und Gefährte für vorkommende Unglücksfälle bereit zu halten, namentlich dort, wo sie nicht aus nahe liegenden Krankenhäusern requiriert werden können.

---

## Unfallverhütungsvorschriften.

Nachdem wir alle während des Betriebes denkbaren Unglücks- und Erkrankungsfälle und die Möglichkeit der Behandlung Verletzter durch Samariter oder Laien erörtert haben, geben wir auch den Unfallverhütungsvorschriften Raum, welche für die maschinellen Einrichtungen von Dampfziegeleien von der Berufsgenossenschaft gegeben wurden. Die sperrig gesetzten Stichwörter mögen das Nachschlagen der wissenswerten Bestimmungen erleichtern.

### Vorschriften für den Arbeitgeber.

Kurven- und Stoßverbindungen. Bei Geleisbahnen sind die Kurven der Spurweite entsprechend zu legen, die Schienen sind unter einander und mit den Schwellen gut zu verbinden.

Gefälle. Das Gefälle darf in der Regel nicht mehr als 1 : 20 betragen und ist möglichst auszugleichen.

Bei einem Gefälle von 1 : 20 und mehr darf mit losen Wagen ohne besondere Bremsvorrichtung nicht gefördert werden.

Kippwagen sind durch Feststellvorrichtungen am selbsttätigen Umkippen zu verhindern.

Bremsen. Alle nicht von Hand geführten Wagen oder Wagenzüge müssen genügend mit bedienten Bremsen versehen sein.

Bremsknüppel dürfen nur bei einem Gefälle bis 1 : 20 benutzt werden.

Personenbeförderung. Die Beförderung von Personen mit Lastenaufzügen ist nur mit Genehmigung des Genossenschaftsvorstandes gestattet.

Abschluß der Aufzüge. Der Raum, welchen der Fahrkorb oder die Förderschale einer Fahrstuhlanlage bestreicht, ist in jedem Stockwerk beziehungsweise an jeder Ladestelle an allen, auch den zum Be- und Entladen benutzten Seiten, bis auf 1,8 m Höhe einzufriedigen.

Die Zugänge zum Fahrstuhlschacht sind in zweckentsprechender Weise absperren zu lassen.

Warnungstafel. An jedem Schachtzugange ist eine Tafel anzubringen, mittels welcher Vorsicht geboten und Unbefugten der Zutritt untersagt wird.

Belastung. Bei Lastenaufzügen muß das Seil (Kette, Gurt etc.), an welchem die Förderschale hängt, die größte zulässige Belastung mit fünffacher Sicherheit tragen können.

Gegengewichte. Die Gegengewichte sind auf ihrer ganzen Bahn sicher zu führen, daß sie nicht heraustreten und bei etwaigem Niederfallen Menschen beschädigen können.

Selbsttätige Ausrückung. Jeder mit elementarer Kraft betriebene Fahrstuhl ist mit selbsttätiger Ausrückung für die höchste und tiefste Stellung zu versehen.

Sperrvorrichtung. Bei allen Fahrstühlen, welche durch mehrere Stockwerke gehen, ist an jeder Ladestelle eine Sperrvorrichtung anzubringen, durch welche das Steuerseil oder die Steuerstange in der Ruhelage der Förderschale festgehalten wird.

Signalvorrichtung. Wenn ein Fahrstuhl von mehreren Stockwerken aus in Bewegung gesetzt werden kann, so sind Signalvorrichtungen anzubringen, welche eine sichere Verständigung zwischen den einzelnen Ladestellen ermöglichen.

Bedienung. Die Bedienung von Fahrstühlen darf nur Personen, die in der Handhabung der Steuerung unterrichtet sind, übertragen werden.

Bremsen und Signale. Bremsbahnen (Bremsberge) müssen mit zuverlässig wirkender Bremse versehen und der Standpunkt des Bremsers muß möglichst so gelegen sein, daß letzterer die Bahn übersehen kann.

Zwischen Abgangs- und Endstation der Bremsbahn muß gegenseitige Verständigung gesichert sein.

Umwehrung. Alle Elevatoren, Bagger und Transporteure sind mit festen Einfriedigungen zu umgeben, sofern Gefahr vorhanden ist, daß Körperteile oder Kleider der Arbeiter von ersteren erfaßt werden können.

Elevatoren ohne Seitenführung und solche mit festen Schalen sind bis auf die Bedienungsstellen zu verkleiden.

Überbrückungen. Verkehrsstellen in den Betriebsstätten, über welche Drahtseilbahnen, Aufzüge auf schiefer Ebene, Elevatoren, Transporteure, Fahrbühnen etc. führen, sind abzusperren, wenn sie nicht mit Überbrückungen, Schutzdächern und dergleichen versehen sind.

Galerien, Bühnen und dergleichen. Feste Übergänge, Treppen und Fußbodenöffnungen sind mit festen Geländern zu versehen; Galerien und Bühnen soweit dies mit der Arbeitsweise vereinbar ist.

Transportable Karrbahnen sind hiervon ausgeschlossen.

Leitern. Leitern sind gegen Abgleiten und Ausrutschen möglichst zu sichern.

Leitern, welche zu Aufmauerungen, Bühnen, Luken usw. führen, müssen mindestens 0,75 m über die Oberkante der zu besteigenden Stellen hinausragen, falls nicht eine andere Vorrichtung eine genügende Sicherheit für das Hinauf- und Hinabsteigen bietet.

Gruben und Kanäle. Gruben, Kanäle, versenkte Gefäße oder andere gefahrbringende Vertiefungen in den Arbeitsräumen und auf den Arbeitsplätzen sind, soweit dies mit der Arbeitsweise vereinbar ist, sicher abzudecken oder mit festem Geländer zu versehen.

Beleuchtung. Alle Arbeitsstätten und Verkehrswege sind, soweit die Natur des Betriebes es gestattet, für die Dauer ihrer Benutzung ausreichend zu beleuchten.

Für die Beleuchtung in den Öfen ist besondere Vorsicht anzuwenden. Lampen, die der Gefahr des Explodierens ausgesetzt sind, dürfen in den Öfen nicht verwandt werden.

Maschinenräume. Es ist dafür zu sorgen, daß Dampf-, Gas- und dergleichen Kraftmaschinen, beziehungsweise Teile derselben, sofern sie nicht in besonderen Räumen aufgestellt oder unmittelbar mit Arbeitsmaschinen verbunden sind, durch ein festes Geländer oder auf andere geeignete Weise von den Arbeitsräumen abgeschlossen werden.

Wasserräder und Turbinen sind in besonderen Räumen aufzustellen oder, wenn sie durch ihre Lage für Unberufene nicht unzugänglich sind, mit schützender Einfriedigung zu umgeben.

Das Betreten des Maschinenraumes und der Aufenthalt in demselben ist Unbefugten durch Anschlag zu verbieten.

Anlassen und Abstellen der Maschinen. Das Anlassen und Abstellen der Kraftmaschine muß durch ein in den betreffenden, mit der Maschine in Verbindung stehenden Räumen hörbares, bestimmtes Zeichen angekündigt werden.

Freiliegende bewegte Teile. Alle im Verkehrsbereiche freiliegenden bewegten Teile einer Kraftmaschine sind zweckentsprechend zu umwehren.

Ölen und Schmieren. Sofern das Ölen, Schmieren, Reinigen und Putzen einzelner Teile der Kraftmaschinen, Transmissionen und Arbeitsmaschinen während des Ganges erforderlich ist, sind geeignete Einrichtungen zu treffen, welche dies ohne Gefahr ermöglichen.

Stillstellen. Bei allen Kraftmaschinen, einschließlich der Wasserräder und Turbinen, sind Einrichtungen zu treffen, welche ein sicheres Stillsetzen ermöglichen.

Wellen. Alle bis zu einer Höhe von 1,8 m über dem Fußboden liegenden Transmissionswellen sind in geeigneter Weise zu umwehren.

Wellen, welche an einzelnen Stellen überschritten werden müssen, sind an den Übergangsstellen zu überdecken.

Stehende Wellen sind bis zur Höhe von 1,5 m über dem Fußboden der Verkehrsstelle in geeigneter Weise zu umwehren.

Treibriemen. Riemen und Seile müssen in sicherer Weise unterfangen werden, sofern sie sich über einer Arbeits- oder Verkehrsstelle befinden.

Alle Riemen und Seile sind, soweit sie niedriger als 1,8 m über dem Fußboden der Verkehrsstelle laufen, zu umwehren.

Riemen und Seile, welche durch Fußböden gehen, sind mit einem 1,8 m hohen Schutzverschlag zu versehen, sofern nicht eine Umwehrung der betreffenden Transmissionsabteilung vorhanden ist. Im letzteren Falle sind die Durchgangsöffnungen mit mindestens 0,25 m hohen Fußleisten zu umgeben.

Riementräger. Abgeworfene Riemen oder Seile müssen entweder ganz entfernt oder so festgehalten werden, daß die Riemen usw. mit bewegten Teilen der Wellenleitung nicht in Berührung kommen können.

Dieselben Vorsichtsmaßregeln sind beim Nähen, Verbinden und Ausbessern der Riemen zu treffen.

Hervorstehende Keile und Schrauben. Alle hervorstehenden Teile (Schrauben, Nasenkeile) an Wellen, Riemenscheiben und Kuppelungen sind möglichst zu vermeiden. Liegen solche hervorstehenden Teile weniger wie 1,8 m vom Fußboden entfernt, so sind sie sicher einzukapseln. Das Umwickeln der hervorstehenden Teile mit Lappen, Putzwolle oder dergleichen ist verboten.

Schwungräder, Riemenscheiben und Zahnräder. Schwungräder, Riemenscheiben und Zahnräder, welche sich im Verkehrsbereiche der Arbeiter bewegen, müssen sicher eingefriedigt werden.

Schwungräder an Kraftmaschinen sind tunlichst mit Andrehvorrichtungen zu versehen.

Ausrückung. Die Transmission ist, soweit es die Betriebs- und baulichen Verhältnisse gestatten, so einzurichten, daß sie in jedem Arbeitsraum selbständig stillgestellt werden kann.

Wo eine solche Einrichtung nicht vorhanden ist, ist in den einzelnen Arbeitsräumen eine Signalvorrichtung anzubringen, mittels welcher nach der nächstliegenden Ausrückstelle hin ein Zeichen zum Stillstehen der Transmission oder nach der Kraftmaschine hin ein Zeichen zum Abstellen und Wiederanlassen gegeben werden kann.

Ausrückvorrichtung. Die von Wellenleitungen aus angetriebenen Arbeitsmaschinen müssen einzeln für sich ausrückbar sein.

Die Ausrückvorrichtung muß vom Standplatz des Arbeiters aus bequem gehandhabt werden können; sie muß sicher wirken und so gebaut sein, daß eine Selbsteinrückung verhindert ist. Die Ausrücker an Glattwalzen sind mit einer Feststellung zu versehen, welche nur durch den an den Walzen beschäftigten Arbeiter ausgelöst werden kann, sofern nicht das Walzwerk mit einer besonderen Vorrichtung zum Entfernen von Steinen und dergleichen versehen ist.

Zahnräder. Alle Zahnräder, Friktions- und Schneckengetriebe sind an der Einlaufstelle und da, wo sie sich an festen Teilen vorüberbewegen, zu verdecken, sofern nicht schon durch ihre Lage an und für sich genügender Schutz gewährt ist.

Pferdetonschneider, Göpelwerke. Pferdetonschneider und Göpelwerke sind so einzurichten, daß die dieselben bedienenden Arbeiter nicht durch den Zugbaum getroffen werden können.

Mischer. Offene, liegende Mischer sind mit einer Schutzvorrichtung zu versehen, daß ein Hineinfallen von Personen verhindert wird.

Der bedienende Arbeiter muß, wenn möglich, seinen Standplatz auf derjenigen Seite des Mischers haben, an welcher die Messer austreten.

Für Neuanlagen ist letzteres Vorschrift.

Einwurftrichter. Einwurftrichter über Walzwerken, Tonschneidern und Steinbrechern müssen derartig gesichert sein, daß ein Hineinfallen von Personen in die Trichter verhindert wird.

Ausgenommen sind solche Trichter, deren obere Öffnung höchstens 0,3 m weit ist und mindestens 1 m über dem Einlauf der Walzen beziehungsweise dem obersten Messer der Tonschneider liegt.

Geräte zum Nachdrücken und Entfernen störender Gegenstände. Zum Nachschieben der Materialien und zum Entfernen störender Gegenstände aus den Arbeitsmaschinen müssen entsprechende Vorrichtungen getroffen und geeignete Geräte stets zur Stelle sein.

Kollergänge. An Kollergängen ist die Bahn der Läufer einzufriedigen.

## Vorschriften für Arbeitnehmer.

Abraum. Der Abraum muß vom Grubenrande zurückstehen, und zwar bei einer Höhe bis zu 2 m um 0,5 m, bei einer Höhe von 2—6 m um die Hälfte der Höhe, bei einer Höhe von über 6 m um mindestens 3 m.

Abbau. Der Abbau des zu gewinnenden Materials muß entweder in Absätzen oder mit entsprechender Abböschung (Abschrägung) erfolgen.

Bei losem Material (Sand, Kies, Gerölle) dürfen die Stöße beliebig hoch genommen werden; jedoch darf die Böschung nicht steiler sein als 45 Grad (ganze Anlage).

Bei festem Material, welches sich noch in seiner natürlichen, ungestörten Ablagerung befindet, ist die Höhe und Breite der Absätze oder die Neigung der Böschung der Beschaffenheit des Materials entsprechend einzurichten.

Unterhöhlen. Das Unterhöhlen, Unterschrämen und Überhängenlassen der Arbeitsstöße und Grubenwände ist verboten.

Kippwagen. Wegen Kippwagen gilt das unter den Vorschriften für Arbeitgeber Gesagte.

Bremsknüppel. Bremsknüppel dürfen nur bis zu einem Gefälle von 1 : 20 benutzt werden.

Bei einem Gefälle von 1:20 und mehr darf mit losen Wagen ohne besondere Bremsvorrichtung nicht gefördert werden.

Bremserstand. Das Mitfahren ist nur den Bremsern und Kutschern gestattet, sofern der Wagen mit einem sichern Stand oder Sitz versehen ist.

Auf- und Absteigen während der Fahrt ist verboten.

Anschlußgeleise. Beim Fortbewegen (Rangieren) der Eisenbahnwagen dürfen die Wagenschieber nicht innerhalb des Geleises gehen.

Personenbeförderung. Die Benutzung des Fahrstuhls zur Personenbeförderung ist verboten.

Karrsielen (Gurte, Fahrbänder) sind zu lösen, bevor die Karre auf die Förderschale geschoben wird.

Betreten der Bremsbahnen. Das Betreten des Bremsberges während der Fahrt und die Beförderung von Personen in den Transportgefäßen ist verboten.

Verkehrswege. Die Verkehrswege sind von allen störenden Gegenständen freizuhalten.

Leitern. Leitern sind gegen Abgleiten und Ausrutschen möglichst zu sichern.

Die Benutzung nicht betriebssicherer Leitern ist verboten.

Beleuchtung. Bei der Benutzung von Lampen in den Öfen ist besondere Vorsicht geboten.

Arbeitsgeräte. Die Arbeitsgeräte und Schutzvorrichtungen sind nur zu dem Zwecke, für den sie bestimmt sind, zu benutzen. Der Mißbrauch, die eigenmächtige Beseitigung, absichtliche Beschädigung, Nichtbenutzung der vorhandenen Sicherheitsvorrichtungen und vorgeschriebenen Schutzmittel ist strafbar. Schutzvorrichtungen, die aus Betriebsrücksichten für bestimmte Zwecke entfernt worden sind, müssen, nachdem dieser Zweck erreicht ist, sofort wieder angebracht werden.

Das Schadhaftwerden von Geräten oder Einrichtungen ist sofort zu melden.

Gebrechliche Arbeiter. Betrunkene Personen. Arbeiter, die an Fallsucht, Krämpfen, zeitweiligen Ohnmachtsanfällen, Schwindel, Schwerhörigkeit, Kurzsichtigkeit, Bruchschäden oder anderen nicht in die Augen fallenden körperlichen Schwächen oder Gebrechen leiden, haben die Verpflichtung, ihren Vorgesetzten davon Kenntnis zu geben. Die mit Bruchschaden behafteten Arbeiter haben im Betriebe ein Bruchband zu tragen.

Betrunkene Arbeiter dürfen die Betriebsstätten weder betreten noch sich dort aufhalten.

Kleidung, Spielereien, Neckereien u. dgl. Die mit der Wartung und Bedienung von Motoren und Transmissionen beschäftigten Arbeiter sind verpflichtet, anschließende Kleidung zu tragen.

Den in der Nähe bewegter Maschinenteile beschäftigten Personen ist das Tragen lose hängender Haare und Zöpfe, freihängender Kleiderteile, Schleifen, Bänder, Halstuchzipfel u. dgl. verboten.

Das Ab- und Anlegen sowie das Aufbewahren von Kleidungsstücken in unmittelbarer Nähe bewegter Triebwerke ist verboten.

Spielereien, Neckereien u. dgl. während der Betriebszeit sind verboten.

Verbotene Beschäftigungen. Dem Arbeiter ist es verboten, sich an Maschinen zu schaffen zu machen, deren Bedienung, Benutzung oder Instandhaltung ihm nicht obliegt.

Verbotene Ruheplätze. Das Ausruhen und Schlafen an Feuerstellen, auf Öfen, Kesselmauerungen, Dächern, hohen Gerüsten oder in besetzten Pferdeständen sowie in unmittelbarer Nähe von laufenden Maschinen, Gruben oder Geleisen ist nicht gestattet.

Unfallmeldung. Jede im Betriebe erhaltene Verletzung ist von dem Verletzten, sobald er hierzu imstande ist, dem Betriebsleiter oder dessen Stellvertreter zu melden.

Notverband. Der Arbeiter hat dafür Sorge zu tragen, daß jede Wunde, auch wenn sie noch so geringfügig erscheint, sofort gereinigt und gegen das Eindringen von Staub und sonstigen Unreinlichkeiten sorgfältig geschützt wird.

Kesselraum. Der Kesselwärter darf Unbefugten das Betreten des Kesselraumes und den Aufenthalt in demselben nicht gestatten.

Der Kesselwärter muß während des Betriebes den Ausgang stets frei und unverschlossen halten.

Maschinenräume. Der Maschinenwärter darf unbefugten Personen das Betreten des Maschinenraumes und den Aufenthalt in demselben nicht gestatten.

Anlassen und Abstellen der Maschinen. Das Anlassen und Abstellen der Kraftmaschine muß durch ein in den betreffenden, mit der Maschine in Verbindung stehenden Räumen hörbares, bestimmtes Zeichen angekündigt werden.

Wird von einem Arbeitsraume aus das Zeichen zum Stillstand der Kraftmaschine gegeben, so ist sie sofort still zu stellen und erst dann wieder anzulassen, wenn das dafür vorgeschriebene Zeichen gegeben ist.

Ölen und Schmieren. Ist das Ölen und Schmieren einzelner Teile der Maschinen und Transmissionen während des Ganges erforderlich, so darf dies nur mittels der passenden, hierzu bestimmten Einrichtungen erfolgen.

Andrehen. Der Maschinenwärter hat vor Andrehen des Schwungrades der Dampfmaschine das Dampfeinströmungsventil zu schließen und vorhandene Zylinderhähne zu öffnen.

Wellen. Unverdeckte Wellenleitungen, Riemen, Seile usw., die sich in Bewegung befinden, dürfen nicht überschritten werden.

Umwehrte oder abgeschlossene Räume, innerhalb deren Transmissionen laufen, dürfen nur von besonders dazu befugten Personen betreten werden.

Ausbessern der Riemen. Das Ausbessern der Transmissionsriemen und -Seile darf nur beim Stillstande von den hierzu bestimmten Personen bewirkt werden.

Treibriemen. Das Auflegen und Abwerfen von Riemen oder Seilen während des Ganges ist, soweit dabei nicht Vorrichtungen benutzt werden, welche die Gefahr für den Arbeiter ausschließen, verboten.

Das Fetten und Harzen der Riemen darf nur bei langsamem Gange vorgenommen werden.

Riementräger. Abgeworfene Riemen oder Seile müssen entweder ganz entfernt oder so fest gehalten werden, daß sie mit bewegten Teilen nicht in Berührung kommen können.

Dieselben Vorsichtsmaßregeln sind beim Nähen, Verbinden und Ausbessern der Riemen zu treffen.

Mischer. Bei offenen, liegenden Mischern muß der bedienende Arbeiter, wenn möglich, seinen Standplatz auf derjenigen Seite des Mischers nehmen, an welcher die Messer austreten.

Eingreifen mit den Händen. Geräte zum Nachdrücken und Entfernen störender Gegenstände. Stillstehen beim Herausnehmen.

Das Eingreifen mit den Händen in die Walz- und Mahlwerke, in Tonschneider, Mischer, Pressen und derartige Arbeitsmaschinen ist unbedingt verboten.

Zum Nachschieben der Materialien und zum Entfernen störender Gegenstände aus den Arbeitsmaschinen hat sich der Arbeiter der betreffenden Vorrichtungen und geeigneten Geräte stets zu bedienen.

Vor dem Herausnehmen störender Gegenstände aus den Arbeitsmaschinen sind letztere unbedingt zum Stillstehen zu bringen.

Einrücken der Walzwerke. Das Einrücken eines zum Zwecke des Herausnehmens von Steinen und dergleichen stillgestellten Walzwerks ist nur demjenigen Arbeiter gestattet, welcher das Herausnehmen der Steine besorgt.

Betriebsunternehmer, welche den vorstehenden Unfallverhütungsvorschriften zuwiderhandeln, können mit einer Geldstrafe bis zu eintausend Mark belegt oder mit ihren Betrieben in eine höhere Gefahrenklasse eingeschätzt oder, falls sich die letzteren bereits in der höchsten Gefahrenklasse befinden, mit Zuschlägen bis zum doppelten Betrage ihrer Beiträge belegt werden.

Versicherte Personen dagegen, welche den vorstehenden Vorschriften zuwiderhandeln, können von dem Vorstande der Betriebs- (Fabrik-) Krankenkasse oder von der Ortspolizeibehörde mit einer Geldstrafe bis zu sechs Mark belegt werden, die gesetzlich der Krankenkasse, welcher der zu ihrer Zahlung Verpflichtete zur Zeit der Zuwiderhandlung angehört, oder, wenn er keiner Krankenkasse angehört, der Kasse der Gemeinde-Krankenversicherung des Beschäftigungsortes zufällt.

Sowohl die Unfallverhütungsvorschriften als auch die angedrohten Strafbestimmungen haben am 28. Oktober 1897 respektive am 21. April 1902 die Genehmigung des Reichsversicherungsamtes erhalten.

---

## Gesetzliches.

Der Ziegeleibetrieb zählt zu den Unternehmen, welche nicht nur von der Gewerbeordnung für das Deutsche Reich, sondern auch von einschlägigen gesetzlichen Bestimmungen abhängig sind. Diese Bestimmungen regeln die Rechtsverhältnisse zwischen dem Arbeitgeber und den Arbeitnehmern, bezwecken aber insbesondere den Arbeiterschutz. Ein solches Unternehmen zählt zu den Gewerbebetrieben. Unter Gewerbe im weiteren Sinne wird jede selbständige, gleichmäßig fortgesetzte, auf Gewinn gerichtete Tätigkeit verstanden; in der engeren Bedeutung wird diese Tätigkeit aber nur dann als Gewerbe bezeichnet, wenn sie die Verarbeitung von Erzeugnissen bezweckt. Die Verwaltung des Gewerbewesens wird an oberster Stelle im Deutschen Reiche durch das Reichsamt des Innern und im Königreich Preußen durch den Minister für Handel und Gewerbe mit der Maßgabe wahrgenommen, daß ein Teil der Gewerbepolizei vom Minister des Innern und ein Teil des technischen Unterrichtswesens vom Kultusminister verwaltet wird. In den übrigen Instanzen sind die allgemeinen Gerichts- und Verwaltungsbehörden zuständig. Eigene Organe bilden die Gewerbegerichte, während die Gewerbeinspektion, das heißt die Aufsicht über die Einrichtungen des gewerblichen Betriebes, die Sonntagsarbeit, die Arbeitsordnungen und die Beschäftigung der jugendlichen und weiblichen Arbeiter den bei den Regierungspräsidenten (in Berlin bei dem Polizeipräsidenten) mit dem Titel »Regierungs- und Gewerberat« angestellten Räten obliegt. Diesen Räten subordiniert sind die Gewerbeinspektoren. Die gesetzlichen Bestimmungen für die Gewerbetreibenden enthält die Gewerbeordnung. Sie dürfte das Gesetz sein, an dem im Laufe der Jahre die meisten Änderungen vorgekommen sind, je nachdem es die Zeitverhältnisse und die Bedürfnisse der durch die Gesetzgebung Betroffenen erheischen.

Gewerbefreiheit ist der oberste Grundsatz der Gewerbeordnung. Jeder kann das Gewerbe betreiben, das er gerade betreiben will und nur für einzelne Gewerbe sind Beschränkungen dieser Freiheit vorgeschrieben oder zugelassen.

Stehender Gewerbebetrieb ist die Bezeichnung für eine feste gewerbliche Niederlassung an dem Wohnort des Unternehmens. Die Genehmigung zu einem stehenden Gewerbebetriebe ist nur ausnahmsweise erforderlich, aber eine Anzeige muß darüber an die kompetente Behörde, gewöhnlich an die Ortspolizeibehörde, erstattet werden. Die Anzeige soll gleichzeitig mit der Betriebseröffnung erfolgen. In manchen Fällen genügt aber die bloße Anzeige nicht, wie dies aus § 16 der Gewerbeordnung ersichtlich ist. Genehmigungspflichtig ist auch die Errichtung von Ziegelöfen und die Benutzung von Dampfkesseln. Die Inbetriebnahme des Kessels darf nicht früher erfolgen, bis die Aufsichtsbehörde die Erlaubnis erteilt hat. Wird die Betriebsstätte verlegt oder der Betrieb wesentlich geändert, so ist eine nochmalige Genehmigung einzuholen. (§ 25 der Gewerbeordnung.)

Die Ausübung des Gewerbes. Wer ein stehendes Gewerbe betreibt, kann Gehilfen und Arbeiter beschäftigen und auch Lehrlinge halten, muß jedoch die hierfür gegebenen besonderen Bestimmungen beachten.

Stellvertreter. Der Gewerbetreibende darf die Geschäftsführung einem Stellvertreter übertragen. (§ 45 der Gewerbeordnung.)

Der Arbeitsvertrag zwischen dem Arbeitgeber und seinen gewerblichen Arbeitern kann im allgemeinen in der einfachsten Form abgeschlossen werden. Schriftliche Abfassung ist nicht erforderlich, jedoch für Lehrverträge vorgeschrieben. Zur Begegnung von Streitigkeiten empfiehlt sich die Abfassung schriftlicher Verträge. Durch Arbeitsordnung kann festgesetzt werden, daß das Arbeitsverhältnis sowohl von dem Arbeitgeber als auch vom Arbeitnehmer jederzeit lösbar ist. Derartige Arbeitsordnungen sind im Betriebe von mehr als

20 Arbeitern vorgeschrieben, nach Anhören der Arbeitnehmer zu erlassen und der Aufsichtsbehörde einzureichen. In Ermangelung eines anderen gegenseitigen Übereinkommens beträgt die gesetzliche Aufkündigungsfrist für beide Teile 14 Tage.

Die Sonntagsarbeit ist im allgemeinen untersagt, weil der Arbeiter an Sonn- und Festtagen seine Ruhe haben soll. Es gibt jedoch Arbeiten, die sich an Sonn- und Festtagen nicht vermeiden lassen und die deshalb erlaubt sind (§ 105 a d. G.-O.). Dies sind Arbeiten, die in Notfällen oder zum allgemeinen Besten schleunigst vorgenommen werden müssen, wie das Ausbessern gebrauchter Maschinen. Auch solche Arbeiten dürfen an Sonn- und Festtagen bewirkt werden, welche für die Durchführung einer gesetzlich vorgeschriebenen Inventur notwendig sind. Die Sonntagsarbeit ist weiter unbeschränkt erlaubt bei der Bewachung von Betriebsanlagen, bei der Reinigung und Instandhaltung von Betriebsmitteln, wenn das zur Sicherung einer regelmäßigen Betriebsfortsetzung unvermeidlich ist (z. B. das Reinigen und Anheizen von Dampfkesseln). Der Arbeitgeber muß aber ein Verzeichnis anlegen, in das er für jeden einzelnen Sonn- oder Feiertag die Zahl der beschäftigten Arbeiter sowie die Zeit und die Art ihrer Beschäftigung einträgt. Das Verzeichnis kann von den Beamten der Ortspolizei- und der Gewerbeaufsichtsbehörde jederzeit eingesehen werden. Gesuche um Freigabe der Sonntagsarbeit sind an die untere Verwaltungsbehörde zu richten und dahin zu begründen, daß die Arbeit zur Abwendung eines größeren Schadens notwendig sei. Die Behörde hat dem Antragsteller einen schriftlichen Bescheid zu erteilen. Wird die Sonntagsarbeit genehmigt, so muß der Arbeitgeber eine Abschrift des Bescheides in der Arbeitsstätte aushängen und den Bescheid selbst den Gewerbeaufsichtsbeamten auf Verlangen vorlegen (§ 105 f). Auf Ziegeleien liegt ein technisch begründetes Bedürfnis nach Sonntagsarbeit nur insoweit vor, als es sich um den Betrieb der Brennöfen handelt. Eine gänzliche Unterbrechung des Ofenbetriebes ist allerdings aus technischen Gründen nicht wohl möglich, weil bei periodischen Öfen ein begonnener Brand zu Ende geführt werden muß, wenn das Verderben des eingesetzten Materials verhütet werden soll, und weil bei kontinuierlichen Brennöfen, wie Ringöfen, das Feuer auch an Sonn- und Festtagen unterhalten werden muß, wenn nicht im Werktagsbetriebe erhebliche Stockungen eintreten sollen.

Für die zur Fortführung eines angefangenen Brandes notwendigen Arbeiten, d. h. für die Unterhaltung des Feuers, bedurfte es indes einer Ausnahmebestimmung auf Grund des § 105 d aus dem Grunde nicht, weil diese Arbeit schon gemäß § 105 c Absatz 1 Ziffer 3 und 4 ohne weiteres gestattet ist. Zu diesen Arbeiten wird auch das Heranschaffen des notwendigen Brennmaterials gerechnet werden müssen, wenn dieses wegen Platzmangels auf den Ringöfen nicht an den Wochentagen im Vorrat herangekarrt werden kann.

Das Herausnehmen der gebrannten Ziegel und das Einsetzen der Rohsteine wird in der Regel an Sonn- und Festtagen unterbleiben müssen. Die Ringöfen gestatten eine Unterbrechung dieser Arbeiten, selbst während zwei aufeinander folgenden Sonn- und Festtagen, sofern die Ringöfen nur zweckmäßig eingerichtet sind und einen hinreichend langen Brennkanal haben.

Bei kleineren Öfen, welche gegenwärtig noch in einigen Ziegeleien im Betriebe sind, kann es zwar vorkommen, daß infolge einer zu geringen Kammerzahl das Setzen und Herausnehmen der Ziegel nicht über einen Tag hinaus geschoben werden darf, weil, wenn der Brand nicht fortschreiten kann, das Material in der Kammer, welche gerade im Vollfeuer ist, infolge zu sehr gesteigerter Temperatur Schaden leiden und zusammensintern würde. In solchen Fällen bedarf es immer für die genannten Arbeiten im Hinblick auf § 105 c Absatz 1 Ziffer 4 keiner besonderen Ausnahme.

Wie die Ziegeleien, so werden auch diejenigen Anlagen, welche Tonwaren, feuerfeste Produkte und Mosaikplatten herstellen, mit den vorstehend angedeuteten, durch § 105 c freigegebenen Arbeiten an Sonn- und Festtagen auskommen können. In diesen Betrieben kommt außerdem noch die Bedienung der Trockeneinrichtungen mit künstlicher Wärme in Betracht. Das Gelingen der Arbeitserzeugnisse hängt hierbei wesentlich von einem gleichmäßigen, vorsichtigen Trocknen ab. Die wenigen hierzu erforderlichen Arbeiten werden demnach gleichfalls auf Grund des § 105c Absatz 1 Ziffer 4 vorgenommen werden dürfen.

Auch die Töpfereien, Steingut- und Porzellanfabriken können mit den gemäß § 105c gestatteten Arbeiten auskommen.

Ein Bedürfnis nach Sonntagsarbeit läßt sich in diesen Betrieben im wesentlichen nur für die Unterhaltung der Feuer in den Brennöfen und Trockeneinrichtungen, für das Fertigmahlen und Abziehen des vor Beginn der Sonntagsruhe auf die Naßmühle aufgegebenen Mahlgutes und eventuell für das Umsetzen der zum Trocknen aufgestellten Halbfabrikate anerkennen.

Die Lohnzahlung. Der gewerbliche Arbeiter erhält den Lohn für seine Arbeit für gewisse Zeitabschnitte (Stunden, Tage, Wochen) oder für die Fertigstellung einer bestimmten Arbeit; jenes ist der Zeit- (Stunden-, Tage-, Wochen-)Lohn, dieses der Akkord- oder Stücklohn. Der Arbeitgeber muß den Lohn in Reichswährung berechnen und in barem Gelde auszahlen. Der Arbeitgeber darf dem Arbeiter keine Waren auf Kredit geben, wohl aber ist es erlaubt, daß der Arbeitgeber seinen Arbeitern Lebensmittel verkauft, Wohnungen vermietet und Land verpachtet und den Kaufpreis, Miets- oder Pachtzins bei der Lohnzahlung verrechnet (§ 115 G.-O.). Zuwiderhandlungen sind mit Strafe bedroht (§ 148). In Gast- und Schankwirtschaften oder Verkaufsstellen dürfen für gewöhnlich keine Lohnzahlungen stattfinden. Ausnahmsweise kann dies behördlich gestattet werden. Übertretung ist mit Strafe bedroht (§ 148 Abs. 13). Der Arbeitgeber darf den Lohn auch an keine anderen Personen zahlen als an den Arbeiter selbst, es sei denn, ein Pfändungsbeschluß zugunsten eines anderen liegt vor.

Schutz der Gesundheit und des Anstandes. Nach dieser Richtung sind im § 120a der G.-O. besondere gesetzliche Vorschriften gegeben, insbesondere für genügendes Licht, ausreichenden Luftraum, Luftwechsel und dergleichen mehr. Die Polizeibehörden können Vorschriften nach dieser

Richtung hin erlassen, wogegen innerhalb zwei Wochen die Beschwerde an die höhere Verwaltungsbehörde zulässig ist. Ebenso verhält es sich mit den Vorschriften zum Schutz des Anstandes und des Sittlichkeitsgefühls (§ 120b d. G.-O.).

Das Arbeitszeugnis kann von jedem Arbeiter, der seine Stellung verläßt, von dem Arbeitgeber verlangt werden. Dasselbe muß darüber lauten, wie lange und in welcher Weise der Arbeiter beschäftigt wurde. Auf Verlangen muß der Arbeitgeber das Zeugnis auch auf Führung und Leistung ausdehnen. Das Zeugnis muß der Wahrheit entsprechen. Das Zeugnis kann der Arbeiter bei der Polizeibehörde beglaubigen lassen; Kosten dürfen dafür nicht berechnet werden (§ 114 d. G.-O.). Versieht der Arbeitgeber das Zeugnis mit besonderen Merkmalen, um den Eingeweihten irgend etwas über den Arbeiter mitzuteilen, so ist er strafbar (§ 113 Abs. 3 d. G.-O.).

Minderjährige Arbeiter. Die Gewerbegesetze nehmen besondere Rücksicht auf die minderjährigen, noch nicht 21 Jahre alten Arbeiter. Ein Gewerbetreibender, dem die bürgerlichen Ehrenrechte aberkannt sind, darf keine Arbeiter unter 18 Jahren beschäftigen (§ 106 d. G.-O.). Zuwiderhandlung zieht Strafe nach sich (§ 150 Absatz 1 d. G.-O.).

Das Arbeitsbuch. Die Annahme minderjähriger Arbeiter ist aber im allgemeinen erlaubt, jedoch müssen sie ein Arbeitsbuch im Sinne des § 107 der G.-O. haben. Wer sich ein Arbeitsbuch ausstellen lassen will, muß sich an die Polizeibehörde seines Aufenthaltsortes wenden. Das Arbeitsbuch wird nur im Einverständnis mit dem gesetzlichen Vertreter des minderjährigen Arbeiters und zwar kostenfrei ausgestellt (§ 108 d. G.-O.). Der Arbeitgeber hat minderjährige Personen ohne Arbeitsbuch zurückzuweisen. So lange der Minderjährige in Arbeit steht, ist das Arbeitsbuch vom Arbeitgeber aufzubewahren. Bei Arbeitern unter 16 Jahren soll das Arbeitsbuch nach Beendigung des Arbeitsverhältnisses nur dem gesetzlichen Vertreter (Vater, Mutter, Vormund) ausgehändigt werden. Der gesetzliche Vertreter kann auch bei Arbeitern über 16 Jahren verlangen, daß ihm das Buch gegeben werde (§ 107 d. G.-O.). Das Arbeitsbuch dient zur

Eintragung der Vermerke über den Eintritt und die Entlassung des Arbeiters. Die Eintragungen müssen sofort beim Eintritt oder Austritt geschehen und haben, wie ausdrücklich betont wird, mit Tinte zu erfolgen. Das Arbeitsbuch darf Vermerke über Führung und Leistung nicht enthalten (§ 111 d. G.-O.). Zuwiderhandlungen ziehen Strafe nach sich (§ 112 d. G.-O.). Um zu verhüten, daß Minderjährige ihren Lohn leichtsinnig vergeuden, kann behördlich angeordnet werden, daß der Lohn an die Eltern oder Vormünder gezahlt wird (§ 119a d. G.-O.)

In Werkstätten mit Motor- resp. Kraftbetrieb darf die Arbeit der Jugendlichen nicht vor $5^1/_2$ Uhr morgens beginnen und nicht über $8^1/_2$ Uhr abends dauern. Länger als 10 Stunden dürfen Jugendliche an einem Tage überhaupt nicht arbeiten. Zwischen den Arbeitsstunden müssen ihnen regelmäßig Pausen gewährt werden, entweder mittags eine Stunde und vor- und nachmittags je eine halbe Stunde. Vor- und Nachmittagspause können wegfallen, wenn die jugendlichen Arbeiter vor- und nachmittags nicht mehr denn 4 Stunden arbeiten.

Die Beschäftigung jugendlicher Arbeiter ist erstmalig der Polizeibehörde schriftlich anzuzeigen. In den Werkstatträumen, in denen jugendliche Arbeiter beschäftigt werden, muß der Arbeitgeber einen Auszug aus den Bestimmungen über die Beschäftigung jugendlicher Arbeiter aushängen lassen, auch muß in Werkstätten mit mehr als neun Arbeitern, dort wo jugendliche Arbeiter beschäftigt werden, ein Verzeichnis derselben ausgehängt sein, welches den Organen der Polizeibehörde auf Verlangen vorzulegen ist. Die Beschäftigung von Kindern unter 13 Jahren ist verboten.

Fortbildungsschulen. Der Arbeitgeber ist verpflichtet, den noch nicht 18 Jahre alten Arbeitern die zum Besuche der Fortbildungsschule erforderliche Zeit zu gewähren.

Die Arbeiterversicherung. Am 17. November 1881 erließ Seine Majestät Kaiser Wilhelm I. die Botschaft an den Reichstag, er halte es für seine »kaiserliche Pflicht«, dem Reichstage die Förderung des Wohles der Arbeiter von neuem ans Herz zu legen, und er möchte dereinst das Bewußtsein mitnehmen, dem Vaterlande neue und dauernde Bürgschaft seines inneren Friedens, und den Hilfsbedürftigen größere Sicherheit und Ergiebigkeit des Beistandes, auf den sie Anspruch haben, zu hinterlassen. Diese Botschaft war die Einleitung zu einer allgemeinen Zwangsversicherung, zu welcher gehören:

Die Krankenversicherung. Durch die Krankenversicherung (Krankenversicherungsgesetz vom 10. April 1882 mit Änderungen vom 25. Mai 1903) soll der Arbeiter und seine Familie in Krankheitsfällen vor der äußersten Not bewahrt werden. Versicherungspflichtig sind Leute, welche gegen Lohn oder Gehalt in gewerblichen Betrieben beschäftigt sind, also Gesellen, Gehilfen, Lehrlinge, ungelernte Arbeiter, Techniker, Werkmeister usw. Aber auch für diese Angestellten besteht der Versicherungszwang nur, wenn sie in Betrieben bestimmter Art beschäftigt werden. Die Betriebe sind in § 1 des Krankenversicherungsgesetzes aufgezählt. Für die Krankenversicherung sind Kassen eingerichtet, aus denen die Versicherten in Krankheitsfällen Unterstützung beziehen.

Die Ortskrankenkassen werden von den Gemeinden errichtet. Gewöhnlich werden für die einzelnen Betriebszweige und Betriebsarten besondere Kassen errichtet.

Betriebskassen. Unternehmer, welche regelmäßig wenigstens 50 versicherungspflichtige Arbeiter beschäftigen, sind berechtigt, für ihre gewerblichen Betriebe besondere Kassen (Betriebs- oder Fabrikkrankenkassen) zu bilden (§ 59 ff. d. K.-V.-G.).

Gemeinde-Krankenversicherung. Versicherungspflichtige, welche weder einer Ortskrankenkasse noch einer der sonstigen, eben erwähnten Kassen angehören, sind bei der Gemeindekrankenversicherung zu versichern. Sie erhalten also von der Gemeinde, in der sie ihre Beschäftigung haben, die gesetzliche Krankenunterstützung. (§ 4 d. K.-V.-G.)

Die Anmeldung zur Krankenkasse muß der Arbeitgeber besorgen, falls der Arbeiter nicht schon Mitglied einer der vorgenannten Krankenkassen ist. Ebenso hat der Arbeitgeber den Arbeiter nach seinem Austritt aus der Beschäftigung abzumelden. An- und Abmeldung haben spätestens am dritten Tage zu erfolgen. (§ 49 d. K.-V.-G.)

Die Krankenunterstützung wird für längstens 13 Wochen gewährt, und umfaßt neben freier ärztlicher Behandlung, Arznei und kleinen Hilfsmitteln im Falle der Erwerbsunfähigkeit auch ein vom dritten Tage ab zu zahlendes Krankengeld oder statt dieser Leistungen freie Kur und Verpflegung in einem Krankenhause nebst dem halben Krankengelde für von dem Erkrankten unterhaltene Angehörige. Soweit nicht die Gemeindeversicherung in Frage steht, ist die gleiche Unterstützung an Wöchnerinnen auf mindestens vier Wochen und im Falle des Todes ein Sterbegeld zu gewähren. Durch die Satzungen können einige bestimmt begrenzte weitere Leistungen, insbesondere die Ausdehnung der Versicherung auf Familienangehörige eingeführt werden. Der Anspruch auf Krankenunterstützung kann für gewöhnlich nicht auf andere übertragen (z. B. abgetreten), auch nicht gepfändet oder verpfändet werden.

Die Aufbringung des Kassenbedarfs. Die Aufbringung der Mittel, von welchen die Erfüllung der den Kassen obliegenden Verpflichtungen abhängig ist, geschieht durch Erhebung von Eintrittsgeldern, Beiträgen, Strafgeldern, Zuschüssen und anderen Zahlungen. Für jeden versicherungspflichtigen Arbeiter muß ein Beitrag gezahlt werden. Davon hat $^2/_3$ der Arbeiter selbst, $^1/_3$ der Arbeitgeber zu bezahlen. Die Kasse hebt aber den Beitrag ganz vom Arbeitgeber ein (§ 51, 52 d. K.-V.-G.). Der Arbeitgeber kann aber natürlich von dem Arbeiter die ihn betreffenden $^2/_3$ wieder verlangen. Er darf sie vom Lohne abziehen und dabei auf die einzelnen Lohnperioden gleichmäßig verteilen. Wenn bei einer Lohnzahlung kein Abzug für bereits bezahlte Beträge geschehen ist, darf dies nur bei der nächsten Lohnzahlung nachgeholt werden (§ 53 d. K.-V.-G.). Ist ein Versicherter erkrankt und erwerbsunfähig, so ist für ihn kein Beitrag zu leisten, so lange er die Krankenunterstützung bezieht (§ 54 a). Streitigkeiten über Berechnung der Beiträge, soweit sie nicht Innungskassen betreffen, gehören vor die Gewerbegerichte. Die Beiträge für die Orts- und anderen Krankenkassen müssen im Statut festgesetzt werden; sie dürfen aber nicht höher sein, als es für die Kassenzwecke notwendig ist (§ 29). Reichen sie nicht aus, so können sie bis auf 4 % des Durchschnittslohnes erhöht werden. Dies gilt auch für die Betriebskrankenkassen. Eintrittsgelder können von Orts-, Betriebs- und Baukrankenkassen, nicht aber von der Gemeindekrankenversicherung erhoben werden (§ 26, 64, 72).

Die Verwaltung der Versicherung bestimmt zunächst das Gesetz. Betriebskassen sind selbständig und müssen ein Statut haben (§ 64, 25, 23). Errichtet werden diese Kassen von dem Unternehmer des Betriebes (§ 60), der auch das Statut errichten und für eigene Rechnungs- und Kassenführung bei eigener Verantwortlichkeit und auf eigene Kosten sorgen muß (§ 64). Hier wie bei den Ortskrankenkassen sind für die Verwaltung gesetzlich bestimmt: Der Vorstand und die Generalversammlung der Kasse (§ 34, 36). Die Generalversammlung wird entweder von allen großjährigen, im Besitze der bürgerlichen Ehrenrechte befindlichen Kassenmitgliedern gebildet oder von Vertretern, welche die Kassenmitglieder aus ihrer Mitte heraus wählen (§ 37). Die Arbeitgeber, die für ihre Arbeiter Beiträge an die Ortskrankenkasse zahlen, können sowohl im Kassenvorstande wie auch in der Generalversammlung Sitz und Stimme erlangen (§ 38). Bei den Betriebskassen kann sich der Unternehmer sowohl den Vorsitz im Vorstand als auch in der Generalversammlung durch Statut vorbehalten (§ 64, Nr. 2).

Die Invalidenversicherung will nach dem Invalidenversicherungsgesetz vom 13. Juli 1899 den invalide, d. h. erwerbsunfähig gewordenen Versicherten wenigstens einigermaßen gegen die Folgen seines Zustandes sichern. Sie will aber auch ohne das Vorhandensein der Erwerbsunfähigkeit eingreifen, wenn der Versicherte 70 Jahre alt geworden ist, weil in diesem Alter die Leistungsfähigkeit des Menschen für gewöhnlich so gering ist, daß er sich seinen Unterhalt kaum mehr erarbeiten kann. Gesetzlich unterstehen der Invalidenversicherung zunächst alle diejenigen, die als Arbeiter, Gesellen, Gehilfen, Lehrlinge oder Dienstboten beschäftigt werden; weiter auch Betriebsbeamte, Werkmeister, Techniker, Handlungsgehilfen und Lehrlinge, Erzieher etc., diese aber nur dann, wenn sie Lohn oder Gehalt beziehen und ihr

Jahresarbeitsverdienst regelmäßig nicht mehr als M. 2000.— beträgt. Die Invalidenversicherung beginnt erst bei allen diesen Personen, wenn sie 16 Jahre alt geworden sind (§ 1). Arbeiter, welche Invalidenrente beziehen, sind von der Versicherungspflicht befreit. Wer 70 Jahre alt ist oder Unfallrente bezieht, die mindestens ebenso hoch wie Invalidenrente ist, kann seine Befreiung von der Versicherungspflicht bei der unteren Verwaltungsbehörde nachsuchen (§ 6).

Die freiwillige Versicherung unterscheidet sich in Selbstversicherung und Weiterversicherung. Selbstversicherung ist nur zulässig für Leute, die noch nicht 40 Jahre alt sind.

Für die Invalidenversicherung sind besondere Versicherungsanstalten gebildet, welche die Versicherungsgeschäfte zu besorgen haben. Neben ihnen bestehen Schiedsgerichte und als oberste Aufsichtsbehörde das Reichsversicherungsamt. Als Unterstützung erhalten die Versicherten bei der Invalidenversicherung eine Rente, das heißt eine regelmäßige Geldzahlung.

Die Rente ist entweder eine Altersrente oder eine Invalidenrente (§ 15 des Invalidenversicherungsgesetzes).

Jeder Versicherte erhält eine Rente, sobald er 70 Jahre geworden ist, auch dann, wenn er noch voll erwerbsfähig ist (Altersrente).

Dagegen erhält jeder Versicherte, der erwerbsunfähig (also invalid) geworden ist, eine Rente ohne Rücksicht darauf, wie alt er ist (Invalidenrente). Voraussetzung für die Invalidenrente ist, daß die Erwerbsunfähigkeit mindestens 26 Wochen dauert (§ 16). Es gelten als erwerbsunfähig alle diejenigen Personen, welche infolge Alters, Krankheit oder anderer Gebrechen, nicht mehr den dritten Teil desjenigen verdienen können, was sie sonst verdienen könnten (§ 5 Abs. 4). Hat der Versicherte die Erwerbsunfähigkeit selbst vorsätzlich herbeigeführt, z. B. durch Selbstmordversuch oder Selbstverstümmelung, so fällt der Anspruch auf Invalidenrente fort. Ebenso kann der Anspruch auf Rente verloren gehen, wenn sich der Versicherte die Erwerbsunfähigkeit bei Begehung eines Verbrechens oder ein vorsätzliches Vergehen zugezogen hat (§ 17).

Niemand kann gleichzeitig Invalidenrente und Altersrente beziehen. Wer Invalidenrente bezieht, erhält keine Altersrente, wenn er auch über 70 Jahre alt ist.

Erkrankt ein bei der Invalidenversicherung Versicherter so, daß eine dauernde Erwerbsunfähigkeit eintreten kann, so kann die Versicherungsanstalt ein Heilverfahren, unter Umständen in einer geeigneten Anstalt, entweder selbst vornehmen oder es der Krankenkasse, welcher der Versicherte angehört, übertragen. Die Angehörigen des Versicherten erhalten in diesen Fällen und solange das Heilverfahren dauert, als Unterstützung entweder die Hälfte des Krankengeldes, wenn der Versicherte auch Mitglied der Krankenversicherung ist, oder den vierten Teil des ortsüblichen Tagelohnes (§ 18).

Der Anspruch auf Rente ist aber nicht nur davon abhängig, daß der Versicherte erwerbsunfähig oder 70 Jahre alt geworden ist. Die Rente gibt es vielmehr

1. wenn die sogenannte Wartezeit abgelaufen ist,
2. wenn für den Versicherten die vorgeschriebenen Beiträge gezahlt worden sind und
3. nur wenn die Rente beantragt wird (§ 28).

Die Wartezeit ist die Zeit, während welcher jemand zwar versichert ist, aber noch keine Rente verlangen kann, selbst wenn er 70 Jahre alt oder erwerbsunfähig geworden ist. Sie ist für die einzelnen Fälle verschieden lang und beträgt bei der Invalidenrente entweder 200 oder 500 Beitragswochen. Als »Beitragswoche« wird jede Woche gerechnet, in welcher der Versicherte die Pflicht oder das Recht hatte, versichert zu sein und für die er auch wirklich seinen Versicherungsbeitrag bezahlt hat. Als Beitragswochen werden auch die Wochen angerechnet, während deren der Versicherte Militärdienst getan hat oder infolge Krankheit arbeitsunfähig war oder während der er zeitweilige Invalidenrente bezogen hat; jedoch erfolgt diese Anrechnung nur für Versicherungspflichtige (§ 30).

Wenn der Versicherte versicherungspflichtig war und wegen seiner Versicherungspflicht wenigstens 100 Wochenbeiträge bezahlt hat, dauert die Wartezeit nur 200 Beitragswochen, andernfalls 500 Beitragswochen. Bei der Selbstversicherung haben die Versicherten also immer eine Wartezeit von 500 Beitragswochen, bei der Weiterversicherung dagegen eine Wartezeit von 200 Beitragswochen, wenn sie wenigstens für 100 Beitragswochen versicherungspflichtig waren und ihre Beiträge gezahlt haben, sonst von 500 Beitragswochen (§ 29).

Bei der Altersrente ist die Wartezeit unterschiedslos auf 1200 Beitragswochen festgesetzt (§ 29).

Die gesetzlichen Vorschriften über die Wartezeit sind aber gegenwärtig noch nicht voll wirksam, sondern es gelten teilweise noch die sogenannten Übergangsbestimmungen (§ 189—192). Dem Versicherten, der bei dem Inkrafttreten des Gesetzes oder bei einem späteren Eintritt der Versicherungspflicht für seinen Beruf schon über vierzig Jahre alt war, werden für die Altersrente auf jedes Jahr, das er älter als 40 ist, 40 Beitragswochen angerechnet, so daß beispielsweise derjenige, der beim Inkrafttreten des Gesetzes 60 Jahre alt war, nur 400 Beitragswochen nachzuweisen braucht, um Altersrente zu bekommen. Wegen der Beitragsleistung kommen die Bestimmungen § 35 und § 46 in Betracht. Der Antrag auf Rentenzahlung muß so zeitig wie möglich gestellt werden, denn für die Zeit, welche vom Eingange des Antrages an über ein Jahr zurückliegt, wird keine Rente gewährt (§ 41 Abs. 3). Die Renten, die als Unterstützung gezahlt werden, bestehen aus zwei Bestandteilen: aus dem Anteil, der von der Versicherungsanstalt selbst aufgebracht wird und aus dem Reichszuschusse dazu. Zu jeder Rente, die gezahlt werden muß, trägt nämlich das Deutsche Reich jährlich 50 M. bei. Der Anteil der Versicherungsanstalt ist verschieden hoch und richtet sich danach, in welcher Klasse der Rentenempfänger versichert war und wie viele Beiträge er gezahlt hat. Für die Invalidenversicherung sind nämlich alle Versicherten in fünf sogenannte Lohnklassen eingeteilt und die Versicherungsbeiträge und Renten verschieden hoch.

Die Altersrente läßt sich nach § 32 leicht berechnen. Sie beträgt:

| | | |
|---|---|---|
| in der 1. Lohnklasse | . . . | 110 M. |
| » » 2. » | | 140 » |
| » » 3. » | | 170 » |
| » » 4. » | | 200 » |
| » » 5. » | . | 230 » |

Für die Invalidenrente ist die Berechnung schwieriger. Bei ihr wird der Anteil der Versicherungsanstalt wieder aus zwei Bestandteilen gebildet: aus dem sogenannten Grundbetrag und dem sogenannten Steigerungssatze (§ 36). Der Grundbetrag ist für die fünf Lohnklassen auf 60 M., 70 M., 80 M., 90 M. und 100 M. festgesetzt. Der Steigerungssatz richtet sich nach den Beiträgen, die für den Versicherten bezahlt worden sind und beträgt für jeden Wochenbeitrag in den fünf Klassen 3, 6, 8, 10 und 12 Pfennig.

Wer Alters- oder Invalidenrente haben will, muß die Rente beantragen. Der Antrag muß bei der unteren Verwaltungsbehörde oder der etwa vorhandenen, besonderen Rentenstelle oder der von der Landesregierung dafür bestimmten Behörde eingereicht werden. Als Beweisstücke sind beizufügen: die letzte Quittungskarte, ein ärztliches Zeugnis über die Erwerbsunfähigkeit und die Bescheinigungen über die Aufrechnung der Endziffern in den voraufgegangenen Quittungskarten.

Die Aufbringung der Mittel, die Quittungskarten und Quittungsmarken. Einen Teil der erforderlichen Mittel bezahlt das Deutsche Reich, das — wie schon erwähnt — zu jeder Rente jährlich 50 M. beisteuert und außerdem für den Anteil an der Rente aufkommt, der auf die Zeit militärischer Dienstleistungen des Versicherten entfällt (§§ 35, 40). Ferner trägt das Reich die bei dem Versicherungsamt und die durch die Rentenzahlungen entstehenden Kosten. Die übrigen Kosten werden von den Versicherten und ihren Arbeitgebern gedeckt. Es sind für jeden Versicherten regelmäßige Beträge zu zahlen, die zur einen Hälfte auf den Versicherten, zur anderen auf seinen Arbeitgeber entfallen (§ 27). Dazu sind fünf Lohnklassen mit verschieden hohen Beiträgen gebildet worden. Die Klasseneinteilung ist folgende:

1. Klasse bis zu 350 M. jährlichen Arbeitsverdienst,
2. » über 350 » bis 550 M. » »
3. » » 550 » » 850 » » »
4. » » 850 » » 1150 » » »
5. » » 1150 M.

Jeder Versicherte kann sich aber in einer höheren Klasse als derjenigen, in die er bei seinem Verdienst eigentlich gehört, versichern lassen, muß aber dann den Teil des Beitrages, um den sich der eigentliche Beitrag erhöht, allein bezahlen (§ 34 Abs. 4).

Die Beiträge betragen (§ 32):

| | | | | | |
|---|---|---|---|---|---|
| in | Klasse | 1 | 14 | Pfennig | wöchentlich |
| » | » | 2 | 20 | » | » |
| » | » | 3 | 24 | » | » |
| » | » | 4 | 30 | » | » |
| » | » | 5 | 36 | » | » |

Für die Bezahlung des vollen Beitrages, also auch des auf den Versicherten entfallenden Teils, ist der Arbeitgeber verantwortlich (§ 140 Abs. 1). Wenn der Versicherte in einer Kalenderwoche, die mit einem Montage beginnt (§ 30), bei mehreren Arbeitgebern beschäftigt gewesen ist, muß der erste Arbeitgeber den Beitrag für ihn bezahlen (§ 140 Abs. 2).

Das für die Entrichtung der Beiträge vorgeschriebene Verfahren, Marken in sogenannte Quittungskarten hineinzukleben, ist hinlänglich bekannt. Die Entwertung der Marken erfolgt handschriftlich oder durch Verwendung eines Farbstempels (wie z. B. 17. 9. 06 für 17. September 1906). Vollgeklebte Karten müssen bei der Stelle, welche sie ausgestellt hat, umgetauscht werden. Der Umtausch kann auch notwendig werden, wenn die Karte noch nicht vollgeklebt ist, und zwar, wenn seit der Ausstellung zwei Jahre vergangen sind. Zwei Jahre nach der Ausstellung verliert jede Karte ihre Gültigkeit (§ 135). Streitigkeiten wegen Rentenansprüche zwischen den Invaliditätsanstalten und den Versicherten entscheiden die Schiedsgerichte. Die letzten Instanzen bilden das Reichsversicherungsamt und die Landesversicherungsämter.

Den Arbeitgebern ist dringend anzuraten, in allen Angelegenheiten der Invalidenversicherung recht gewissenhaft zu verfahren, denn sie können sich durch Verfehlungen gegen das Gesetz sehr erheblichen Strafen aussetzen. Es ist beispielsweise strafbar, wenn ein Arbeitgeber bei Nachweisungen oder Anzeigen für die Invalidenversicherung falsche

Angaben absichtlich oder auch nur fahrlässigerweise macht (§ 175). Strafbar ist ferner, wer für seine versicherungspflichtigen Arbeiter die Beitragsmarken in zu geringer Höhe verwendet oder die Beiträge nicht rechtzeitig bezahlt (§ 176). Verboten ist es auch, durch Übereinkunft mit den Arbeitern, durch Werkstättenordnungen oder sonstwie die Versicherten ungünstiger zu stellen. Alles dies ist mit Geldstrafen bis zu 300 M. oder Haftstrafen bedroht (§ 180). Bestraft wird auch, wer seinen Arbeitern mehr, als gesetzlich zulässig ist, für Versicherungsbeiträge abzieht oder ihnen die Quittungskarte vorenthält (§ 181).

Die Unfallversicherung schließt die Kette der Arbeiterschutzgesetze. Das Gewerbe-Unfallversicherungsgesetz datiert vom 30. Juni 1900. Zweck der Unfallversicherung ist, einem durch Betriebsunfall zu Schaden gekommenen Arbeiter oder seinen Hinterbliebenen eine Entschädigung zu gewähren. Die Gewerbe-Unfallversicherung gilt für alle Betriebe, in denen irgendwelche Gegenstände be- oder verarbeitet werden und für gewöhnlich mehr als 10 Arbeiter beschäftigt werden; außerdem gilt sie für diejenigen Kleinbetriebe, bei denen die Arbeiter besonderen Gefahren ausgesetzt sind. Es kommen besonders in Betracht Werkstätten, für die regelmäßig Dampf, Wind, Wasser, Gas, Elektrizität oder sonstige elementare Kraft benutzt wird. Alle Arbeiter, die in solchen Betrieben beschäftigt werden, unterliegen also gesetzlich der Unfallversicherung.

Außerdem läßt das Gesetz eine freiwillige Unfallversicherung zu, aber nur in geringem Umfange (§ 5 Abs. 2). Wir können nur raten, von der freiwilligen Versicherung Gebrauch zu machen. Wer versicherungspflichtig, ist bei der Unfallversicherung schon einfach dadurch versichert, daß er eine Beschäftigung beginnt, für die die Versicherungspflicht vorgeschrieben ist. Wer dagegen nicht versicherungspflichtig, sondern nur beitrittsberechtigt ist, muß sich zur Unfallversicherung ausdrücklich anmelden, wenn er gegen Betriebsunfälle versichert sein will. Die Anmeldung reicht er bei der Berufsgenossenschaft ein, zu der sein Betrieb gehört. Wird ein Versicherter durch einen Unfall verletzt oder getötet, so sollen er oder seine Hinterbliebenen nach Möglichkeit entschädigt werden (§ 8). Dabei werden als Verletzungen auch geistige Störungen aller Art angesehen. Für Unfälle, die der Verletzte oder Getötete selbst absichtlich herbeigeführt hat, wird keine Entschädigung gewährt (§ 8 Abs. 2). Außerdem kann die Entschädigung verweigert werden, wenn der Verletzte den Unfall herbeigeführt hat, als er ein Verbrechen oder vorsätzlich Vergehen beging (§ 8 Abs. 2).

Die Ansprüche des Verletzten. Wer bei der Unfallversicherung versichert ist und durch einen Betriebsunfall verletzt wird, kann verlangen:

freie ärztliche Behandlung, freie Arznei und andere Heilmittel,

freie Hilfsmittel, wie Krücken, Brillen, Stützapparat und dergleichen,

eine Rente, solange er ganz oder teilweise erwerbsunfähig ist (§ 9).

Für gewöhnlich fängt die Unfallunterstützung erst mit dem Beginne der 14. Woche nach dem Unfall an. In den ersten 13 Wochen nach dem Unfall erhält ein verunglückter Arbeiter, der bei der Krankenversicherung versichert ist, die Krankenunterstützung, die ja auch in freier ärztlicher Behandlung, freien Heilmitteln und Bargeld besteht. Das Krankengeld wird einem infolge Unfalls erwerbsunfähigen Arbeiter in den ersten 4 Wochen in der vollen Höhe bezahlt, vom Beginne der 5. Woche an wird es aber auf $^2/_3$ des Tagelohns, nach dem es berechnet wird, erhöht, wenn nicht ohnehin schon die Krankenversicherung so viel zahlt. Den Unterschied zwischen dem gewöhnlichen und dem erhöhten Krankengelde, den sogenannten Unfallzuschuß, muß der Arbeitgeber des Verunglückten der Krankenkasse ersetzen. Die Rente, die dem Verunglückten gezahlt wird, beträgt $^2/_3$ seines jährlichen Arbeitsverdienstes, wenn er vollständig erwerbsunfähig ist; man nennt sie dann Vollrente. Bei nur teilweiser Erwerbsunfähigkeit wird die Rente auf einen Bruchteil der Vollrente in dem Verhältnis festgesetzt, wie die Erwerbsfähigkeit geringer geworden ist (sogenannte Teilrente).

Wer also beispielsweise infolge des Unfalls nur noch halb so viel als früher verdienen kann, erhält die Hälfte der Vollrente, also $^1/_3$ seines jährlichen Arbeitsverdienstes (§ 9). Unter dem Jahresarbeitsverdienst ist hierbei das Einkommen zu verstehen, das der Verletzte im letzten Jahre seiner Beschäftigung an Lohn oder Gehalt gehabt hat; eingerechnet werden auch Gewinnanteile, Naturalbezüge (Kost, Wohnung und dergleichen) und andere Bezüge. War der jährliche Verdienst höher denn 1500 M., so wird der darüber hinausgehende Betrag nur mit dem dritten Teil angerechnet. Im Falle der Tötung wird den Hinterbliebenen als Sterbegeld $^1/_{15}$ des Jahresarbeitsverdienstes, jedoch mindestens 50 M., und eine Rente von regelmäßig 20, insgesamt höchstens 60% des Jahresarbeitsverdienstes gewährt. Die Betriebsunfälle sind vom Unternehmer binnen 3 Tagen der Ortspolizeibehörde anzuzeigen und von dieser zu untersuchen. Die Feststellung der Entschädigungen erfolgt durch die Genossenschaftsvorstände, die Auszahlung durch die Post. An Stelle dieser Entschädigungen kann die Berufsgenossenschaft freie Kur und Verpflegung in einer Heilanstalt gewähren. Die Mittel werden durch jährliche Umlagen auf die Genossenschaftsmitglieder nach Maßgabe der in ihren Betrieben verdienten Gehälter und Löhne und der statutenmäßig festgestellten Gefahrentarife aufgebracht. Für leistungsunfähig werdende Genossenschaften tritt das Reich ein.

Die Arbeiterschutzgesetzgebung, welche ursprünglich wenig Sympathien in den Kreisen der Arbeitgeber, geschweige noch bei den Arbeitern auszulösen wußte und, was nicht in Abrede gestellt werden soll, insbesondere die Industrie stark belastet, muß in ihrer Wirkung als durchaus segensreich bezeichnet werden. Gegen diese schätzbare Wohlfahrtseinrichtung dürfen die mit ihr verbundenen Opfer nicht gescheut werden. Wünschenswert erscheint es, daß dieser Wohltätigkeitseinrichtung noch ein weiterer Ausbau der gesetzlichen Bestimmungen vorbehalten bleiben möge.

Wir mußten uns selbstverständlich darauf beschränken, die wichtigsten Bestimmungen aus den Gesetzen zu extrahieren und sie zu einem zusammenhängenden Ganzen zu vereinigen. Die Leser werden daher gut tun, sich die betreffenden Gesetze zu beschaffen, da unsere Mitteilungen lediglich den Zweck verfolgen, den Sinn der Gesetzgebung in einer das Auffinden der einzelnen Paragraphen erleichternden Weise zu erklären.

Diesen Ausführungen möchten wir schließlich noch das Generelle der Gesindedienstverträge anreihen.

Das Gesinde. Deutschland hat für den Gesindevertrag kein einheitliches Recht. In jedem deutschen Staate kann das Gesinderecht besonders geregelt werden. Es existieren daher sehr viele Gesindeordnungen, Dienstbotenverordnungen oder wie die Gesetze sonst heißen mögen für das Gesinde, die alle nur für denjenigen Staat gelten, der sie erlassen hat. In einzelnen Beziehungen bestimmt das Bürgerliche Gesetzbuch, daß die Vorschriften, die für den Dienstvertrag im allgemeinen bestehen, auch für den Gesindevertrag gelten sollen. Hieran können also auch die Einzelstaaten nichts ändern. Wer noch minderjährig, also noch nicht 21 Jahre alt ist, kann sich nur mit Genehmigung seines gesetzlichen Vertreters (Vater, Mutter, Vormund) als Gesinde vermieten. Minderjährige Dienstboten können aber auch nur mit Einwilligung ihres gesetzlichen Vertreters den Dienst kündigen, folglicherweise kann der Dienstherr verlangen, daß der minderjährige Dienstbote bei der Kündigung die schriftliche Einwilligung des gesetzlichen Vertreters vorlegt. Die Genehmigung des gesetzlichen Vertreters kann jedoch eine allgemeine, dauernd gültige sein. Treten Ehefrauen in den Gesindedienst, so ist Vorsicht am Platze, da diese der Einwilligung ihrer Männer bedürfen. Bei Dienstboten, die bei der Dienstherrschaft Kost und Wohnung haben, muß die Dienstherrschaft in Krankheitsfällen für die notwendige Pflege und ärztliche Behandlung sorgen. Diese Verpflichtung besteht nicht, wenn der Dienstbote sich die Krankheit vorsätzlich, etwa durch Selbstmordversuch oder Fahrlässigkeit zugezogen hat. Über die Zeit hinaus, in welcher der Dienst aufhört, braucht die Herrschaft überhaupt nicht für ärztliche Behandlung und für Pflege zu sorgen. Auch während des Dienstes besteht die Verpflichtung nur auf die Dauer von 6 Wochen. Was der Herrschaft durch die Pflege und ärztliche Behandlung an Kosten entsteht, muß sich der Dienstbote auf seinen Lohn anrechnen lassen, den er für die Dauer der Krankheit zu bekommen hat. Durch eine geeignete Krankenversicherung wird die Dienstherrschalt von der gedachten Verpflichtung befreit. Die für den Dienstboten bestimmten Räume dürfen nicht gesundheitsgefährlich sein. Der Dienstbote hat bekömmliche und ausreichende Verpflegung zu beanspruchen. Ihm muß auch Zeit zum Besuche des Gottesdienstes gewährt werden. Das Züchtigungsrecht der Herrschaft ist durch das Bürgerliche Gesetzbuch aufgehoben. Wer seine Dienstboten schlägt, kann bestraft werden.

Der Dienstvertrag ist auch ohne Mietsgeld gültig. Das Mietsgeld kann auf den Lohn angerechnet werden. Den Lohn hat die Herrschaft nach der Dienstleistung (postnumerando) zu zahlen. Die Kündigung kann sehr verschieden sein. Ist das Gesinde für eine bestimmte Zeit (für ein Jahr, einen Monat) angenommen, so hört das Dienstverhältnis nach Ablauf ohne Kündigung auf. Wenn der Dienstbote auf unbestimmte Zeit gemietet ist, muß gekündigt werden. Bei Tagelohn ist tägliche, für den folgenden Tag gültige Kündigung zulässig; bei Wochenlohn kann nur für den Sonnabend gekündigt werden, und zwar am ersten Werktage der Woche, also am Montag. Bei Monatslohn kann nur für den Schluß des Monats gekündigt werden, und zwar muß die Kündigung am 15. des Monats erfolgen usw. Das Dienstverhältnis kann aus wichtigem Grunde ohne Kündigung durch die Herrschaft aufgelöst werden. Die Gründe sind in den Gesindeordnungen angegeben. Das Dienstverhältnis ist privatrechtlich und unterliegt der endgültigen Entscheidung des Richters. Um aber Störungen vorzubeugen, welche durch Nichterfüllen des Vertrages eintreten könnten, ist der Polizei das Recht zur vorläufigen und zwangsweisen Vollstreckung eingeräumt. Zur Sicherung des Dienstvertrages sind Gesindedienstbücher eingeführt, für die unter Aufhebung aller Abgaben eine gleichmäßige Form der ganzen Monarchie vorgeschrieben ist. Die in einem Bundesstaat ausgestellten Dienstbücher gelten im ganzen Reiche. Es empfiehlt sich, sowohl für die Herrschaften als auch für die Dienstboten, sich mit den Gesindeordnungen vertraut zu machen.

Die Tatsache, daß Dienstboten oftmals, wenn auch nur vorübergehend, zu gewerblicher Hilfeleistung herangezogen werden, ließ es geraten erscheinen, auch auf das Gesinderecht hinzuweisen.

Damit schließen wir die gesetzlichen Bestimmungen, welche für die Betriebsleistung einer Ziegelei, sei es direkt oder indirekt, wichtig sein können und daher beachtenswert bleiben.

## Schlußwort.

Nachdem wir die immensen Fortschritte der Ziegeleimaschinentechnik beleuchtet und alles Wissenswerte darüber zu einem einheitlichen Ganzen zusammengefaßt haben, erschien es rätlich, unsere Mitteilungen durch eine generelle Abhandlung über Ringöfen zu vervollständigen, und haben wir dies unter Mitwirkung eines auf dem Gebiete des Ringofenbaues bekannten Fachmannes sowie bei gleichzeitiger Benutzung von Illustrationen aus »Dümmlers Handbuch der Ziegelfabrikation« getan. Den technischen Erörterungen reihten wir einige Bestimmungen aus dem Gebiete der Arbeiterschutzgesetzgebung um deswegen an, damit der Charakter des Leitfadens für den Ziegeleimaschinenbetrieb auch in solchen Fällen gewahrt bleibe, wo es sich um Vorkommnisse im Betriebe und im engeren Sinne um eine Betriebsfürsorge handelt.

Indem wir unser vorliegendes Werk schließen, möchten wir nicht unerwähnt lassen, daß wir unabläßlich bemüht bleiben wollen, den weiteren Entwicklungsgang der Maschinentechnik zu verfolgen und wichtige Erscheinungen für den späteren Ausbau unseres Werkes in Wort und Bild festzuhalten, damit es uns möglich ist, das Dargebotene und Grundlegende unseres Werkes nötigenfalls zweckdienlich zu ergänzen.

Wir verweisen endlich noch einmal auf das Inhaltsverzeichnis, insbesondere aber auf das hier folgende Sachregister, dessen Übersichtlichkeit das Nachschlagen in diesem Buche erleichtert.

# Sachregister.

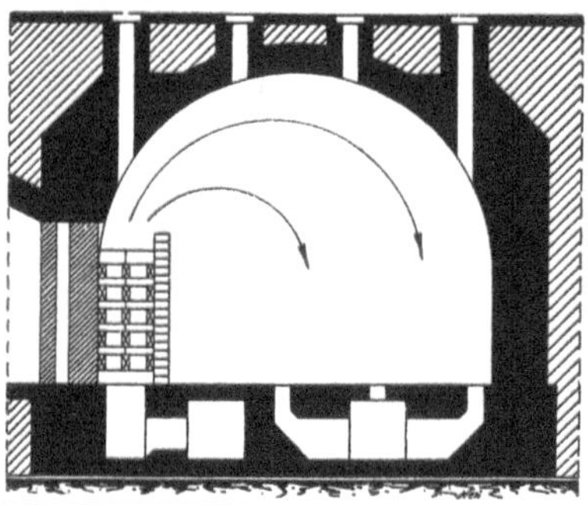

www.ingramcontent.com/pod-product-compliance
Lightning Source LLC
LaVergne TN
LVHW042226300926
849161LV00003B/298
* 9 7 8 3 4 8 6 7 3 9 3 8 1 *